普通高等教育"九五"国家教委重点教材

数论讲义

下册

第二版

柯召　孙琦　编著

高等教育出版社·北京

内容提要

本书是根据作者多年教学经验和科研成果写成的。内容除通常的初等数论教材中所包括的基本内容外，还包括三次、四次互反律，代数数论初步，有限域上某些不定方程的基础知识，第二版中还增加了素性判别和整数分解等内容。作者在介绍熟知的经典结果时，也注意介绍新的证明方法和近代进展，并尽可能介绍它们的应用。本书第二版仍分上、下两册出版，上册前五章可作为初等数论课教学内容，上册第六章及下册可作为选修课教学内容。

本书可供数学专业、计算机专业及信息安全、数字信号处理、组合数学方面的学生和研究生用作教材或参考书，也可供从事上述这些方面的教学、科研人员参考。

目　　录

第七章　有限域上的多项式

有限域上的多项式是数论所研究的重要内容之一.本章着重讨论有限域上多项式的不可约问题,多项式的周期和本原多项式,以及有限域上的置换多项式,等等.这些内容在某些应用学科中也很有用.

§1　F_p 上的不可约多项式

设 p 是一个素数,$F_p = \mathbf{Z}/(p) = \{0,1,\cdots,p-1\}$ 表示元素个数为 p 的有限域.熟知,其运算为整数模 p 的运算.对于系数在 F_p 上的多项式,我们可以像整数那样引入同余概念.设 $f(x)$ 是 F_p 上的一个 $n(n>0)$ 次多项式,F_p 上的多项式 $f_1(x)$,$f_2(x)$ 满足 $f(x)\mid f_1(x)-f_2(x)$,则称 $f_1(x)$,$f_2(x)$ 对模 $f(x)$ 同余,记为

$$f_1(x) \equiv f_2(x) \pmod{f(x)}.$$

我们知道,如果存在一个 F_p 上的 $n(n>0)$ 次不可约多项式 $m(x)$,取 $m(x)$ 为模,对 F_p 上的全体多项式进行等价分类,那么它的剩余系

$$a_{n-1}x^{n-1}+a_{n-2}x^{n-2}+\cdots+a_1x+a_0,a_i\in F_p,i=0,1,\cdots,n-1 \tag{1}$$

含有 p^n 个不同的多项式.

(1) 叫做模 $m(x)$ 的一组**完全剩余系**,除去 0 叫做模 $m(x)$ 的一组**缩系**.对于一般的 F_p 上的 n 次多项式 $f(x)$,(1) 也是模 $f(x)$ 的一组**完全剩余系**,其中与 $f(x)$ 互素的全体多项式叫做模 $f(x)$ 的

一组缩系.

我们定义(1)中的加法和乘法与多项式的相同,但所得和、积要用 $m(x)$ 去除. 在这样的定义下,运算是封闭的. 在这两个运算下,$m(x)$ 的剩余系(1)构成一个含 p^n 个元素的有限域,它是 F_p 的一个扩域,记为 F_{p^n}. 那么,只要证明,对任意素数 p 和正整数 n,存在 F_p 上的 n 次不可约多项式,也就证明了存在元素个数为 p^n 的有限域. 我们还知道任一有限域的元素个数一定是某个素数 p 的方幂,而且在同构意义下,元素个数相等的有限域是惟一的.

下面,我们分几个定理来证明任给整数 $n>0$ 和素数 p,存在 F_p 上的 n 次不可约多项式.

定理 1　如果有一个 F_p 上的 n 次不可约多项式 $m(x)$,那么它一定是 $x^{p^n}-x$ 的因式.

证　设 n 次不可约多项式 $m(x)$ 的缩系是

$$f_1(x),f_2(x),\cdots,f_{p^n-1}(x).$$

设 $m(x)\nmid f(x)$,与整数缩系的性质类似,此时

$$f_1(x)f(x),f_2(x)f(x),\cdots,f_{p^n-1}(x)f(x)\pmod{m(x)}$$

也是一缩系. 所以有

$$\prod_{i=1}^{p^n-1}f_i(x)\equiv\prod_{i=1}^{p^n-1}(f(x)f_i(x))\pmod{m(x)},$$

$$f(x)^{p^n-1}\equiv1\pmod{m(x)}.\tag{2}$$

或对 F_p 上任意一个多项式 $f(x)$,都有

$$f(x)^{p^n}\equiv f(x)\pmod{m(x)}.$$

取 $f(x)=x$,就得到

$$x^{p^n}\equiv x\pmod{m(x)}.$$

证完

定理 2　设 $\psi(x)$ 是一个 l 次不可约多项式,且

$$x^{p^n}\equiv x\pmod{\psi(x)},$$

则 $l\leqslant n$.

证 设$f(x)=\sum_{i=0}^{t}a_ix^i,a_i\in F_p$,由

$$(f(x))^{p^n}=\left(\sum_{i=0}^{t}a_ix^i\right)^{p^n}=\sum_{i=0}^{t}a_i^{p^n}(x^{p^n})^i$$

$$=\sum_{i=0}^{t}a_i(x^{p^n})^i=f(x^{p^n}),$$

所以

$$(f(x))^{p^n}=f(x^{p^n})\equiv f(x)\pmod{\psi(x)}.$$

对于模$\psi(x)$,有p^l个不同的多项式. 由于同余方程

$$X^{p^n}-X\equiv 0\pmod{\psi(x)}$$

根的个数不超过p^n,故$p^l\leqslant p^n,l\leqslant n$. 证完

仿第一章§6的引理证明方法,易证下面的定理.

定理3 设$(n,l)=d$,则$(x^{p^n-1}-1,x^{p^l-1}-1)=x^{p^d-1}-1$.

定理4 在定理2的条件下,则有$l\mid n$.

证 可设$l>1$,由$\psi(x)\mid(x^{p^n}-x,x^{p^l}-x)$,可得

$$\psi(x)\mid(x^{p^n-1}-1,x^{p^l-1}-1),$$

再由定理3得$\psi(x)\mid x^{p^d-1}-1$,这里$d=(n,l)$,故$d\leqslant l$. 另一方面,由定理2,$l\leqslant d$,于是$l=d$,即得$l\mid n$. 证完

定理5 在F_p上,多项式$x^{p^n}-x$无重因式.

证 在特征为p的域F_p上,多项式$f(x)$如果有重因式,仍有$(f(x),f'(x))$的次数大于零. 设$f(x)=x^{p^n-1}-1$,则$f'(x)=(p^n-1)x^{p^n-2}=-x^{p^n-2}$,于是$(f(x),f'(x))=1$,故$x^{p^n-1}-1$无重因式,由$x\nmid x^{p^n-1}-1$,便知$x^{p^n}-x$无重因式. 证完

定理6 设F_p上的n次不可约多项式的个数是$\Phi_p(n)$(只相差一个常数因子的多项式不加区别),则

$$\Phi_p(n)=\frac{1}{n}\sum_{l\mid n}\mu(l)p^{\frac{n}{l}},\tag{3}$$

其中$\mu(l)$是麦比乌斯函数.

证 如果 $l|n$,由 $x^{p^l}-x|x^{p^n}-x$,可知对任一 l 次不可约多项式 $\psi(x)$,有 $\psi(x)|x^{p^n}-x$,因 $x^{p^n}-x$ 无重因式,再由定理 4,$x^{p^n}-x$ 正好是全体 l 次($l|n$)不可约多项式的乘积,故有

$$p^n=\sum_{l|n}l\Phi_p(l).$$

再由反演公式得

$$\Phi_p(n)=\frac{1}{n}\sum_{l|n}\mu(l)p^{\frac{n}{l}},$$

这便证明了(3)式成立. 证完

定理 7 $\Phi_p(n)>0$,这里 $n\geqslant 1$.

证 设 $n=q_1^{l_1}\cdots q_s^{l_s}, l_i\geqslant 0, i=1,2,\cdots,s, q_1<q_2<\cdots<q_s$,便有

$$n\Phi_p(n)=p^n-\sum_{q_i}p^{\frac{n}{q_i}}+\sum_{1\leqslant i<j\leqslant s}p^{\frac{n}{q_iq_j}}-\cdots+(-1)^s p^{\frac{n}{q_1\cdots q_s}}.\quad(4)$$

设 $n>1$,由于

$$\frac{n}{q_1\cdots q_s}+1\leqslant\frac{n}{q_2\cdots q_s},$$

而(4)中各项,除 $p^{\frac{n}{q_1\cdots q_s}}$ 外,其余各项中 p 的幂指数都不小于 $\frac{n}{q_2\cdots q_s}$,所以对(4)式模 $p^{\frac{n}{q_1\cdots q_s}+1}$,得

$$n\Phi_p(n)\equiv(-1)^s p^{\frac{n}{q_1\cdots q_s}}\left(\bmod p^{\frac{n}{q_1\cdots q_s}+1}\right).$$

这就证明了必须有 $\Phi_p(n)>0$. 证完

Chowla 曾经猜想,设 $N_n(p)$ 代表 F_p 上不可约多项式 x^n+x+a $(1\leqslant a\leqslant p-1)$ 的个数,则对于给定的 $n\geqslant 2$,有 $p_0(n)$ 存在,当 $p\geqslant p_0(n)$ 时,$N_n(p)>0$.

如果我们设 F_p 上所有不同的首项系数为 1 的 l 次不可约多项式的乘积为 $P_{l,p}(x)$,前面已证明了

$$x^{p^n}-x=\prod_{l|n}P_{l,p}(x),$$

故由反演公式得

$$P_{n,p}(x) = \prod_{l \mid n} (x^{p^{\frac{n}{l}}} - x)^{\mu(l)}.$$

例 1 设 $p=2, n=2$，故 $\Phi_2(2)=1$，

$$P_{2,2}(x) = \frac{x^4 - x}{x^2 - x} = x^2 + x + 1.$$

这就是 F_2 上的惟一的二次不可约多项式.

例 2 设 $p=2, n=3$，故 $\Phi_2(3)=2$，

$$P_{3,2}(x) = \frac{x^8 - x}{x^2 - x} = x^6 + x^5 + x^4 + x^3 + x^2 + x + 1$$

$$= (x^3 + x + 1)(x^3 + x^2 + 1),$$

即 x^3+x+1, x^3+x^2+1 是 F_2 的两个三次不可约多项式.

因为 F_p 上的 n 次不可约多项式的个数是有限的，对于 F_p 上任意给定的 n 次多项式 $f(x)$，如果可约，那么至少有一个次数不大于$\frac{n}{2}$的不可约因式，因此 $f(x)$ 可经有限步分解为不可约因式的乘积. 下面举一个例子.

例 3 $p=2, n=7$，故 $\Phi_2(7)=18$.

先把具有奇数项且常数项为 1 的全部 7 次多项式列出（因为常数项为零或项数为偶数时，显然可约），共$\binom{6}{5}+\binom{6}{3}+\binom{6}{1}=32$个. 其中 x^2+x+1 的倍式是

$x^7+x^6+x^5+x^4+x^3+x+1$，$x^7+x^6+x^4+x^3+x^2+x+1$，

$x^7+x^6+x^5+x^3+1$，$x^7+x^6+x^3+x^2+1$，

$x^7+x^5+x^4+x+1$，$x^7+x^4+x^2+x+1$，

x^7+x^5+1，x^7+x^2+1；

x^3+x+1 的倍式是

$x^7+x^6+x^5+x+1$, $x^7+x^6+x^4+x^3+1$,

$x^7+x^5+x^4+x^2+1$, $x^7+x^5+x^3+x^2+1$;

x^3+x^2+1 的倍式是

$x^7+x^6+x^2+x+1$, $x^7+x^4+x^3+x+1$;

剩下 18 个正好是全部 F_2 上 7 次不可约多项式,用它们的系数来表示,例如 10000011 表示多项式 x^7+x+1,它们是

10000011,10001001,10001111,10010001,
10011101,10100111,10101011,10111001,
10111111,11000001,11001011,11010011,
11010101,11100101,11101111,11110001,
11110111,11111101.

(2) 式是费马小定理的推广. 下面,我们把欧拉函数和欧拉定理推广到 F_p 上的多项式环 $F_p[x]$ 中去.

定义 $\varphi(p,f(x))$ 为 $f(x)$ 的一组完全剩余系中与 $f(x)$ 互素的多项式的个数.

我们有以下的定理.

定理 8 设 $f(x)$ 是 F_p 上的 n 次多项式,其标准分解为

$$f(x)=p_1^{l_1}(x)\cdots p_k^{l_k}(x),$$

$p_i(x)$ 为不可约多项式,且 $p_i(x)$ 的次数 $\partial^\circ(p_i(x))=n_i$ $(i=1,\cdots,k)$,则有

① $\varphi(p,f(x))=p^n\prod_{i=1}^{k}\left(1-\frac{1}{p^{n_i}}\right)$;

② 如果 $(g(x),f(x))=1$,则 $g(x)^{\varphi(p,f(x))}$① $\equiv 1 \pmod{f(x)}$.

证 首先证明 $(g(x),h(x))=1$ 时,$\varphi(p,g(x)h(x))=\varphi(p,g(x))\cdot\varphi(p,h(x))$. 因为任一次数 $<\partial^\circ(g(x)h(x))$ 的多项

---

① 为方便排版,本书用两种方式表示一个多项式的幂,例如,$p^l(x)$ 也可表为 $p(x)^l$.

式 $q(x)$，若 $(q(x),g(x)h(x))=1$，则有惟一对多项式 $u(x)$，$v(x)$ 满足 $q(x)\equiv u(x)\ (\mathrm{mod}\ g(x))$，$q(x)\equiv v(x)\ (\mathrm{mod}\ h(x))$，其中 $\partial^\circ(u(x))<\partial^\circ(g(x))$，$(u(x),g(x))=1$，$\partial^\circ(v(x))<\partial^\circ(h(x))$，$(v(x),h(x))=1$. 如果 $q_1(x)\neq q(x)$，$\partial^\circ(q_1(x))<\partial^\circ(g(x)h(x))$，那么 $q_1(x)$ 所对应的一对 $\{u_1(x),v_1(x)\}$ 与 $\{u(x),v(x)\}$ 不同，否则推出 $q_1(x)\equiv q(x)\ (\mathrm{mod}\ g(x)h(x))$，则有 $q_1(x)=q(x)$ 与所设不合. 反之，任给一对 $\{u(x),v(x)\}$，则由孙子剩余定理，同余式组

$$X\equiv u(x)\ (\mathrm{mod}\ g(x)),X\equiv v(x)\ (\mathrm{mod}\ h(x))$$

有惟一解 $q(x)$ 模 $g(x)h(x)$. 因为 $(u(x),g(x))=1$ 和 $(v(x),h(x))=1$，故 $(q(x),g(x)h(x))=1$，于是 $g(x)h(x)$ 的缩系与二元集 $\{u(x),v(x)\}$（其中 $u(x)$ 和 $v(x)$ 分别过 $g(x)$ 和 $h(x)$ 的缩系）一一对应，这就证明了 $\varphi(p,g(x)h(x))=\varphi(p,g(x))\varphi(p,h(x))$.

现在计算 $\varphi(p,p_i^{l_i}(x))$. $\partial^\circ(p_i^{l_i}(x))=n_il_i$，次数小于 n_il_i 的多项式共 $p^{l_in_i}$ 个，记次数小于 n_il_i 又是 $p_i(x)$ 的倍式 $p_i(x)q_i(x)$ 的多项式的个数为 N，那么 $\varphi(p,p_i^{l_i}(x))=p^{l_in_i}-N$，而 N 等于次数小于 $n_il_i-n_i$ 的多项式 $q_i(x)$ 的个数 $p^{l_in_i-n_i}$，所以

$$\varphi(p,p_i^{l_i}(x))=p^{l_in_i}-p^{l_in_i-n_i}=p^{l_in_i}\left(1-\frac{1}{p^{n_i}}\right).$$

故

$$\varphi(p,f(x)) = \prod_{i=1}^{k}p^{l_in_i}\left(1-\frac{1}{p^{n_i}}\right)=p^n\prod_{i=1}^{k}\left(1-\frac{1}{p^{n_i}}\right).$$

这就证明了①.

如果 $(g(x),f(x))=1$，设 $f_1(x),\cdots,f_t(x)\ (t=\varphi(p,f(x)))$ 是 $f(x)$ 的一组缩系，与整数的情形类似，$g(x)f_1(x),\cdots,g(x)f_t(x)$ 亦过 $f(x)$ 的一组缩系，则

$$\prod_{i=1}^{t}g(x)f_i(x)\equiv\prod_{i=1}^{t}f_i(x)\ (\mathrm{mod}\ f(x)),$$

即得

$$g(x)^{\varphi(p,f(x))} \equiv 1 \pmod{f(x)}.$$

这便证明了②.　　证完

我们还可以引入 F_p 上多项式的 m 次剩余的概念.

定义　设 $\varphi(x)$ 是 F_p 上的 n 次不可约多项式, $m>1$, 设 $(f(x),\varphi(x))=1$, 若有 F_p 上一多项式 $g(x)$ 存在, 使

$$g(x)^m \equiv f(x) \pmod{\varphi(x)},$$

则 $f(x)$ 称为 F_p 上模 $\varphi(x)$ 的 m **次剩余**, 否则称为 m **次非剩余**.

定理 9　设素数 $p>2$, $\varphi(x)$ 是 F_p 上的 n 次不可约多项式, $(f(x),\varphi(x))=1$, 则 $f(x)$ 是 F_p 上模 $\varphi(x)$ 的二次剩余的充分必要条件是

$$f(x)^{\frac{p^n-1}{2}} \equiv 1 \pmod{\varphi(x)}. \tag{5}$$

证　设 $(f(x),\varphi(x))=1$, 若有 F_p 上的多项式 $g(x)$ 存在, 使

$$g(x)^2 \equiv f(x) \pmod{\varphi(x)},$$

而 $(g(x),\varphi(x))=1$, 由(2)式得

$$f(x)^{\frac{p^n-1}{2}} \equiv g(x)^{p^n-1} \equiv 1 \pmod{\varphi(x)},$$

故(5)成立.

反之, 设(5)式成立. 我们先来证明在 $\varphi(x)$ 的缩系中恰有 $\frac{p^n-1}{2}$ 个二次剩余. 因为 $\partial^\circ(\varphi(x))=n$, 不妨设 $\varphi(x)$ 的缩系是(1)中除去 0 的 p^n-1 个多项式. (1)中次数为 $k(k=0,1,\cdots,n-1)$, 首项系数为 $1,2,\cdots,\frac{1}{2}(p-1)$ 的多项式有 $\frac{1}{2}(p-1)p^k$ 个, 所有这样的多项式共有

$$\sum_{k=0}^{n-1}\frac{1}{2}(p-1)p^k = \frac{1}{2}(p-1)\frac{p^n-1}{p-1} = \frac{p^n-1}{2}$$

个, 设为 $f_1(x), f_2(x), \cdots, f_{\frac{p^n-1}{2}}(x)$, 现在我们来证明

$$f_1(x)^2, f_2(x)^2, \cdots, f_{\frac{p^n-1}{2}}(x)^2 \tag{6}$$

是 $\varphi(x)$ 的全部二次剩余. 设 $f(x)$ 为 $\varphi(x)$ 的任一个二次剩余,则有 F_p 上的 $g(x)$ 满足

$$f(x)\equiv g(x)^2\equiv(-g(x))^2 \pmod{\varphi(x)},$$

因 $g(x)$ 和 $-g(x)$ 的首项系数总有一个在 1 与 $1/2(p-1)$ 之间,故 $f(x)$ 必与(6)中某个 $f_j(x)^2$ 模 $\varphi(x)$ 同余,且(6)中无两个多项式模 $\varphi(x)$ 同余,这就说明(6)给出了 $\varphi(x)$ 的全部二次剩余. 因为同余方程

$$X^{\frac{p^n-1}{2}}\equiv 1 \pmod{\varphi(x)} \tag{7}$$

在 F_p 上模 $\varphi(x)$ 解的个数 $\leqslant\frac{p^n-1}{2}$,故(6)也给出了(7)的全部解. 这就证明了,如果 $f(x)$ 满足(5),即 $f(x)$ 是同余式(7)的一个解,则 $f(x)$ 是模 $\varphi(x)$ 的二次剩余. 证完

§2 F_p 上多项式的次数和原根

和整数的情形类似,我们可以引入 F_p 上的多项式的次数和原根的定义. 以下我们均讨论 F_p 上的多项式.

定义 设 $\varphi(x)$ 是 F_p 上的一个 n 次不可约多项式,而 $(f(x),\varphi(x))=1$,l 为使

$$f(x)^l\equiv 1 \pmod{\varphi(x)}$$

的最小的正整数,则 l 叫做 $f(x)$ **对模 $\varphi(x)$ 的次数**. 如果 $l=p^n-1$,则 $f(x)$ 叫做**模 $\varphi(x)$ 的原根**.

仿照第五章关于整数的次数和原根的几个定理,容易推出以下几个定理.

定理 1 设 $\varphi(x)$ 是 F_p 上的一个 n 次不可约多项式,$f(x)$ 对模 $\varphi(x)$ 的次数是 l,则 $l\mid p^n-1$.

定理 2 设 $f(x)$ 对模 $\varphi(x)$ 的次数是 l,则

$$1, f(x), f(x)^2, \cdots, f(x)^{l-1}$$

对模 $\varphi(x)$ 两两不同余.

定理 3 设 $f(x)$ 对模 $\varphi(x)$ 的次数是 $l, m>0$，则 $f^m(x)$ 对模 $\varphi(x)$ 的次数是 $\frac{l}{(m,l)}$.

定理 4 设 $l \mid p^n-1$，$\varphi(x)$ 为 F_p 上 n 次不可约多项式，则次数为 l、模 $\varphi(x)$ 互不同余的多项式的个数是 $\varphi(l)$ 个. 这里 $\varphi(l)$ 为欧拉函数.

推论 恰有 $\varphi(p^n-1)$ 个模 $\varphi(x)$ 互不同余的原根.

于是，设 $f(x)$ 是模 $\varphi(x)$ 的一个原根，则

$$f(x), \cdots, f(x)^{p^n-1}$$

给出模 $\varphi(x)$ 的**一组缩系**.

以上这些性质，也可用有限域的概念给出. 设 $\varphi(x)=x^n+b_{n-1}x^{n-1}+\cdots+b_1x+b_0$ 是 F_p 上一个 n 次不可约多项式，设 $\varphi(x)$ 的剩余系为

$$a_{n-1}x^{n-1}+a_{n-2}x^{n-2}+\cdots+a_1x+a_0,$$
$$a_i \in F_p, i=0,1,\cdots,n-1. \tag{1}$$

在 §1 的开始部分，我们曾指出，在(1)中引入模 $\varphi(x)$ 的加法和乘法，(1)构成含 p^n 个元素的有限域. 这样(1)中的元素已不是通常 F_p 上的多项式. 为了与 F_p 上的多项式区别，我们用一个新的记号 α 来代替(1)中的 x，于是得到 p^n 个元素的集

$$a_{n-1}\alpha^{n-1}+a_{n-2}\alpha^{n-2}+\cdots+a_1\alpha+a_0,$$
$$a_i \in F_p, i=0,1,\cdots,n-1. \tag{2}$$

设 $f_1(x), f_2(x) \in (1)$，$f_1(\alpha), f_2(\alpha) \in (2)$，则在 F_p 上分别有惟一的 $v(x)$ 和 $u(x)$，使

$$f_1(x)+f_2(x) \equiv v(x) \pmod{\varphi(x)},$$
$$f_1(x)f_2(x) \equiv u(x) \pmod{\varphi(x)}.$$

(2) 中元素的加法和乘法，分别规定为

$$f_1(\alpha)+f_2(\alpha)=v(\alpha)$$

和

$$f_1(\alpha)f_2(\alpha)=u(\alpha).$$

不难验证,集(2)对于这样定义的加法和乘法构成一个元素个数为 p^n 的有限域,记为 F_{p^n},它是 F_p 的扩张,也是 F_p 上一个 n 维线性空间. 对 n 的每一个因子 d,F_{p^n} 有一个且只有一个含 p^d 个元素的子域. 因此,F_{p^n} 子域的个数与 n 的因子个数相等.

由于 $\varphi(\alpha)=\alpha^n+b_{n-1}\alpha^{n-1}+\cdots+b_1\alpha+b_0=0$,所以 α 是 F_p 上的多项式 $\varphi(x)$ 的一个根.

记 $F_{p^n}^*$ 为 F_{p^n} 中的全体非零元素组成的集. 易知,对于 F_{p^n} 的乘法,$F_{p^n}^*$ 构成一个群. 前面定义的 $f(x)$ 对模 $\varphi(x)$ 的次数,相当于 $F_{p^n}^*$ 中元素的阶. 因此,前面的定理告诉我们:设 $\beta\in F_{p^n}^*$,β 的阶为 l,则 $l\mid p^n-1$;$F_{p^n}^*$ 有 $\varphi(l)$ 个阶为 l 的元素;$F_{p^n}^*$ 有 $\varphi(p^n-1)$ 个元素阶为 p^n-1,称为 $F_{p^n}^*$ 的原根,即 $F_{p^n}^*$ 的生成元,$F_{p^n}^*$ 是一个元素个数为 p^n-1 的循环群. 由于在§1中我们证明了,$f(x)^{p^n}$ 与 $f(x)$ 模 $\varphi(x)$ 同余,故以下定理成立.

定理 5 有限域 F_{p^n} 的 p^n 个元是方程

$$X^{p^n}-X=0$$

的全部根. 而 $F_{p^n}^*$ 的 p^n-1 个元是方程

$$X^{p^n-1}=1$$

的全部根.

定义 设 $\beta\in F_{p^n}$,在 F_p 上一切以 β 为根的非零多项式中次数最低、首项系数为1的多项式叫做 β 的**极小多项式**,记作 $m(x)$.

定理 6 设 $\beta\in F_{p^n}$,$m(x)$ 是 β 的极小多项式,则

① $m(x)$ 在 F_p 上是不可约的;

② 如果 F_p 上的多项式 $f(x)$ 满足 $f(\beta)=0$,则 $m(x)\mid f(x)$;

③ $m(x)$ 是惟一的;

④ $\partial^{\circ}(m(x)) \mid n$.

证　① 设 $m(x)=m_1(x)m_2(x)$, $m_1(x)$ 和 $m_2(x)$ 是 F_p 上的两个多项式, $\partial^{\circ}(m(x))=\partial^{\circ}(m_1(x))+\partial^{\circ}(m_2(x))$, 由 $m(\beta)=m_1(\beta)\cdot m_2(\beta)=0$, 故 $m_1(\beta)=0$ 或 $m_2(\beta)=0$, 由极小多项式的定义必须有 $\partial^{\circ}(m_2(x))=0$ 或 $\partial^{\circ}(m_1(x))=0$, 即 $m(x)$ 不可约.

② 由于 $f(x)=m(x)q(x)+r(x)$, $r(x)=0$ 或 $\partial^{\circ}(r(x))<\partial^{\circ}(m(x))$. 又由 $f(\beta)=m(\beta)=0$, 故 $r(\beta)=0$, 故必须 $r(x)=0$.

③ 设 $m(x)$ 与 $m_1(x)$ 均为 β 的极小多项式, 由②知 $m(x)$ 整除 $m_1(x)$, $m_1(x)$ 整除 $m(x)$, 故 $m(x)=am_1(x)$, $a\in F_p$. 而又因 $m(x)$, $m_1(x)$ 的首项系数为 1, 故 $a=1$.

④ 因为 $\beta^{p^n}=\beta$, 由②知, $m(x)\mid x^{p^n}-x$, 再由 §1 的定理 4 知 $\partial^{\circ}(m(x))\mid n$.　　证完

推论　设 $f(x)$ 为 F_p 上首项系数为 1 的不可约多项式, $\beta\in F_{p^n}$, 且 $f(\beta)=0$, 则 $f(x)$ 是 β 的极小多项式.

证　设 β 的极小多项式为 $m(x)$, 由定理 6 的②, 有 $m(x)\mid f(x)$, 因为 $\partial^{\circ}(m(x))\geqslant 1$, 故 $m(x)=f(x)$.　　证完

定理 7　设 $\beta\in F_{p^n}$, β 在 F_p 上的极小多项式为 $m(x)$, 而 $\partial^{\circ}(m(x))=l$, 则 $\beta^p, \beta^{p^2}, \cdots, \beta^{p^{l-1}}$ 的极小多项式也是 $m(x)$, 且 β, $\beta^p, \cdots, \beta^{p^{l-1}}$ 就是 $m(x)$ 的全部根.

证　因为 $m(\beta^{p^j})=m(\beta)^{p^j}=0$, $j=1,\cdots,l-1$, 而 $m(x)$ 是首项系数为 1 的不可约多项式, 故由定理 6 的推论知, $m(x)$ 也是 $\beta^p, \cdots, \beta^{p^{l-1}}$ 诸元的极小多项式. 因为 F_p 上的多项式 $m(x)$ 的根的个数不超过 l, 只需证明 $\beta, \beta^p, \cdots, \beta^{p^{l-1}}$ 诸元两两不同, 那么 $\beta, \beta^p, \cdots, \beta^{p^{l-1}}$ 便是 $m(x)$ 的全部根. 如果有 $\beta^{p^j}=\beta^{p^i}$, 不妨设 $0\leqslant i<j\leqslant l-1$, 那么

$$\beta^{p^{l-j+i}}=(\beta^{p^i})^{p^{l-j}}=(\beta^{p^j})^{p^{l-j}}=\beta^{p^l}=\beta,$$

由定理 6 的②，便知 $m(x) \mid x^{p^{l-j+i}} - x$，再由 §1 的定理 4，便知 $l \mid l-j+i$，由此推出 $l \mid j-i$，但 $0<j-i<l$，这是不可能的. 证完

设 $\beta \in F_{p^n}^*$，β 的阶为 t，如何由 t 定出 β 的极小多项式的次数呢？我们有下面的定理.

定理 8 设 $\beta \in F_{p^n}^*$，β 的阶为 t，p 对模 t 的次数是 s，则 β 的极小多项式的次数等于 s.

证 因为 $\beta^p, \beta^{p^2}, \cdots, \beta^{p^s} = \beta$ 两两不同，否则有 $\beta^{p^i} = \beta^{p^j}$ $(s \geqslant i > j > 0)$)，推出 $\beta^{p^{s-(i-j)}} = \beta$，故 $p^{s-(i-j)} \equiv 1 \pmod t$，此不可能. 故它们是 $m(x)$ 的全部根，故 $\partial^\circ(m(x)) = s$. 证完

因为 p 对模 p^n-1 的次数是 n，故有下面的推论.

推论 设 β 为 $F_{p^n}^*$ 的一个原根，则 β 的极小多项式的次数等于 n.

例 求 F_{2^3} 中各元的极小多项式.

因为 F_{2^3} 中各元正好是 $x^8 - x$ 的根，在代数里已经证明，在同构意义下有限域是惟一的. 不妨设 $\alpha \in F_{2^3}$，α 是 F_2 上三次不可约多项式 x^3+x^2+1 的一个根. 于是

$$F_{2^3} = \{0, 1, \alpha, \alpha+1, \alpha^2, \alpha^2+1, \alpha^2+\alpha, \alpha^2+\alpha+1\}.$$

0 和 1 的极小多项式分别是 x 和 $x+1$；$\alpha, \alpha^2, \alpha^4 = \alpha^2+\alpha+1$ 的极小多项式是 x^3+x^2+1，又 $\alpha^3 = \alpha^2+1$，因为 α 的阶是 7，由于 $(3,7)=1$，故 α^3 的阶也是 7. 故 $\alpha^3 = \alpha^2+1$ 的极小多项式 $m(x)$ 的次数也是 3，那么 $\alpha^6 = (\alpha^2+1)^2 = \alpha^4+1 = \alpha^3+\alpha+1 = \alpha^2+\alpha$，$\alpha^{12} = (\alpha^2+\alpha)^2 = \alpha^4+\alpha^2 = \alpha+1$ 的极小多项式均为 $m(x)$，且

$$m(x) = (x-\alpha^3)(x-\alpha^6)(x-\alpha^{12}),$$

由于

$$\alpha^3+\alpha^6+\alpha^{12} = \alpha^2+1+\alpha^2+\alpha+\alpha+1 = 0,$$
$$\alpha^3\alpha^6+\alpha^3\alpha^{12}+\alpha^6\alpha^{12} = \alpha^9+\alpha^{15}+\alpha^{18} = \alpha^2+\alpha+\alpha^4 = 1,$$

$$\alpha^3\alpha^6\alpha^{12}=\alpha^{21}=1,$$

故 $m(x)=x^3+x+1$.

从这个例子可以看出,如果知道了 F_p 上一个 n 次不可约多项式 $\varphi(x)$,那么,利用 $\varphi(x)$ 构造出有限域 F_{p^n},求出 F_{p^n} 中各元的极小多项式,也就求出了所有 l 次($l|n$)的不可约多项式,也即在 F_p 上完全分解了多项式 $x^{p^n}-x$.

我们还要指出的是,F_p 上模 $\varphi(x)$ 的任何一条性质,均可在有限域 F_{p^n}上找到相应的性质. 例如,设 $q=p^n$, $F=F_q$,任给整数 $m>0$,存在 F_q 上的 m 次不可约多项式. 这样,就有 F 上的 m 维线性空间 F_{q^m},它是 F 的扩张,也是元素个数为 q^m 的有限域.

§3 F_p 上多项式的周期和本原多项式

F_p(特别是 F_2)上的本原多项式在代数编码理论中是很有用处的.

定义 设 $f(x)$ 是 F_p 上多项式,则称使 $f(x)\mid x^l-1$ 的最小正整数 l 为 $f(x)$ 的**周期**.

显然,由 §1 的定理 8 知,$f(x)$ 存在周期的充分必要条件是 $f(0)\neq 0$. 如果 $f(x)$ 是 F_p 上的 n 次不可约多项式,且有周期 l 存在,易知 $l\mid p^n-1$.

定义 设 $f(x)$ 为 F_p 上的 n 次不可约多项式,如果它的周期 $l=p^n-1$,称 $f(x)$ 为 F_p 上的**本原多项式**.

定理 1 当 2^n-1 是素数时,则 F_2 上的 n 次不可约多项式 $f(x)$ 一定是 n 次本原多项式.

证 因为 2^n-1 为素数时,$n>1$,且 $f(x)\mid x^{2^n-1}-1$,此时 $f(x)$ 必有周期 l 存在,且 $l>1$,又 $l\mid 2^n-1$,故有 $l=2^n-1$. 证完

设 $f(x)$ 在 F_p 上的标准分解式为

$$f(x)=\prod_{k=1}^{t}(p_k(x))^{m_k},\tag{1}$$

$p_k(x)$为不可约多项式,$m_k\geqslant 1,k=1,\cdots,t.$

定理 2 设$f(0)\neq 0$,(1)为$f(x)$在 F_p 上的标准分解式,则$f(x)$的周期 l 为

$$l=[l_1,\cdots,l_t]e,$$

其中 l_i 为 $p_i(x)$的周期,而

$$e=\min\{p^r:\text{整数 } r\geqslant 0,p^r\geqslant\max(m_1,m_2,\cdots,m_t)\}.$$

证明定理 2 之前,我们先证明两个引理.

引理 1 设$f(x)=s(x)t(x),(s(x),t(x))=1$,且 $s(x),t(x)$的周期存在,分别为 u_1,u_2,则$f(x)$的周期 $u=[u_1,u_2]$.

证 因为 $s(x)\mid x^{[u_1,u_2]}-1,t(x)\mid x^{[u_1,u_2]}-1$,又由 $1=(s(x),t(x))$,于是得到$f(x)\mid x^{[u_1,u_2]}-1$,故 $u\leqslant[u_1,u_2]$;另一方面,由 $s(x)\mid x^u-1,t(x)\mid x^u-1$,故 $u_1\mid u,u_2\mid u$,而$[u_1,u_2]$是 u_1,u_2 的最小公倍数,故$[u_1,u_2]\leqslant u$,这就证明了 $u=[u_1,u_2]$. 证完

引理 2 设$f(x)=p^m(x),p(x)$是不可约多项式,$m\geqslant 1,p(x)$的周期存在,设为 q,而 $a=\min\{p^r:\text{整数 } r\geqslant 0,p^r\geqslant m\}$,则$f(x)$的周期 $b=qa$.

证 由于 $x^{qa}-1=(x^q-1)^a$,故 $p^m(x)\mid x^{qa}-1$,即知 $b\leqslant qa$. 另一方面,设 $p^c\parallel b,b=p^cj,p\nmid j$,故 $p^m(x)\mid x^b-1=(x^j-1)^{p^c}$,又因为 $p(x)$是不可约多项式,所以 $p(x)\mid x^j-1$,于是有 $q\mid j$,而 x^j-1 无重因式,故 $p^c\geqslant m$,由此可得 $p^c\geqslant a$,即得 $b=jp^c\geqslant qa$,这就证明了 $b=qa$. 证完

定理 2 的证明:

熟知,关于 k 个正整数 $a_1,\cdots,a_k(k>2)$的最小公倍数,有$[[a_1,\cdots,a_{k-1}],a_k]=[a_1,\cdots,a_k]$. 用归纳法,引理 1 容易推广到$f(x)$等于 k 个两两互素的因式相乘的情形. 由于 $f(0)\neq 0$. 故$p_k(0)\neq 0(k=1,\cdots,t)$,故 $p_k(x)$有周期存在,设为 $l_k(k=1,\cdots,t)$.

由引理 2，$p_k^{m_k}(x)$ 的周期为 $l_k a_k$，$a_k = \min\{p^{r_k}$：整数 $r_k \geqslant 0, p^{r_k} \geqslant m_k\}$，$k = 1, \cdots, t$. 故由引理 1 的推广，得 $f(x)$ 的周期

$$l = [l_1 a_1, \cdots, l_t a_t],$$

因为 $l_i \mid p^{\partial^\circ(p_i(x))} - 1$，故 $p \nmid l_i$，$i = 1, \cdots, t$，故

$$\begin{aligned} l &= [l_1, \cdots, l_t] \max\{a_1, \cdots, a_t\} \\ &= [l_1, \cdots, l_t] \min\{p^r: \text{整数 } r \geqslant 0, p^r \geqslant \max(m_1 \cdots, m_t)\} \\ &= [l_1, \cdots, l_t] e. \end{aligned}$$

证完

定理 2 告诉我们，求任意多项式的周期问题归结为求不可约多项式的周期.

下面给出一个求不可约多项式周期的算法.

设 $f(x)$ 是 F_p 上不可约多项式，其周期 $l \mid p^n - 1$，故首先求出 $p^n - 1$ 的标准分解式 $p^n - 1 = \prod_j p_j^{e_j}$. 若 $x^{\frac{p^n-1}{p_j}} \not\equiv 1 \pmod{f(x)}$，则 $p_j^{e_j} \mid l$，否则可设 $p_j^{\lambda} \parallel l$，$\lambda < e_j$，故 $p^n - 1 = ql$，$p_j \mid q$，再设 $q = p_j q'$，于是 $x^{\frac{p^n-1}{p_j}} = x^{lq'} \equiv 1 \pmod{f(x)}$，与所设矛盾. 如果 $x^{\frac{p^n-1}{p_j}} \equiv 1 \pmod{f(x)}$，则 $p_j^{e_j} \nmid l$. 此时可考虑同余式 $x^{\frac{p^n-1}{p_j^2}} \equiv 1 \pmod{f(x)}$ 是否成立，来确定 $p_j^{e_j - 1} \mid l$ 是否成立. 继续这样做下去，最后就能定出 p_j 在 l 中的方幂. 因为 $l \mid p^n - 1$，用这样的方法就可以求出 l.

例 1 已知 $f(x) = (1 + x + x^2)^3 (1 + x^2 + x^3)(1 + x + x^2 + x^3 + x^4)$ 为 $f(x)$ 在 F_2 上的标准分解式，求 $f(x)$ 的周期 l.

因为 $2^2 - 1 = 3$ 和 $2^3 - 1 = 7$ 皆为素数，故

$$p_1(x) = 1 + x + x^2, p_2(x) = 1 + x^2 + x^3$$

的周期分别为 $l_1 = 3$ 和 $l_2 = 7$. 设

$$p_3(x) = 1 + x + x^2 + x^3 + x^4$$

的周期为 l_3，因 $2^4 - 1 = 15 = 3 \cdot 5$，而

$$x^{\frac{15}{3}}=x^5=x\cdot x^4\equiv x(1+x+x^2+x^3)$$
$$=x+x^2+x^3+x^4\equiv 1(\bmod p_3(x)),$$
$$x^{\frac{15}{5}}=x^3\not\equiv 1(\bmod p_3(x)),$$

即得 $3\nmid l_3$，$5\mid l_3$，从而 $l_3=5$，由此得 $[l_1,l_2,l_3]=[3,7,5]=105$，再按定义 $e=\min\{2^r: 整数\ r\geqslant 0, 2^r\geqslant \max(3,1,1)\}=4$，故 $l=105\cdot 4=420$.

下面，我们将给出 F_p 上不可约多项式 $\varphi(x)$ 的周期与它在 F_{p^n} 中根 α 的阶之间的关系.

定理 3 设 $\varphi(x)$ 是 F_p 上一个不可约多项式，$\varphi(0)\neq 0$，又设 α 是 $\varphi(x)$ 在 F_{p^n} 中的一个根，则 $\varphi(x)$ 的周期与 α 的阶相等.

证 设 $\varphi(x)$ 的周期为 l，即 $\varphi(x)\mid x^l-1$，故 $\alpha^l=1$，则 α 的阶 e 满足 $e\mid l$；$\alpha^e=1$，故 α 是 x^e-1 的根，又因为 $\varphi(x)$ 是 α 的极小多项式，故由 §2 定理 6，$\varphi(x)\mid x^e-1$，故 $l\mid e$，即得 $l=e$. 证完

显然有以下推论.

推论 1 设 F_p 上的不可约多项式 $\varphi(x)$，$\varphi(0)\neq 0$，则它的全部根的阶相同.

推论 2 设 $\varphi(x)$ 是 F_p 上一个 n 次不可约多项式，则 $\varphi(x)$ 是 F_p 上一个本原多项式的充分必要条件是 $\varphi(x)$ 在 F_{p^n} 中的根是 F_{p^n} 的原根.

例 2 x^4+x^3+1 是 F_2 上的本原多项式. 设 α 是 x^4+x^3+1 在 F_{2^4} 中的一个根，于是 F_{2^4} 的 16 个元可方便地表为

$$0,1,\alpha,\alpha^2,\cdots,\alpha^{14}.$$

现在我们可以定义 F_p 上的分圆多项式.

定义 设 F_{p^n} 的 $\varphi(l)$ 个阶为 l 的元为 $\alpha_1,\cdots,\alpha_{\varphi(l)}$，多项式

$$F_l(x)=\prod_{i=1}^{\varphi(l)}(x-\alpha_i)$$

叫做 F_p 上阶为 l 的**分圆多项式**. 我们有

$$x^l - 1 = \prod_{d|l} F_d(x)$$

和

$$F_l(x) = \prod_{d|l} (x^d - 1)^{\mu(\frac{l}{d})}.$$

很明显,由分圆多项式的定义,我们便得到下面的定理.

定理 4 F_p 上所有不同的 n 次本原多项式的乘积是 F_p 上的分圆多项式 $F_{p^n-1}(x)$.

定理 5 F_p 上所有不同的周期为 l 的 n 次不可约多项式的乘积是 F_p 上的分圆多项式 $F_l(x)$.

定理 6 F_p 上所有不同的周期为 l 的 n 次不可约多项式的个数为$\frac{\varphi(l)}{n}$. 特别的,F_p 上所有不同的 n 次本原多项式的个数为 $\varphi(p^n - 1)/n$.

以上定理中所谓不同的多项式,是指互不相伴(即只相差一个常数因子的多项式不加区别)的. 设 $F_l(x)$ 的系数为 a_i,由定理 5 知,$a_i \in F_p, i = 0, 1, \cdots, \varphi(l)$.

前面已经提到,对于 F_p 上 n 次不可约多项式 $\varphi(x)$ $(0 \neq \varphi(0))$ 的周期 l,有 $l \mid p^n - 1$,但是反过来,任一个 l 满足 $l \mid p^n - 1$,不一定是 n 次不可约多项式的周期. 由 §2 的定理 8,当且仅当 $\varphi(x)$ 在 F_{p^n} 中的根 α 的阶 l,使得 p 对模 l 的次数是 n 时,l 才是 n 次不可约多项式的周期.

由于 F_2 上的 n 次本原多项式在代数编码中非常有用(可以造出周期最长的 n 位线性移位寄存器序列),我们可以通过分解 F_2 上的分圆多项式 $F_{2^n-1}(x)$ 来求得,但是,这常常是困难的. 在代数里将有一些专门的方法来求出一个本原多项式. 如果知道了一个本原多项式,那么其余的本原多项式可以通过有限域的性质一一求出. 下面举一个例子.

例 3 我们在例 2 中已经看到 F_2 上的多项式 $x^4 + x^3 + 1$ 是一

个 4 次本原多项式，它的一个根 $\alpha \in F_{2^4}$，是一个原根，于是 F_{2^4} 的 16 个元可表为

$$0,1,\alpha,\alpha^2,\alpha^3,\alpha^4,\alpha^5,\alpha^6,\alpha^7,\alpha^8,\alpha^9,\alpha^{10},\alpha^{11},\alpha^{12},\alpha^{13},\alpha^{14}.$$

由于 $\frac{\varphi(15)}{4}=2$，故还有一个四次本原多项式.

x^4+x^3+1 的四个根是 $\alpha,\alpha^2,\alpha^4,\alpha^8$，因为 α^7 的阶是 15，现在求出 α^7 的极小多项式 $m(x)$，也就求出了另一个 F_2 上的四次本原多项式.

令 $u=\alpha^7$，它的极小多项式为 $m_1(x)=a_0+a_1x+a_2x^2+a_3x^3+a_4x^4$，

$$\begin{aligned}
1 &= 1,\\
u=\alpha^7 &= 1+\alpha+\alpha^2,\\
u^2 &= \alpha^2+\alpha^3,\\
u^3 &= 1+\alpha+\alpha^2+\alpha^3,\\
u^4 &= \alpha+\alpha^2.
\end{aligned}$$

易知 $m_1(x)$ 的系数适合方程

$$(a_0,a_1,a_2,a_3,a_4)\begin{pmatrix}1&0&0&0\\1&1&1&0\\0&0&1&1\\1&1&1&1\\0&1&1&0\end{pmatrix}=(0,0,0,0),$$

此方程有解 $(1,1,0,0,1)$，即 $m_1(x)=x^4+x+1$.

定理 7　用 $F_p[x]$ 表示 F_p 上所有多项式的集，定义 $F_p[x]$ 到 $F_p[x]$ 内的一个映射 σ，$\sigma(f(x))=\sum_{i=0}^{n}a_ix^{p^i-1}$，这里 $f(x)=\sum_{i=0}^{n}a_ix^i\in F_p[x]$. 则有：

① 若在 F_p 上有 $f(x)\mid g(x)$，则 $\sigma(f(x))\mid\sigma(g(x))$；

② 若 $f(x)$ 不可约，$h(x)\mid\sigma(f(x))$，$h(x)\mid\sigma(g(x))$，

$\partial^\circ(h(x))\geqslant 1$,则$f(x)\mid g(x)$;

③ 若$f(x)$不可约,且$f(0)\neq 0$,则$\sigma(f(x))$的每一个不可约因式的次数等于$f(x)$的周期.

证　① 设$F_p[x]$到$F_p[x]$内的映射σ_1:

$$\sigma_1(f(x)) = x\sigma(f(x)) = \sum_{i=0}^{n} a_i x^{p^i},$$

$$f(x) = \sum_{i=0}^{n} a_i x^i \in F_p[x],$$

又设$g(x) = \sum_{i=0}^{m} b_i x^i$,则$\sigma_1(xg(x)) = \sum_{i=0}^{m} b_i x^{p^{i+1}} = \left(\sum_{i=0}^{m} b_i x^{p^i}\right)^p = \sigma_1(g(x))^p$.

设$f(x)\mid g(x)$,即有$h(x)\in F_p[x]$,使$g(x) = f(x)h(x)$. 设$h(x) = \sum_{i=0}^{l} c_i x^i$,于是

$$\begin{aligned}\sigma_1(g(x)) &= \sigma_1\Big(\sum_{i=0}^{l} c_i x^i \cdot f(x)\Big) = \sigma_1\Big(\sum_{i=0}^{l} c_i (x^i f(x))\Big)\\ &= \sum_{i=0}^{l} c_i \sigma_1(x^i f(x)) = \sum_{i=0}^{l} c_i \sigma_1(f(x))^{p^i},\end{aligned}$$

因此

$$\sigma_1(f(x))\mid\sigma_1(g(x)),$$

这就证明了$\sigma(f(x))\mid\sigma(g(x))$.

② 设$A=\{u(x)\in F_p[x]\mid h(x)\mid\sigma(u(x))\}$,即$A$为$F_p[x]$中所有使$\sigma(u(x))$是$h(x)$倍式的$u(x)$的集,显然$g(x)\in A$,$f(x)\in A$. 如任何$u(x),v(x)\in A$,则由$h(x)\mid\sigma(u(x))$,$h(x)\mid\sigma(v(x))$,可推出

$$h(x)\mid\sigma(u(x))+\sigma(v(x))=\sigma(u(x)+v(x)),$$

即$u(x)+v(x)\in A$. 又任一$t(x)\in F_p[x]$,因$u(x)\mid t(x)u(x)$,由①知$\sigma(u(x))\mid\sigma(t(x)u(x))$,即得$h(x)\mid\sigma(t(x)u(x))$,故

$t(x)u(x)\in A$. 这就证明了 A 是一个 $F_p[x]$ 的理想，因为 $F_p[x]$ 是主理想环，而 $f(x)$ 不可约，故 $A=(f(x))$，这就证明了②.

③ 现设 $f(x)$ 不可约，由 $f(0)\neq 0$，可设其周期为 r，$\sigma(f(x))$ 的任一个不可约因式 $h(x)$ 的次数为 l，因为 $f(x)$ 整除 x^r-1，由①得 $\sigma(f(x))\mid\sigma(x^r-1)$，故得 $h(x)\mid x^{p^r-1}-1$，故 $l\mid r$. 另一方面，$h(x)\neq x$，$h(x)\mid x^{p^l-1}-1$，再由②得 $f(x)\mid x^l-1$，故 $r\mid l$. 这就证明了 $l=r$. 证完

推论 设 F_p 上 n 次不可约多项式 $f(x)=\sum_{i=0}^{n}a_ix^i$，则 $f(x)$ 是 n 次本原多项式的充分必要条件是 $F(x)=\sum_{i=0}^{n}a_ix^{p^i-1}$ 不可约.

证 由于 $F(x)=\sigma(f(x))$，如果 $F(x)$ 不可约，则 $f(x)$ 的周期等于 $F(x)$ 的次数，即 p^n-1，故 $f(x)$ 是 F_p 上的 n 次本原多项式；反之设 $f(x)$ 是 n 次本原多项式，因 $F(x)$ 的任一不可约多项式的次数为 p^n-1，而 $F(x)$ 的次数为 p^n-1，故 $F(x)$ 不可约. 证完

对于 F_2 上的 n 次本原多项式 $f(x)$，如果 $2^{2^n-1}-1$ 是素数，则 $F(x)$ 是一个 2^n-1 次的本原多项式. 这是因为，由推论，这里 $F(x)$ 是一个 2^n-1 次的不可约多项式，因此它的周期 l 适合 $l\mid 2^{2^n-1}-1$，故 $l=2^{2^n-1}-1$，即 $F(x)$ 是一个 2^n-1 次的本原多项式.

例 4 $f(x)=x^2+x+1$ 是一个 F_2 上的二次本原多项式，而 $2^{2^2-1}=2^3=8$，$8-1=7$，故 $\sigma(x^2+x+1)=x^3+x+1$ 是 F_2 上的三次本原多项式，而 $2^{2^3-1}-1=2^7-1=127$ 是素数，故 $\sigma(x^3+x+1)=x^7+x+1$ 仍是一个 F_2 上的七次本原多项式. 而 $2^{2^7-1}-1=2^{127}-1$ 是素数，故 $\sigma(x^7+x+1)=x^{127}+x+1$ 也是 F_2 上的本原多项式.

§4 有限域的迹和不可约多项式

设有限域 $F=F_{p^n}$,本节给出 F 中的任一元素 α 从 F 到 F_p 的迹的定义,它能够刻画出 F_p 上多项式的许多性质. 本节也顺便给出 F 上元素的范数的概念.

定义 设 $\alpha\in F$,我们把 $\mathrm{Tr}_{F/F_p}(\alpha)=\alpha+\alpha^p+\cdots+\alpha^{p^{n-1}}$叫做 α 从 F 到 F_p 的迹,在不致引起混淆的情况下,简记为 Tr;我们把 $N_{F/F_p}(\alpha)=\alpha\cdot\alpha^p\cdots\alpha^{p^{n-1}}$叫做 α 从 F 到 F_p 的范数,简记为 N.

下面的定理 1 描述了迹和范数的基本性质,其证明留作习题.

定理 1 设 $\alpha,\beta\in F,a\in F_p$,则有:

① $\mathrm{Tr}(\alpha)\in F_p$;

② $\mathrm{Tr}(\alpha+\beta)=\mathrm{Tr}(\alpha)+\mathrm{Tr}(\beta)$;

③ $\mathrm{Tr}(a\alpha)=a\mathrm{Tr}(\alpha)$;

④ $N(\alpha)\in F_p$;

⑤ $N(\alpha+\beta)=N(\alpha)+N(\beta)$;

⑥ $N(a\alpha)=a^nN(\alpha)$.

定理 2 设 $\alpha\in F,f(x)=(x-\alpha)(x-\alpha^p)\cdots(x-\alpha^{p^{n-1}})=\sum_{i=0}^{n}f_ix^i$,则有:

① $f_i\in F_p,i=0,\cdots,n$. 特别地,如果 α 的极小多项式的次数为 $n,f(x)$即为 α 的极小多项式;

② $\mathrm{Tr}(\alpha)=-f_{n-1},N(\alpha)=(-1)^nf_0$.

证 ①我们用 α^p 替换 α,得到多项式

$$F(x)=(x-\alpha^p)(x-\alpha^{p^2})\cdots(x-\alpha^{p^n})=\sum_{i=0}^{n}f_i^px^i,$$

由于 $\alpha\in F$,故 $\alpha^{p^n}=\alpha$. 所以,我们有

$$F(x) = \sum_{i=0}^{n} f_i^p x^i = f(x) = \sum_{i=0}^{n} f_i x^i,$$

即得

$$f_i^p = f_i, \tag{1}$$

而 $f_i \in F$，又因 $x^p = x$ 在 F 上的根个数 $\leqslant p$，因此 $f_i \in F_p$，$i = 0, 1, \cdots, n$. 这便证明了①.

② 由计算 $f(x)$ 的系数便知. 证完

定理 3 F 上的三项式 $x^p - x - b$ 是 F 上的不可约多项式当且仅当 $\mathrm{Tr}(b) \neq 0$，这里 $b \in F$.

证 设 θ 是 $x^p - x - b$ 的一个根，我们有

$$\theta^p = \theta + b,$$

$$\theta^{p^2} = (\theta + b)^p = \theta^p + b^p = \theta + b + b^p,$$

$$\vdots$$

$$\theta^{p^n} = (\theta + b + b^p + \cdots + b^{p^{n-2}})^p$$

$$= \theta^p + b^p + b^{p^2} + \cdots + b^{p^{n-1}} = \theta + \mathrm{Tr}(b),$$

因此，$\mathrm{Tr}(b) = 0$ 当且仅当 $\theta^{p^n} = \theta$，即 $\mathrm{Tr}(b) = 0$ 当且仅当 $x^p - x - b$ 在 F 上分解成 p 个一次因式的乘积. 如果 $x^p - x - b$ 不可约，则有 $\mathrm{Tr}(b) \neq 0$. 现设 $\mathrm{Tr}(b) = \alpha \neq 0$，$\alpha \in F_p$. 设 $p^n = q$，我们有

$$\theta^q = \theta + \alpha,$$

$$\theta^{q^2} = \theta^q + \alpha = \theta + 2\alpha,$$

$$\vdots$$

$$\theta^{q^{p-1}} = \theta + (p-1)\alpha,$$

$$\theta^{q^p} = \theta + p\alpha = \theta,$$

类似 §2 定理 7 的证明可知，$\theta, \theta^q, \theta^{q^2}, \cdots, \theta^{q^{p-1}}$ 给出了 θ 在 $F = F_q$ 上极小多项式 $m(x)$ 的全部根，即 $m(x)$ 的次数是 p，且 $m(x) \mid x^p - x - b$，故得 $m(x) = x^p - x - b$. 这便证明了 $x^p - x - b$ 在 F 上不可约. 证完

定理 4 设 $a,b\in F^*$，F 上的三项式 x^p-ax-b 在 F 上不可约当且仅当 $a=A^{p-1}$ 且 $\mathrm{Tr}\left(\frac{b}{A^p}\right)\neq 0$，这里 $A\in F^*$.

在证明定理 4 之前，我们先证明一个引理.

引理 设 F 上一个线性化多项式 $l(x)=a_vx^{p^v}+a_{v-1}x^{p^{v-1}}+\cdots+a_1x^p+a_0x$ 在 F 中无非零解，则对任给的 $b,b\in F$，多项式 $l(x)-b$ 有一个一次因式 $x-A$，这里 $A\in F$.

证 设 $\alpha,\beta\in F$ 使得 $l(\alpha)=l(\beta)$，则有 $l(\alpha)-l(\beta)=l(\alpha-\beta)=0$，由假设 $l(x)$ 在 F 中无非零解，故 $\alpha-\beta=0$. 于是，当 $\alpha\neq\beta$ 时，有 $l(\alpha)\neq l(\beta)$. 因为 F 是有限域，便知存在 $A\in F_q$，使 $l(A)=b$，即 $l(x)-b$ 有一个一次因式 $x-A$. 证完

定理 4 的证明：

显然，x^p-ax 是 F 上一个线性化多项式，如果 x^p-ax-b 是 F 上的一个不可约多项式，则一定有 $A\in F^*$，使得 $A^{p-1}=a$，否则，x^p-ax 在 F 中无非零解，由引理知多项式 x^p-ax-b 在 F 上有一个一次因式，与 x^p-ax-b 不可约矛盾，故有

$$x^p-ax-b=A^p\left(\left(\frac{x}{A}\right)^p-\left(\frac{x}{A}\right)-\frac{b}{A^p}\right), \tag{2}$$

$\left(\frac{x}{A}\right)^p-\left(\frac{x}{A}\right)-\frac{b}{A^p}$ 不可约，由定理 3 推出 $\mathrm{Tr}\left(\frac{b}{A^p}\right)\neq 0$. 现设 $a=A^{p-1}$，$A\in F^*$，$\mathrm{Tr}\left(\frac{b}{A^p}\right)\neq 0$，由 (2) 和定理 3 可知 x^p-ax-b 不可约. 证完

推论 任给 $b\in F_p^*$，x^p-x-b 是 F_p 上的不可约多项式.

由 $F=F_p$，$a=A=1$，$\mathrm{Tr}(b)=b\neq 0$，故知推论成立.

对于给定的 $c,c\in F_p$，是否存在原根 $\alpha\in F$，使得 $\mathrm{Tr}(\alpha)=c$? 1982 年，Moreno 证明了存在一个原根 α 使得 $\mathrm{Tr}(\alpha)=1$. 设 p 是一个素数，$F=F_{p^n}$，1990 年，孙琦和韩文报证明了：当 $n\geqslant 3$，除开 $p^n=11^3$ 外，存在 F 中的原根 α，使得 $\mathrm{Tr}(\alpha)=h$，这里 $h\neq 0$，$h\in$

F_p.(孙琦,韩文报,有限域上的绝对迹函数和原根,数学年刊,2(1990));同年,Cohen 得到类似的结果.这一结果,可以等价地叙述为:设 p 是一个素数,$n\geqslant 3$,除开 $p^n=11^3$ 外,存在 F_p 上的一个本原多项式 $f(x)$,其 x^{n-1} 的系数可以等于任给的值 h,这里 $h\neq 0$,$h\in F_p$. 1995 年,韩文报进一步证明了:除开有限个值外,存在 F_p 上的一个本原多项式 $f(x)$,其 x^{n-1} 和 x^{n-2} 的系数可以等于任给的值 $h_j\in F_p$,$j=1,2$.(W. B. Han, The coefficients of primitive polynomials over finite fields, Math. Comp. 65(1996)).最近,任德斌把以上结果改进为:除开有限个值外,存在 F_p 上的一个本原多项式 $f(x)$,其 x^{n-1},x^{n-2},x^{n-3} 和 x^{n-4} 的系数可以等于任给的值 $h_j\in F_p$,$j=1,2,3,4$.

§5 F_2 上的三项多项式

在代数编码中,研究 F_2 上的只含三个项的多项式特别重要.

显然只需研究 $x^n+x^a+1(n>a)$ 这种形式.

总的来说,对于 F_2 上三项式的研究还很不完善,只有一些特殊的结果.

定理 1 F_2 上的三项式 x^n+x^a+1 有重因式的充分必要条件是此三项式是一个完全平方.

证 充分性是显然的.现证必要性,如果 x^n+x^a+1 不是一个完全平方,那么 n,a 不能同时是偶数,所以 x^n+x^a+1 的导式 $nx^{n-1}+ax^{a-1}$ 或是 x 的乘幂或是 $x^{n-1}+x^{a-1}$ 的形式,由 $x^{n-1}+x^{a-1}$ 和 x^n+x^a+1 的公因式整除

$$x^n+x^a+1+x(x^{n-1}+x^{a-1})=1,$$

因此,无论哪种情形,均有 x^n+x^a+1 与 x^n+x^a+1 的导式互素,这与三项式有重因式相矛盾. 证完

定理 2 $x^{2^n}+x+1$ 的所有不可约因式的次数均整除 $2n$,所以

它们的周期整除 $2^{2^n}-1$.

证　设　$f(x)=x^{2^n}+x+1$,

$$f^*(x)=x^{2^n}f\left(\frac{1}{x}\right)=x^{2^n}+x^{2^n-1}+1,$$

$$\begin{aligned}h(x)&=f^*(x+1)=(x+1)^{2^n}+(x+1)^{2^n-1}+1\\&=x^{2^n}+(x+1)^{2^n-1}=\frac{x^{2^n+1}+1}{x+1}.\end{aligned}$$

这样,$h(x)\mid x^{2^n+1}+1$,故 $h(x)\mid x^{2^{2n}-1}+1$,然而对于 F_2 上的多项式,从 $f(x)$ 到 $h(x)$ 这种变换不改变 $f(x)$ 的不可约因式的次数,故 $f(x)$ 的所有不可约因式的次数都整除 $2n$,且它们的周期均整除 $2^{2n}-1$.　　证完

定理 3　$x^{2^n+1}+x+1$ 的所有不可约因式的次数均整除 $3n$,因此,它们的周期均整除 $2^{3n}-1$.

证　设

$$\begin{aligned}f(x)&=x^{2^n+1}+x+1,\\g(x)&=xf(x)^{2^n}+f(x)=x(x^{2^{2n}+2^n}+x^{2^n}+1)+x^{2^n+1}+x+1\\&=x^{2^{2n}+2^n+1}+1,\end{aligned}$$

这样 $f(x)\mid g(x)$,而 $g(x)\mid x^{2^{3n}-1}-1$,因此,$f(x)$ 的所有不可约因式的次数都能整除 $3n$,且周期整除 $2^{3n}-1$.　　证完

Golomb 曾经猜想 $x^{2^n+1}+x^{2^{n-1}-1}+1$ 的所有不可约因式的次数都能整除 $6(n-1)$,所以它们的周期整除 $2^{6(n-1)}-1$.

下面的定理证明了这个猜想,而且给出了更强的结果.

定理 4　设 $r=2^{n-1}$,$F(x)=x^{2r+1}+x^{r-1}+1$,$K=F_r$,$L=F_{r^2}$,$M=F_{r^3}$,α 是 $F(x)$ 的一个根,则 $\alpha\notin K$,但 $\alpha\in L$ 或 $\alpha\in M$.

证　设 $\alpha\in K$,则 $F(\alpha)=0$,$\alpha\neq0$,且 $\alpha^{r-1}=1$,由 $\alpha^{2r+1}+\alpha^{r-1}+1=0$,推出 $\alpha^{2r+1}=0$,这是矛盾的,故 $\alpha\notin K$.

由于
$$\begin{aligned}F(x^r)+x^{r^2-r}F(x)&=x^{2r^2+r}+x^{r^2+r+1}+x^{r^2-1}+1\\&=(x^{r^2-1}+1)(x^{r^2+r+1}+1),\end{aligned}$$

因为 $r=2^{n-1}$，故 $F(x)\mid F(x^r)$，由此推出

$$F(x)\mid(x^{r^2-1}+1)(x^{r^2+r+1}+1),$$

所以 $\alpha^{r^2-1}+1=0$，此时 $\alpha\in L$，或 $\alpha^{r^2+r+1}+1=0$，此时 $\alpha\in M$. 证完

显然有下面的推论.

推论 F_2 上 $x^{2n+1}+x^{2n-1-1}+1$ 的每一个不可约因式的次数，或者整除 $2(n-1)$ 或者整除 $3(n-1)$，但不整除 $n-1$.

1962 年，Swan 用代数数论给出了 F_2 上三项式分解的一些较为深刻的结果. 例如，他证明了不存在形如 $x^{8t}+x^a+1(8t>a)$ 的 F_2 上的不可约多项式.

§6 置换多项式的判别与构造

置换多项式，简单地讲，就是表完全剩余系的多项式. 本节给出有限域上的置换多项式的判别与构造方面的一些基本结果.

定义 设 p 是一个素数，$F=F_{p^n}$ 是 p^n 个元的有限域，$F[x]$ 表 F 上全体多项式组成的集，$f(x)\in F[x]$，如果

$$f:c\to f(c)$$

是 F 到 F 的一一映射，则称 $f(x)$ 是 F 的置换多项式.

因为 F 仅有有限个元，不难证明 F 上的置换多项式可以有下述几个等价的定义.

定理 1 设 $f(x)\in F[x]$，则 $f(x)$ 是 F 的置换多项式当且仅当以下条件之一成立：

①函数 $f:c\to f(c)$ 是 F 到 F 的单射；

②函数 $f:c\to f(c)$ 是 F 到 F 的满射；

③对任何 $a\in F$，$f(x)=a$ 在 F 中有解；

④对任何 $a\in F$，$f(x)=a$ 在 F 中有惟一解.

（证明留作习题.）

定理 2　有限域 F 到自身的任一函数均可由 $F[x]$ 中某一次数小于 p^n 的多项式表出.

证　设 $h(x)$ 是 F 到 F 的任一函数，令

$$g(x) = \sum_{c \in F} h(c)(1 - (x - c)^{p^n - 1}), \tag{1}$$

对 F 中任一元 a，代入（1），显然有

$$g(a) = \sum_{c \in F} h(c)(1 - (a - c)^{p^n - 1}) = h(a).$$

因此，$g(a) = h(a)$ 对所有 $a \in F$ 成立，且 $g(x) \in F[x]$，$g(x)$ 的次数小于 p^n.　　证完

设 $f(x) \in F[x]$，由欧几里得算法知，存在 $F[x]$ 中次数小于 p^n 的多项式 $g(x)$ 使得

$$f(x) \equiv g(x) \pmod{x^{p^n} - x}.$$

因为 $x^{p^n} - x$ 在 F 上恒取零，故 $f(a) = g(a)$ 对所有 $a \in F$ 成立. 这样，$F[x]$ 中任一多项式经模 $x^{p^n} - x$ 后，均可化为一次数小于 p^n 的多项式 $g(x)$，使得 $f(a) = g(a)$ 对所有 $a \in F$ 均成立. $g(x)$ 叫做 $f(x)$ 模 $x^{p^n} - x$ 的简化多项式，简称 $f(x)$ 的简化多项式. $g(x)$ 的次数叫做 $f(x)$ 的简化次数.

定理 3　设 $f(x), f_1(x) \in F[x]$，则有 $f(a) = f_1(a)$ 对所有 $a \in F$ 成立当且仅当 $f(x) \equiv f_1(x) \pmod{x^{p^n} - x}$.

证　由欧几里得算法知，存在次数小于 p^n 的多项式 $r(x)$ 满足

$$f(x) - f_1(x) \equiv r(x) \pmod{x^{p^n} - x}. \tag{2}$$

如果 $f(a) = f_1(a)$ 对所有的 $a \in F$ 均成立，由于 $a^{p^n} = a$ 对所有的 $a \in F$ 也都成立，（2）给出 $r(a) = 0$ 对所有的 $a \in F$ 成立，而 $r(x)$ 的次数小于 p^n，因此 $r(x)$ 是零多项式，由（2）得 $f(x) \equiv f_1(x) \pmod{x^{p^n} - x}$.

现设 $f(x)\equiv f_1(x)\pmod{x^{p^n}-x}$，类似可证对所有的 $a\in F$，有 $f(a)=f_1(a)$.

显然，有以下的推论.

推论 设 $f(x)\in F[x]$，则 $f(x)$ 的简化多项式是惟一决定的，因而它的简化次数也是惟一确定的.

下面我们给出有限域上置换多项式的判别法则.

定理 4 设 $F=F_q, q=p^n, f(x)\in F[x]$，则 $f(x)$ 是 F 上的置换多项式当且仅当下面两个条件成立：

① $f(x)$ 在 F 中恰有一个解；

② 对每一个整数 $t, 1\leqslant t\leqslant q-2, f^t(x)$ 模 x^q-x 的简化次数不超过 $q-2$.

证 设 $N(a)$ 表示 $f(x)=a$ 在 F 中的解数. 我们有 $f(x)$ 是 F 上的置换多项式 $\Leftrightarrow N(a)=1$ 对所有 $a\in F$ 成立 $\Leftrightarrow N(a)\equiv 1\pmod p$ 对所有 $a\in F$ 成立，这里 p 是 F 的特征.

设

$$f^t(x)\equiv\sum_{i=0}^{q-1}b_i^{(t)}x^i\pmod{x^q-x}, 0\leqslant t\leqslant q-1, \tag{3}$$

由本章习题 20 知

$$\sum_{a\in F}a^i=\begin{cases}0, 当\ 0\leqslant i\leqslant q-2;\\ -1, 当\ i=q-1.\end{cases}$$

故(3)式给出

$$\begin{aligned}\sum_{a\in F}f^t(a)&=\sum_{i=0}^{q-1}b_i^{(t)}\sum_{a\in F}a^i=b_{q-1}^{(t)}\sum_{a\in F}a^{q-1}\\&=-b_{q-1}^{(t)}\quad(0\leqslant t\leqslant q-1).\end{aligned}\tag{4}$$

在不致混淆的情况下，在下面的等式中我们用 1 代表有限域 F 的单位元，$N(a)$ 表示 $N(a)$ 个单位元相加. 我们有

$$\begin{aligned}N(a)&=\sum_{c\in F}\left(1-(f(c)-a)^{q-1}\right)\\&=-\sum_{c\in F}(f(c)-a)^{q-1}\end{aligned}$$

$$= -\sum_{c \in F} \sum_{t=0}^{q-1} \binom{q-1}{t} f^t(c)(-a)^{q-1-t}.$$

将(4)代入上式得

$$N(a) = \sum_{t=0}^{q-1} \binom{q-1}{t} b_{q-1}^{(t)} (-a)^{q-1-t}. \tag{5}$$

如果条件①成立，则有

$$\sum_{a \in F} f^{q-1}(a) = q-1 = -1.$$

由(4)式，即 $b_{q-1}^{(q-1)} = 1$. 如果还有条件②成立，则有 $b_{q-1}^{(t)} = 0 (0 \leqslant t \leqslant q-2)$，于是在(5)给出 F 中的等式 $N(a) = 1$，由于 F 的特征是 p，即对每一个 $a \in F$，有 $N(a) \equiv 1 \pmod p$，这便证明了 $f(x)$ 是 F 上的置换多项式.

现在，设 $f(x)$ 是置换多项式，条件①显然成立. 此外，对每一个 $a \in F$，有 $N(a) = 1$，故对每一个 $a \in F$，由(5)给出

$$\sum_{t=0}^{q-2} \binom{q-1}{t} b_{q-1}^{(t)} (-a)^{q-1-t} + b_{q-1}^{(q-1)} - 1 = 0,$$

即 F 上的方程

$$\sum_{t=0}^{q-2} \binom{q-1}{t} b_{q-1}^{(t)} x^{q-1-t} + b_{q-1}^{(q-1)} - 1 = 0 \tag{6}$$

在 F 中有 q 个解，而(6)中左端多项式的次数 $< q$，于是(6)给出 $b_{q-1}^{(q-1)} = 1$ 和

$$\binom{q-1}{t} b_{q-1}^{(t)} = 0 (0 \leqslant t \leqslant q-2). \tag{7}$$

我们来证明

$$p \nmid \binom{q-1}{t} \quad (0 \leqslant t \leqslant q-2). \tag{8}$$

因为 $q = p^n$，故 $p \mid \binom{q}{t} (1 \leqslant t \leqslant q-1)$. 再由组合等式

$$\binom{q}{t} = \binom{q-1}{t-1} + \binom{q-1}{t} \ (1 \leqslant t \leqslant q-1), \tag{9}$$

显然 $p\nmid\binom{q-1}{0}$，设 $p\nmid\binom{q-1}{t-1}$，由 $p\mid\binom{q}{t}$ 和(9)，可推出 $p\nmid\binom{q-1}{t}$，这就证明了(8)式成立，因而(7)给出 $b_{q-1}^{(t)}=0(0\leqslant t\leqslant q-2)$，即条件②成立. 证完

推论 设 $d>1,d\mid q-1$，则不存在次数为 d 的 F 的置换多项式.

证 设 $f(x)$ 的次数为 $d,d>1,d\mid q-1$，取 $t=\frac{q-1}{d}$，故 $f^t(x)$ 的简化次数为 $q-1$，而 $1\leqslant t\leqslant\frac{q-1}{2}\leqslant q-2$，由定理 4 便知 $f(x)$ 不是 F 的置换多项式. 证完

定理 4 还可改述为下面的定理.

定理 5 设 $F=F_q,q=p^n,f(x)\in F[x]$，则 $f(x)$ 是 F 上的置换多项式当且仅当下面两个条件成立：

① $f^{q-1}(x)$ 模 x^q-x 的简化次数是 $q-1$；

② $f^t(x)(1\leqslant t\leqslant q-2)$ 模 x^q-x 的简化次数不超过 $q-2$.

证 如果 $f(x)$ 是 F 的置换多项式，则在定理 4 的最后一部分证明中已得出 $b_{q-1}^{(q-1)}=1$ 和 $b_{q-1}^{(t)}=0(1\leqslant t\leqslant q-2)$，这就表明条件①和②成立.

反过来，若 $b_{q-1}^{(q-1)}\neq0,b_{q-1}^{(t)}=0(1\leqslant t\leqslant q-2)$. 因 $b_{q-1}^{(0)}=0$，代入(5)得

$$N(a)=b_{q-1}^{(q-1)}\neq0,$$

即 $p\nmid N(a)$ 对所有 $a\in F$ 均成立，即 $f(x)=a$ 在 F 中总有解，故 $f(x)$ 是 F 的置换多项式. 证完

现在，我们用定理 4 来构造一类 F 的置换多项式.

定理 6 设 $F=F_q,q=p^n,r$ 是正整数，$(r,q-1)=1,s$ 是 $q-1$ 的因子，再设 $g(x)\in F[x]$ 使得 $g(x^s)$ 在 F 中无非零解，则 $f(x)=x^rg(x^s)^{\frac{q-1}{s}}$ 是 F 的置换多项式.

证 定理 4 的条件①显然是满足的. 现在来证明 $f(x)$ 满足条件②. 取整数 $t, 1 \leqslant t \leqslant q-2$.

先设 $s \nmid t$, 此时 $f^t(x)$ 的展开式中的方幂为形如 $rt+ms$ 的整数, 其中 m 是非负整数. 因 $s \nmid t$, 故

$$s \nmid rt+ms, \tag{10}$$

从而

$$x^{rt+ms} \not\equiv x^{q-1} \pmod{x^q - x}. \tag{11}$$

如果(11)不成立, 则有

$$x^{rt+ms} = x^{q-1} + h(x)(x^q - x), h(x) \in F[x], \tag{12}$$

设 g 是 F 的原根, 令 $x=g$ 代入(12)式得

$$g^{rt+ms} = g^{q-1} = 1,$$

即得 $q-1 \mid rt+ms$, 与(10)矛盾, 这便证明了在 $s \nmid t$ 时, $f^t(x)$ 模 $x^q - x$ 的简化次数不超过 $q-2$.

再设 $t=ks$, k 是正整数. 此时

$$f^t(x) = x^{rt}(g(x^s))^{(q-1)k},$$

令 $h(x)=x^{rt}$. 显然对所有的 $a \in F$, 有 $f^t(a)=h(a)$, 故由定理 3 可得

$$f^t(x) \equiv h(x) = x^{rt} \pmod{x^q - x},$$

而 $q-1 \nmid rt$, 故 $f^t(x)$ 模 $x^q - x$ 的简化次数不超过 $q-2$. 证完

定理 7 设 $F=F_q$, $q=p^n$, p 是奇素数, m 是正整数, $f(x)=x^{\frac{q-1}{2}+m}+ax^m \in F[x]$, $(m, q-1)=1$, 则 $f(x)$ 是 F 的置换多项式当且仅当存在 $c \in F^*$, $c^2 \neq 1$, 使

$$a = \frac{1+c^2}{1-c^2}.$$

证 考虑方程

$$x_1^m\left(x_1^{\frac{q-1}{2}}+a\right) = x_2^m\left(x_2^{\frac{q-1}{2}}+a\right), \tag{13}$$

由定理 1 知 $f(x)$ 是 F 的置换多项式, 当且仅当方程(13)无 $x_1 \neq x_2$ 的解. 现设 $x_1 \neq x_2$ 满足(13), 我们来推出 a 应满足的条件. 当 x_1x_2

是 F 的平方元时(包括 $x_1=0$ 或 $x_2=0$ 的情形),(13)有解 $x_1\neq x_2$ 当且仅当 $a=\pm1$. 当 x_1x_2 是 F 中的非平方元时,不失一般,可设 x_1 为平方元,x_2 为非平方元,此时有 $x_1^{\frac{q-1}{2}}=1, x_2^{\frac{q-1}{2}}=-1$,且(13)成立 $\Leftrightarrow a=\frac{x_2^m+x_1^m}{x_2^m-x_1^m}=(1+(\frac{x_1}{x_2})^m)/1-(\frac{x_1}{x_2})^m\Leftrightarrow$存在 F 中的非平方元 t(由于 m 是奇数,故可令 $t=(\frac{x_1}{x_2})^m$),使得 $a=\frac{1+t}{1-t}$. 因此,(13)无 $x_1\neq x_2$ 的解的充要条件是 $a\neq\pm1$,且对任何非平方元 $t\in F$ 有 $a\neq(1+t)(1-t)^{-1}$,这两个条件等价于存在 $c\in F^*$, $c^2\neq1$,使 $a=\frac{1+c^2}{1-c^2}$.　证完

卡里兹(Carlitz)曾经证明:设 $q\equiv1(\bmod 2)$, $a\in F_q^*$,则 $f(x)=x^{\frac{q-1}{2}+1}+ax$ 不是 $F_{q^r}(r>1)$ 的置换多项式. 1962 年,卡里兹还猜想:设 $q\equiv1(\bmod 3)$, $a\in F_q^*$,则 $x^{\frac{q-1}{3}+1}+ax$ 不是 $F_{q^r}(r>1)$ 的置换多项式. 不久前,这一猜想已由万大庆证明.

卡里兹还有一个著名的猜想:给定一个正偶数 n,存在常数 c_n,只要奇 $q>c_n$,则 F_q 无次数为 n 的置换多项式. 对于这一猜想,万大庆、柯恩(Cohen)等均有重要贡献,最后是由伦斯爵(Lenstra)证明的.

§7　F_p 上的迪克逊(Dickson)多项式

本节中,我们介绍有限域上一类重要的置换多项式,它是由迪克逊多项式构成的.

设 k 是正整数,x_1 和 x_2 是变元,有恒等式

$$x_1^k+x_2^k=\sum_{j=0}^{[\frac{k}{2}]}\frac{k}{k-j}\binom{k-j}{j}(-x_1x_2)^j(x_1+x_2)^{k-2j},\qquad(1)$$

定义迪克逊多项式如下：

$$g_k(x,a)=\sum_{j=0}^{[\frac{k}{2}]}\frac{k}{k-j}\binom{k-j}{j}(-a)^j x^{k-2j}. \tag{2}$$

在(1)中令 $x_1=y, x_2=\frac{a}{y}$，得

$$y^k+\left(\frac{a}{y}\right)^k=g_k\left(y+\frac{a}{y},a\right). \tag{3}$$

特别，当 $a=0$ 时，有

$$g_k(x,0)=x^k.$$

设 p 是一个素数，由本章习题 25 知，$g_k(x,0)$ 是 F_p 的置换多项式当且仅当 $(k,p-1)=1$.

设 $a\neq 0, a\in F_p$，对于 F_p 上的迪克逊多项式，我们有如下的定理.

定理 1　设 $a\neq 0, a\in F_p$，则 F_p 上的迪克逊多项式是 F_p 的置换多项式当且仅当 $(k,p^2-1)=1$.

证　设 $(k,p^2-1)=1$，若有 $b,c\in F_p$ 使得 $g_k(b,a)=g_k(c,a)$，我们来证明 $b=c$. 在 F_p 的某一个二次扩域中取一非零元 β 使 $\beta+a\beta^{-1}=b$，同样又在 F_p 的另一个二次扩域中取一非零元 r 使 $r+ar^{-1}=c$. 因 F_p 的所有两次扩域都是同构的，β 和 r 都可在 F_p 的同一个二次扩域 F_{p^2} 中选取. 由(3)有

$$g_k(b,a)=\beta^k+\left(\frac{a}{\beta}\right)^k=r^k+\left(\frac{a}{r}\right)^k=g_k(c,a),$$

因此 $(\beta^k-r^k)(\beta^k r^k-a^k)=0$. 可得 $\beta^k=r^k$ 或 $\beta^k=(ar^{-1})^k$. 因为 $(k,p^2-1)=1, \beta^{p^2-1}=1, r^{p^2-1}=1$，故可推出 $\beta=r$. 同理，可由 $\beta^k=(ar^{-1})^k$，推出 $\beta=ar^{-1}$. 无论在哪种情况下，都有 $b=c$. 这就证明了 $g_k(x,a)$ 是 F_p 的置换多项式.

现在我们来证明，如果 $g_k(x,a)$ 是 F_p 的置换多项式，则 $(k,p^2-1)=1$. 否则，设 $(k,p^2-1)=d>1$. 如果 $2\mid d$，则 $2\mid k, 2\nmid p$，此时

由(2)表明 $g_k(x,a)$ 只含 x 的偶数次方幂. 因此对所有 $c\in F_p^*$ 有 $g_k(c,a)=g_k(-c,a)$, 而 $c\neq -c$, 故 $g_k(x,a)$ 不是 F_p 的置换多项式. 当 $2\nmid d$ 时, 则有 d 的奇素因子 $v, v\mid k, v\mid p-1$ 或 $v\mid p+1$. 当 $v\mid p-1$ 时, 方程 $x^v=1$ 在 F_p 上有 v 个解, 因此, 存在 $b\in F_p^*, b^v=1$, $b\neq 1, b\neq a$, 且 $b^k=1$. 由(3)可得

$$g_k\left(b+\frac{a}{b},a\right)=b^k+\frac{a^k}{b^k}=1+a^k=g_k(1+a,a),$$

因 $b\neq 1, b\neq a$, 故 $b+\frac{a}{b}\neq 1+a$, 这样 $g_k(x,a)$ 就不是 F_p 的置换多项式. 当 $v\mid p+1$ 时, 设 δ 是 F_p 的二次扩域 F_{p^2} 中的一个元使 $\delta^{p+1}=a$. 因 $x^v=1$ 在 F_{p^2} 中有 v 个解, 因此, 存在 $\beta\in F_{p^2}, \beta^v=1, \beta\neq 1, \beta\neq a\delta^{-2}$. 这样就有 $\beta^{p+1}=1, \beta^k=1$, 且

$$g_k\left(\delta+\frac{a}{\delta},a\right)=\delta^k+\frac{a^k}{\delta^k}=(\beta\delta)^k+\frac{a^k}{(\beta\delta)^k}=g_k\left(\beta\delta+\frac{a}{\beta\delta},a\right).$$

因为 x^p-x 在 F_p 中所有的零点组成 F_p, 故有 $\delta+\frac{a}{\delta}=\delta+\delta^p\in F_p$, $\beta\delta+\frac{a}{\beta\delta}=\beta\delta+(\beta\delta)^p\in F_p$. 由于 $\beta\neq 1, \beta\neq a\delta^{-2}$, 我们推得 $\delta+\frac{a}{\delta}\neq\beta\delta+\frac{a}{\beta\delta}$. 因此 $g_k(x,a)$ 不是 F_p 的置换多项式. 证完

为了说明迪克逊多项式在公开密钥码中的重要应用, 下面, 我们不加证明地介绍几个结果, 这些结果的绝大多数证明, 可在文献[11]中找到.

定义 设 $f(x), g(x)\in F_p[x]$, 多项式 $f(g(x))$ 叫做 $f(x)$ 与 $g(x)$ 的合成, 用"。"表示合成运算, 则有

$$f(x)\circ g(x)=f(g(x)).$$

从置换多项式的定义看出, 两个置换多项式的合成仍然是一个置换多项式, 由于合成运算还满足结合律, 因此, F_p 的所有置换多项式在合成运算下是一个群, 记为 P.

对于迪克逊多项式, 它们是否能作成 P 的一个子群呢?

定义两个多项式类如下：

$P(0)=\{g_k(x,0)\mid k\in\mathbf{Z}^+,(k,p-1)=1\}$,

$P(a)=\{g_k(x,a)\mid k\in\mathbf{Z}^+,(k,p^2-1)=1\}$,

上式中 $\mathbf{Z}^+$ 表示由全体正整数组成的集，a 是 F_p 中的非零元. $P(0)$，$P(a)$均是由置换多项式组成的集. 我们有以下定理.

定理 2　$P(a)$在多项式的合成运算下是封闭的当且仅当 $a=0,\pm1$，且此时还有关系 $g_{km}(x,a)=g_k(g_m(x,a),a)$，即 $g_k(x,a)\circ g_m(x,a)=g_{km}(x,a)=g_m(x,a)\circ g_k(x,a)$. 因此，当 $a=0,\pm1$ 时，$P(a)$在合成运算下是置换多项式群 P 的一个交换子群.

设 m 是一个正整数，现在，我们给出模 m 置换多项式的定义.

定义　设 $f(x)$是一个整系数多项式，如果当 x 过模 m 的一个完全剩余系时，$f(x)$也过模 m 的一个完全剩余系，则称 $f(x)$是模 m 的置换多项式.

显然当 m 是素数 p 时，模 p 的置换多项式即为 F_p 上的置换多项式. 模 m 的置换多项式与 F_p 上的置换多项式有何关系？可以由下面的定理表示出来.

定理 3

① 设 $m=p_1^{l_1}\cdots p_t^{l_t}$ 是 m 的标准分解式，则 $f(x)$是模 m 的置换多项式当且仅当 $f(x)$是模 $p_i^{l_i}(i=1,\cdots,t)$的置换多项式；

② 设 p 是一个素数，k 是大于1 的整数，则 $f(x)$是模 p^k 的置换多项式当且仅当 $f(x)$是模 p 的置换多项式，且导数 $f'(x)\equiv 0\ (\mathrm{mod}\ p)$无解.

回忆本书第三章介绍的 RSA 公开密钥码体制：设 $m=pq$，p，q 是不同的大素数，选择 x^k，$(k,\varphi(m))=1$ 作为加密函数，实际上，这里选择的是模 m 迪克逊多项式 $g_k(x,0)=x^k$，因为 $g_k(x,0)$是模 p 的置换多项式当且仅当$(k,p-1)=1$，$g_k(x,0)$是模 q 的置换多项式当且仅当$(k,q-1)=1$，再由定理 3①知$(k,\varphi(m))=(k,(p-1)(q-1))=1$时，$x^k$ 是模 m 的置换多项式. 再设 k_1 是一个正整数,满足 $kk_1 \equiv 1 \pmod{\varphi(m)}$,则当 $(M,m)=1$ 时,有 $(M^k)^{k_1}=M^{kk_1}\equiv M \pmod{m}$. 这里 k,m 是公开的,k_1 是保密的,p,q 适当大,通过分解 m 来求得 k_1 是几乎不可能的. $a=0$ 时,迪克逊多项式簇 $\{g_k(x,0)=x^k \mid k=1,2,\cdots\}$ 有下面一些性质:

① 在多项式的合成运算下,$\{x^k\}$ 构成一个交换群 $x^k \circ x^l = x^l \circ x^k = x^{kl}$.

② 对每一个正整数 k,$(k,\varphi(m))=1$,存在正整数 k_1,使得 $x^k \circ x^{k_1} = x^{k_1} \circ x^k$ 是模 m 的单位置换多项式 x.

③ 给定一个正整数 k,满足 $(k,\varphi(m))=1$,只知道 k 和 m,很难求得 k_1,使 $x^k \circ x^{k_1}=x^{kk_1}$ 是模 m 的单位置换多项式 x.

可以用迪克逊多项式簇 $P(a)=\{g_k(x,a) \mid k=1,2,\cdots\}$ $(a=\pm 1)$ 来代替多项式簇 $\{x^k \mid k=1,2,\cdots\}$ 构造公开密钥码体制. 我们知道 $a=\pm 1$ 时,多项式簇 $\{g_k(x,a)\}$ 构成一个交换群,且满足

$$g_k(x,a)\circ g_n(x,a)=g_{kn}(x,a),$$

即条件①满足.

当 $a=1$ 时,设 $g_k(x,1)=g_k$ 满足递推关系:

$$g_{k+2}-xg_{k+1}+g_k=0,\ g_1=x,\ g_2=x^2-2,$$

因此,g_k 可用上述递推关系来计算.

如果 $m=pq$,p,q 是不同的素数,$g_k(x,a)$ 是模 m 的置换多项式当且仅当 $(k,(p^2-1)(q^2-1))=1$,进一步,还可证明在 $a=\pm 1$ 时,$g_{k_1}(x,a)$ 是 $g_k(x,a)$ 的逆当且仅当

$$kk_1 \equiv 1 \pmod{(p^2-1)(q^2-1)}, \tag{4}$$

条件②满足.

从(4)式可以看出,如果仅知道 k 和 m,要求出 k_1 几乎是不可能的,因为仍然要分解大整数. 因此条件③也成立.

§8　柯西－达文波特(Cauchy-Davenport)定理

设 p 是一个素数,F_p 是 p 元有限域,A 和 B 是 F_p 的两个非空子集,且设

$$C = A + B = \{a + b \mid a \in A, b \in B\},$$

则

$$|C| \geqslant \min\{p, |A| + |B| - 1\}.$$

这就是著名的 Cauchy－Davenport 定理. 当 $A = B$ 时,则有

$$|C| \geqslant \min\{p, 2|A| - 1\}.$$

三十多年前,Erdos 和 Heilbronn 猜想:如果 $A = B$, $|A| = k \geqslant 2$,设

$$C = \{a + b \mid a \in A, b \in A, a \neq b\},$$

则

$$|C| \geqslant \min\{p, 2k - 3\}.$$

这一猜想已在 1994 年被证明了(J. A. Dias da Silva and Y. O. Hamidoune, Cyclic spaces for Grassmann derivatives and additive theory. Bull. London Math. Soc., 26:1994,140—146). 本节将介绍 Alon 等人给出的一个简单证明,它仅仅用到 F_p 上多项式的初等性质. 用这一方法同样可以证明 Cauchy－Davenport 定理.

引理 1　设 A 和 B 是一个域 F 的两个非空子集,$|A| = k$, $|B| = l$. 设 $f(x, y)$ 是系数在域 F 上的一个二元多项式,其中 x 的次数 $\leqslant k - 1$, y 的次数 $\leqslant l - 1$. 如果对所有的 $a \in A$ 和 $b \in B$ 均有 $f(a, b) = 0$,则 $f(x, y)$ 是零多项式.

证　写

$$f(x, y) = \sum_{i=0}^{k-1} \sum_{j=0}^{l-1} f_{i,j} x^i y^j = \sum_{i=0}^{k-1} v_i(y) x^i,$$

这里

$$v_i(y) = \sum_{j=0}^{l-1} f_{i,j} y^j$$

是次数$\leqslant l-1$的多项式．对于给定的$b,b\in B$．则

$$u(x)=f(x,b)=\sum_{i=0}^{k-1}v_i(b)x^i$$

是一个次数$\leqslant k-1$的多项式，而对于所有的$a\in A$，$u(a)=f(a,b)=0$，即$u(x)$在F上至少有k个不同的根，因此$u(x)$是零多项式．由此可得，对所有的$b\in B$，

$$v_i(b)=0,\quad i=0,1,\cdots,k-1,$$

因为$v_i(y)$的次数$\leqslant l-1$，$|B|=l$，故$v_i(y)$是零多项式，这就证明了对所有的i,j，$f_{i,j}=0$．即$f(x,y)$是零多项式．　　证完

引理2　设A是域F的一个非空子集，$|A|=k$．对每一个$m\geqslant 0$，存在一个系数在F上、次数$\leqslant k-1$的多项式$r_m(x)$，使得对所有的$a\in A$，有

$$r_m(a)=a^m.$$

证　设

$$t(x)=\prod_{j=0}^{k-1}(x-a_j),$$

这里$A=\{a_0,a_1,\cdots,a_{k-1}\}$，则$t(x)\in F[x]$且$t(x)$的次数$=k$．熟知，对每一个$m\geqslant 0$，存在多项式$q_m(x)\in F[x]$和$r_m(x)\in F[x]$，使得$r_m(x)$的次数$\leqslant k-1$，且

$$x^m=t(x)q_m(x)+r_m(x).$$

则对所有的$a_i\in A$有

$$a_i^m=t(a_i)q_m(a_i)+r_m(a_i)=r_m(a_i).$$　　证完

定理1　设p是一个素数，$F=F_p$，A和B是F的两个非空子集，$|A|\neq|B|$．设

$$C=\{a+b\mid a\in A,b\in B,a\neq b\},\tag{1}$$

则

$$|C|\geqslant\min\{p,|A|+|B|-2\}.$$

证　设$|A|=k$，$|B|=l$，不妨设

$$1 \leqslant l < k \leqslant p.$$

如果 $k+l-2>p$，设 $l'=p-k+2$，则

$$2 \leqslant l' < l < k$$

和

$$k+l'-2=p.$$

选择 $B' \subseteq B$ 使得 $|B'|=l'$，且设

$$C'=\{a+b' \mid a \in A, b' \in B', a \neq b'\},$$

则 $C' \subseteq C$. 如果对于 A, B' 和 C' 定理 1 成立，则有

$$|C| \geqslant |C'| \geqslant k+l'-2=p=\min(p, |A|+|B|-2).$$

因此，在定理 1 中，我们可以假设 $k+l-2 \leqslant p$. 此时，我们来证明

$$|C| \geqslant \min\{p, k+l-2\}=k+l-2. \tag{2}$$

如果(2)式不成立，则有

$$|C| \leqslant k+l-3. \tag{3}$$

取 $w \geqslant 0$，使得

$$|C|+w=k+l-3.$$

我们构造 $F[x,y]$ 中的一个多项式

$$f(x,y)=(x-y)(x+y)^{w} \prod_{c \in C}(x+y-c),$$

显然，$f(x,y)$ 的次数为 $k+l-2$，且对于所有的 $a \in A, b \in B$，有

$$f(a,b)=0.$$

写

$$\begin{aligned} f(x,y) &= \sum_{\substack{i,j \geqslant 0 \\ i+j \leqslant k+l-2}} f_{i,j} x^{i} y^{j} \\ &= (x-y)(x+y)^{k+l-3} + \text{次数低的各项}. \end{aligned}$$

因为 $1 \leqslant l < k \leqslant p$，$1 \leqslant k+l-3 \leqslant p-1$，可知 $f(x,y)$ 中单项式 $x^{k-1}y^{l-1}$ 的系数

$$\begin{aligned} f_{k-1,l-1} &= \binom{k+l-3}{l-1}-\binom{k+l-3}{l-2} \\ &= \frac{(k-l)(k+l-3)!}{(k-1)!\,(l-1)!} \not\equiv 0 \pmod{p}, \end{aligned}$$

即 $f_{k-1,l-1}$ 是 F 中的非零元.

由引理 2,对每一个 $m\geqslant k$,存在一个次数 $\leqslant k-1$ 的多项式 $r_m(x)\in F[x]$,使得对所有的 $a\in A$,有 $r_m(a)=a^m$. 对每一个 $n\geqslant l$,存在一个次数 $\leqslant l-1$ 的多项式 $S_n(y)\in F[y]$,使得对所有的 $b\in B$,有 $S_n(b)=b^n$. 我们用多项式 $r_m(x)$ 和 $S_n(y)$ 通过 $f(x,y)$ 构造一个新的多项式 $f^*(x,y)$:如果 $f(x,y)$ 中的单项式 x^my^n 满足 $m\geqslant k$,则用 $r_m(x)y^n$ 替代 x^my^n. 由 $f(x,y)$ 的次数为 $k+l-2$,$m\geqslant k$,故 $n\leqslant l-2$. 由此可知 $r_m(x)y^n$ 是一些单项式 x^iy^j 的和,这里 $i\leqslant k-1, j\leqslant l-2$. 类似的,如果 $f(x,y)$ 中的单项式 x^my^n 满足 $n\geqslant l$,则用 $S_n(x)$ 替代 x^my^n. 由 $n\geqslant l$,可知 $m\leqslant k-2$. 故 $x^mS_n(y)$ 是一些单项式 x^iy^j 的和,这里 $i\leqslant k-2, j\leqslant l-1$. 这样替换的结果,在 $f^*(x,y)$ 中 x 的次数 $\leqslant k-1$,y 的次数 $\leqslant l-1$,单项式 $x^{k-1}y^{l-1}$ 的系数和 $f(x,y)$ 中一样,仍是 $f_{k-1,l-1}$. 另一方面,对所有的 $a\in A$, $b\in B$,我们有

$$f^*(a,b)=f(a,b)=0,$$

由引理 1,$f^*(x,y)$ 是零多项式,此与 $f_{k-1,l-1}$ 是 F 中的非零元矛盾,故(3)式不成立,即(2)式成立. 证完

定理 2 设 p 是一个素数,$F=F_p$,$A\subseteq F$,$|A|=k\geqslant 2$. 设

$$2'A=\{a+b\,|\,a\in A,b\in A,a\neq b\},$$

则

$$|2'A|\geqslant\min\{p,2k-3\}.$$

证 设 $A\subseteq F$, $|A|\geqslant 2$. 选取 $a\in A$, $B=A\setminus\{a\}$. 则 $|B|=|A|-1$. 设

$$C=\{a+b\,|\,a\in A,b\in B,a\neq b\},$$

显然 $C\subseteq 2'A$,由定理 1

$$|2'A|\geqslant|C|\geqslant\min\{p,|A|+|B|-2\}=\min\{p,2k-3\}.$$ 证完

定理 2 给出了 Erdos 和 Heilbronn 猜想成立.

定理 3(Cauchy - Davenport) 设 p 是一个素数,$F=F_p$,A 和 B 是域 F 的两个非空子集,设

$$C=A+B=\{a+b\mid a\in A,b\in B\},$$

则

$$|C|\geqslant\min\{p,|A|+|B|-1\}.$$

证 设 $|A|=k$,$|B|=l$,类似定理 1 的证明,不妨设 $k+l-1\leqslant p$. 我们来证明

$$|C|\geqslant\min\{p,k+l-1\}=k+l-1 \tag{4}$$

成立. 如果(4)不成立,则有

$$|C|\leqslant k+l-2. \tag{5}$$

选择 w 使得

$$w+|C|=k+l-2.$$

考虑多项式

$$f(x,y)=(x+y)^w\prod_{c\in C}(x+y-c),$$

则对于所有的 $a\in A$ 和 $b\in B$,有 $f(a,b)=0$. 显然 $f(x,y)$ 的次数是 $k+l-2$,单项式 $x^{k-1}y^{l-1}$ 的系数为

$$\binom{k+l-2}{k-1}\not\equiv 0\pmod p,$$

即 $x^{k-1}y^{l-1}$ 的系数是 F_p 中的非零元. 以下的证明步骤可仿照定理 1 的证明完成. 证完

Cauchy - Davenport 定理和 Erdos - Heilbronn 猜想均属加法数论中的问题. 加法数论中有许多著名的猜想和问题,有限域上的多项式方法提供了一个新的、有力的技巧,用来处理和解决这个领域的问题,在下一章我们还将给出这方面的例子.

第七章习题

1. 证明:设 p 是一个素数,$q=p^n$,Σ 是有限域 F_q 的一个子域,则 $\Sigma=$

F_{p^m}, $m|n$;反之,$m|n$,则 F_q 有惟一的子域 F_{p^m}.

2. 证明:设 $\beta \in F_{p^n}$,β 的极小多项式为 $m(x)$,则 $m(x)$ 的所有根的阶是相同的.

3. 证明:F_{p^n}的全体自同构是

$$\sigma_\lambda:\beta \to \beta^{p^\lambda}=\sigma_\lambda(\beta),\beta \in F_{p^n},\lambda=1,\cdots,n.$$

4. 证明:若 a 是 F_{p^n}的一个原根,$m|n$,则 $a^{\frac{p^n-1}{p^m-1}}$是 F_{p^n}的子域 F_{p^m}的一个原根.

5. 求出 F_2 上的全部四次不可约多项式.

6. 证明:若 $p \neq q$ 是两个奇素数,则 F_p 上首项系数为 1 的 q 次不可约多项式的个数为$\frac{p^q-p}{q}$.

7. 证明:若 F_q 是一个有限域,n 是正整数,则存在一个 $F_q[x]$上的 n 次不可约多项式.

8. 设 $\mathrm{Tr}(\alpha)=\alpha+\alpha^p+\cdots+\alpha^{p^{n-1}}$,$\alpha \in F_{p^n}$,证明:

① $\mathrm{Tr}(\alpha)+\mathrm{Tr}(\beta)=\mathrm{Tr}(\alpha+\beta)$;

② $\mathrm{Tr}(a\alpha)=a\mathrm{Tr}(\alpha)$,$a \in F_p$;

③ 存在一个 $\alpha \in F_{p^n}$使得 $\mathrm{Tr}(\alpha) \neq 0$;

④ $\mathrm{Tr}(\alpha) \in F_p$,$N(\alpha) \in F_p$;

⑤ $N(\alpha+\beta)=N(\alpha)+N(\beta)$;

⑥ $N(a\alpha)=a^nN(\alpha)$.

9. 证明:若$(r,p^n-1)=1$,则 F_{p^n}中任一个元 α 是 F_{p^n}中的 r 次幂元;若 $r|p^n-1$,则 α 是 F_{p^n}中的 r 次幂元的充分必要条件是 $\alpha^{\frac{p^n-1}{r}}=1$.

10. 证明:设 $\alpha_1,\cdots,\alpha_{p^n-1}$是 F_{p^n}中的全体非零元,则

$$\alpha_1\cdots\alpha_{p^n-1}=-1.$$

11. 设 $K=F_{p^n}$是一个有限域,K^*(F_{p^n}的全体非零元)是它的乘群.证明:对 K^* 的每一个子群 H,$H\cup\{0\}$是 K 的子域的充分必要条件是 K^* 的阶是一个麦什涅素数.

12. 设 $\alpha \in F_{2^5}$,α 是 F_2 上不可约多项式 x^5+x^2+1 的一个根,$F_2(\alpha)=F_{2^5}$,求 F_{2^5}的每一个元在 F_2 上的极小多项式.

13. 设 $\alpha \in F_{2^6}$是一个原根,它在 F_2 上的极小多项式为 x^6+x+1,分别求

出 α 在 F_{2^6} 的子域 F_{2^2} 和 F_{2^3} 上的极小多项式.

14. 证明:若 F_p 上 n 次不可约多项式的周期为 l,则 p 模 l 的次数为 n..

15. 证明:若 p 模 l 的次数为 n,则 F_p 上共有$\frac{\varphi(l)}{n}$个周期为 l 的 n 次不可约多项式.

16. 分别求出 F_2 上多项式 $f(x)=(x+1)(x^3+x+1)(x^3+x^2+1)$ 和 $g(x)=(x^2+x+1)(x^4+x+1)^3$ 的周期.

17. 设 $f(x)$ 是 F_p 上的 n 次多项式,且常数项不为 0,$f^*(x)=x^n f\left(\frac{1}{x}\right)$ 称 $f(x)$ 的反多项式. 证明:

① $f(x)$ 与 $f^*(x)$ 同时可约或同时不可约;

② 若 $f(x)$ 不可约,则 $f(x)$ 与 $f^*(x)$ 有相同的周期;

③ 若 $f(x)=f^*(x)$,且 $n>2$,则 $f(x)$ 不是本原多项式.

18. 证明:设 $F=F_{p^n}$,当 α 取遍 F 的所有的元时,$\mathrm{Tr}(\alpha)$ 取 F_p 中每一个元 p^{n-1} 次.

19. 证明:$\alpha\in F$,F 上的多项式

$$f(x)=\prod_{i=0}^{n-1}(x-\alpha^{p^i})$$

是 α 在 F 上的极小多项式的幂.

20. 证明:设 $F=F_q$,$q=p^n$,则有

$$\sum_{a\in F}a^i=\begin{cases}0,当\ 0\leqslant i\leqslant q-2;\\-1,当\ i=q-1.\end{cases}$$

21. 求 F_2 上多项式 $x^{2\cdot 3^k}+x^{3^k}+1$ 的周期,并证明它是不可约的.

22. 证明:若 F_2 上多项式 $f(x)$ 满足 $f(x)=f^*(x)$,$f(x)\mid x^n+x^a+1\ (n>a)$,则 $f(x)\mid x^{3a}-1$.

23. 用第 22 题结论证明:

① F_2 上的多项式 x^3+x+1 和 x^3+x^2+1 不能同为一个三项式的因子;

② $x^4+x^3+x^2+1$ 不能整除任一 F_2 上的三项多项式.

24. 设 $F=F_{p^n}$ 是一个 p^n 元有限域,p 是素数,证明:$f(x)$ 是 F 的置换多项式当且仅当以下条件之一成立:

① 函数 $f:c\to f(c)$ 是 F 到 F 的单射;

② 函数 $f:c\to f(c)$ 是 F 到 F 的满射；

③ 对任何 $a\in F$，$f(x)=a$ 在 F 中有解；

④ 对任何 $a\in F$，$f(x)=a$ 在 F 中有惟一解.

25. 设 $F=F_q$ 是一个 q 元有限域，$q=p^n$，证明：

① F 上每一个线性多项式 $ax+b(a\neq 0)$ 是 F 的置换多项式；

② 单项式 x^n 是 F 的置换多项式当且仅当 $(n,q-1)=1$.

26. 设 $F=F_q$ 是一个 q 元有限域，$q=p^n$，p 是一个素数，证明：

$$L(x)=\sum_{i=0}^{m}a_ix^{p^i}\in F[x]$$

是 F 的置换多项式当且仅当 $L(x)$ 在 F 中只有惟一解 $x=0$.

27. 证明：设 $F=F_q$ 是一个 q 元有限域，$f(x)\in F[x]$，则有

① $f(x)$ 是 F 的置换多项式当且仅当 $f_1(x)=cf(x+b)+d$ 是 F 的置换多项式，这里 $b,c,d\in F,c\neq 0$；

② 可适当选取 b,c,d 使 $f_1(x)$ 成为标准形：即满足 $f_1(0)=0$，f_1 是首 1 的，且当 F 的特征 p 不整除 f 的次数 m 时，f_1 的 x^{m-1} 的系数为 0.

28. 证明：设 $q\equiv 1(\bmod 2)$，$f(x)=x^{\frac{q-1}{2}+m}+ax^m\in F_q[x]$，$m$ 是正整数，则有

① 当 $(m,q-1)=2$ 时，$f(x)$ 是 F_q 的置换多项式当且仅当 $q\equiv 3(\bmod 4)$，且存在 F_q 中的非平方元 c 使

$$a=\frac{1+c}{1-c};$$

② 当 $(m,q-1)\geqslant 3$ 时，$f(x)$ 不是 F_q 的置换多项式.

第八章　特　征　和

本章主要介绍高斯和,特征和,雅可比和等,并简单地介绍它们在决定 F_p 上某些不定方程的解数中的应用. 本章还将介绍在有限域上对角方程的解数中有重要应用的一个同余式以及谢瓦莱定理和它的应用.

§1　代数数和代数整数

定义　如果一个复数 θ 是系数为有理数的多项式

$$f(x) = a_n x^n + a_{n-1}x^{n-1} + \cdots + a_1 x + a_0 \tag{1}$$

的根,则复数 θ 称为**代数数**. 如果(1)在有理数域上不可约,且(1)中 $a_n \neq 0$,则称 n 为 θ 的**次数**. 易知,若 θ 是一 n 次代数数,则 θ 所适合的首项系数为 1 的有理系数不可约多项式 $f(x)$ 只有一个.

例如,$i = \sqrt{-1}$,$\sqrt{2}$是二次代数数,$\sqrt[5]{3}$是五次代数数等.

设(1)不可约,并以

$$\theta^{(1)}, \theta^{(2)}, \cdots, \theta^{(n)}$$

表示 $f(x) = 0$ 的全部根,熟知,$\theta^{(j)} \neq \theta^{(k)}\ (j \neq k)$.

下面介绍代数整数的概念. 为了避免混淆,我们把通常的整数叫做**有理整数**.

定义　若 θ 为一首项系数为 1,其它系数为有理整数的多项式的根,则称 θ 为**代数整数**. 当 θ 及 θ^{-1} 都是代数整数时,θ 称为**单位数**.

显然,一个代数整数一定是一个代数数,反之,却不然.

容易证明,一个有理数 r 是代数整数的充分必要条件是 r 是一个有理整数.

下面,我们来证明,在通常复数运算下,全体代数数和全体代数整数分别构成一个域和环.

定义 设 **C** 和 **Q** 分别表复数域和有理数域,如果 **C** 的一个子集 V 满足:

① $\alpha_1,\alpha_2\in V$ 推出 $\alpha_1\pm\alpha_2\in V$;

② $\alpha\in V, r\in\mathbf{Q}$,推出 $\alpha r\in V$;

③ 存在 V 中的数 $\alpha_1,\cdots,\alpha_l$,使得 V 中每一数 α 可表为

$$\sum_{i=1}^{l} r_i\alpha_i,\quad r_i\in\mathbf{Q}(i=1,\cdots,l),$$

则集 V 叫做一个 Q 模.

设 $\alpha_1,\cdots,\alpha_l$ 是任给的 l 个复数,$V=\{\sum_{i=1}^{l} r_i\alpha_i \mid r_1,\cdots,r_l\in\mathbf{Q}\}$,显然 V 是一个 Q 模,记为 $V=[\alpha_1,\cdots,\alpha_l]$.

定理 1 设 $(\alpha_1,\cdots,\alpha_l)$ 是一个非零向量,$V=[\alpha_1,\cdots,\alpha_l]$,$\theta\in\mathbf{C}$,且对所有的 $\alpha\in V$,均有 $\alpha\theta\in V$,则 θ 是一个代数数.

证 因为 $\theta\alpha_j\in V, j=1,\cdots,l$,故 $\theta\alpha_i=\sum_{j=1}^{l} a_{ij}\alpha_j$,这里 $a_{ij}\in\mathbf{Q}$,$i=1,\cdots,l,j=1,\cdots,l$. 于是

$$\sum_{j=1}^{l}(a_{ij}-\theta\delta_{ij})\alpha_j=0, i=1,\cdots,l, \tag{2}$$

这里

$$\delta_{ij}=\begin{cases}0, & i\neq j;\\ 1, & i=j.\end{cases}$$

因为(2)有非零解 $(\alpha_1,\cdots,\alpha_l)$,故系数行列式为 0,即行列式

$$\begin{vmatrix} a_{11}-\theta & a_{12} & \cdots & a_{1l}\\ a_{21} & a_{22}-\theta & \cdots & a_{2l}\\ \vdots & \vdots & & \vdots\\ a_{l1} & a_{l2} & \cdots & a_{ll}-\theta \end{vmatrix}=0.$$

故 θ 是一个首项系数为 $(-1)^l$ 的 l 次有理系数多项式的根，即知 θ 是一个代数数. 证完

定理 2　全体代数数的集 A 对于通常数的加法和乘法，构成一个域.

证　首先，我们来证明若 α_1 和 α_2 是代数数，则 $\alpha_1\alpha_2$ 和 $\alpha_1+\alpha_2$ 也是代数数. 可设 $\alpha_1^n + a_{n-1}\alpha_1^{n-1} + \cdots + a_1\alpha_1 + a_0 = 0, \alpha_2^m + b_{m-1}\alpha_2^{m-1} + \cdots + b_1\alpha_2 + b_0 = 0$，这里 $a_j \in \mathbf{Q}(j = 0,1,\cdots,n-1)$，$b_j \in \mathbf{Q}(j = 0,1,\cdots,m-1)$. 设 Q 模 $V = [1,\alpha_2,\alpha_2^2,\cdots,\alpha_2^{m-1},\alpha_1,\alpha_1\alpha_2,\cdots,\alpha_1\alpha_2^{m-1},\cdots,\alpha_1^{n-1},\alpha_1^{n-1}\alpha_2,\cdots,\alpha_1^{n-1}\alpha_2^{m-1}]$. 任给 $\alpha \in V$，设 $\alpha = \sum_{i=0}^{n-1}\sum_{j=0}^{m-1} t_{ij}\alpha_1^i\alpha_2^j, t_{ij} \in \mathbf{Q}$，由 $\alpha_1^n = -\sum_{j=0}^{n-1} a_j\alpha_1^j$ 和 $\alpha_2^m = -\sum_{j=0}^{m-1} b_j\alpha_2^j$，可知 $\alpha_1\alpha \in V, \alpha_2\alpha \in V$，故对任给的 $\alpha \in V$，也有 $(\alpha_1+\alpha_2)\alpha \in V$，$(\alpha_1\alpha_2)\alpha \in V$，由定理 1 知 $\alpha_1+\alpha_2, \alpha_1\alpha_2$ 均为代数数.

其次，若 $\alpha \neq 0$ 是一个代数数，$a_n\alpha^n + \cdots + a_1\alpha + a_0 = 0, a_i \in \mathbf{Q}(i = 0,1,\cdots,n)$，则 $a_0\alpha^{-n} + \cdots + a_{n-1}\alpha^{-1} + a_n = 0$，故 α^{-1} 也是一个代数数，这便证明了 A 是 $\mathbf{C}$ 的一个子域. 证完

定义　设 $\mathbf{Z}$ 表整数环，如果 $\mathbf{C}$ 的一个子集 W 满足：

① $\alpha_1,\alpha_2 \in W$ 推出 $\alpha_1 \pm \alpha_2 \in W$；

② 存在 W 中的数 $\alpha_1,\cdots,\alpha_l$，使得 W 中每一个数 α 可表为

$$\sum_{i=1}^{l} b_i\alpha_i, \quad b_i \in \mathbf{Z}(i = 1,\cdots,l).$$

则集 W 叫做一个 Z 模.

定理 3　设 W 是一个 Z 模，且 W 至少有一个非零数. 又设 $\omega \in \mathbf{C}$，且对所有 $\alpha \in W$，均有 $\omega\alpha \in W$，则 ω 是一个代数整数.

证　由 W 是一个 Z 模，且 W 至少含有一个非零数，故存在一非零向量 $(\alpha_1,\cdots,\alpha_l)$，$\alpha_j \in W(j = 1,\cdots,l)$，使得 W 中每一个数可表为 $\sum_{j=1}^{l} b_j\alpha_j, b_j \in \mathbf{Z}(j = 1,\cdots,l)$. 由 $\omega\alpha_j \in W(j = 1,\cdots,l)$，可得

$\omega\alpha_i = \sum_{j=1}^{l} a_{ij}\alpha_j, i = 1, \cdots, l, a_{ij} \in \mathbf{Z}$. 以下的讨论与定理1相同,可知 ω 是一个首项系数为 $(-1)^l$ 的,其余系数为有理整数的 l 次多项式的根.　　证完

完全与定理2的证明类似,可以证明以下的定理.

定理4　全体代数整数对于通常复数的加法和乘法,构成一个环,记为 Ω.

设 $\omega_1, \omega_2, \pi \in \Omega$,如果 $\omega_1 - \omega_2 = \pi\alpha, \alpha \in \Omega$,我们说 ω_1 和 ω_2 对模 π **同余**,记为

$$\omega_1 \equiv \omega_2 \pmod{\pi}.$$

代数整数中的同余式,具有有理整数中的同余式类似的基本性质. 如 $\omega_1 \equiv \omega_2 \pmod{\pi}$, $\omega_3 \equiv \omega_4 \pmod{\pi}$,则有 $\omega_1 \pm \omega_3 \equiv \omega_2 \pm \omega_4 \pmod{\pi}$, $\omega_1\omega_3 \equiv \omega_2\omega_4 \pmod{\pi}$. 下面这个类似的性质也是常用的.

定理5　设 $\omega_1, \cdots, \omega_k \in \Omega, p \in \mathbf{Z}, p$ 是一个素数,则有

$$\left(\sum_{j=1}^{k} \omega_j\right)^p \equiv \sum_{j=1}^{k} \omega_j^p \pmod{p}.$$

需要指出的是,在数论中,主要研究数域 A 的某个子域,以及某个子域中的全体代数整数. 下面定理给出的代数数域是重要的.

定理6　设 θ 是一个 n 次代数数,所有形如

$$a_0 + a_1\theta + \cdots + a_{n-1}\theta^{n-1}, a_i \in \mathbf{Q}(i = 0, \cdots, n-1) \tag{3}$$

的数集对于通常复数的加法和乘法构成一个域,且(3)中给出的数各不相同.

证　如果

$$a_0 + \cdots + a_{n-1}\theta^{n-1} = b_0 + b_1\theta + \cdots + b_{n-1}\theta^{n-1},$$

而且有某个 $a_k \neq b_k, 0 \leqslant k \leqslant n-1$,则 θ 适合一个次数小于 n 次的多项式,由于 θ 的次数是 n,这是不可能的. 设 $f(x)$ 为 θ 所适合的不可约多项式,又设

$$\alpha = a(\theta) = a_0 + a_1\theta + \cdots + a_{n-1}\theta^{n-1},$$
$$\beta = b(\theta) = b_0 + b_1\theta + \cdots + b_{n-1}\theta^{n-1}.$$

显然，

$$\alpha \pm \beta = \sum_{i=0}^{n-1} (a_i \pm b_i)\theta^i$$

也为(3)中之数. 再由多项式带余除法知存在有理系数多项式 $q(x)$ 和 $r(x)$ 满足

$$a(x)b(x) = q(x)f(x) + r(x),$$

$r(x) = 0$ 或 $\partial^\circ(r(x)) < \partial^\circ(f(x)) = n$，故

$$\alpha\beta = a(\theta)b(\theta) = r(\theta)$$

仍为(3)中的数. 最后，设 $\beta \neq 0$，则 $(b(x), f(x)) = 1$，则存在有理系数多项式 $s(x)$ 及 $t(x)$，且 $\partial^\circ(s(x)) < \partial^\circ(f(x))$，使 $s(x)b(x) + t(x)f(x) = 1$，故有 $\beta^{-1} = s(\theta)$.

定义 定理 6 中所得域称为有理数域 **Q** 上添加 θ 所得的**单扩张**，记为 $Q(\theta)$. 称 θ 的次数为域 $Q(\theta)$ 的次数. 当 θ 为 n 次代数数时，称 $Q(\theta)$ 为 n 次**代数数域**. 沿用代数中的符号，记为 $[Q(\theta):Q] = n$. 最常用的二次域是 $Q(\mathrm{i})$，$Q\left(\frac{-1+\sqrt{3}\mathrm{i}}{2}\right)$ 等.

§2 高 斯 和

设 $\eta = \mathrm{e}^{\frac{2\pi \mathrm{i}}{p}}$，$p$ 是一个奇素数，易知

$$\sum_{t=0}^{p-1} \eta^{at} = \begin{cases} p, & \text{当 } p \mid a; \\ 0, & \text{当 } p \nmid a. \end{cases}$$

定义 $g_a = \sum_{t=0}^{p-1} \left(\frac{t}{p}\right)\eta^{at}$ 叫做一个**二次高斯和**，其中 $\left(\frac{t}{p}\right)$ 是勒让德符号.

我们先证明二次高斯和的两个基本性质.

定理 1 $g_a=\left(\frac{a}{p}\right)g_1$.

证 如果 $a\equiv 0(\bmod p)$，则对于所有的 $t,\eta^{at}=1$，而 $g_a=\sum_{t=0}^{p-1}\left(\frac{t}{p}\right)=0$，故此时定理 1 成立.

现在假设 $p\nmid a$，则

$$\left(\frac{a}{p}\right)g_a=\sum_{t=0}^{p-1}\left(\frac{at}{p}\right)\eta^{at}=\sum_{t_1=0}^{p-1}\left(\frac{t_1}{p}\right)\eta^{t_1}=g_1,$$

故有

$$g_a=\left(\frac{a}{p}\right)g_1.$$ 证完

定理 2 $g_1^2=(-1)^{\frac{p-1}{2}}p$.

证 证明的想法是用两种方法计算和 $\sum_{a=0}^{p-1}g_ag_{-a}$. 如果 $a\not\equiv 0(\bmod p)$，则 $g_ag_{-a}=\left(\frac{a}{p}\right)\left(\frac{-a}{p}\right)g_1^2=\left(\frac{-1}{p}\right)g_1^2$，故

$$\sum_{a=0}^{p-1}g_ag_{-a}=\left(\frac{-1}{p}\right)(p-1)g_1^2. \tag{1}$$

另一方面，由定义

$$g_ag_{-a}=\sum_{x=0}^{p-1}\sum_{y=0}^{p-1}\left(\frac{x}{p}\right)\left(\frac{y}{p}\right)\eta^{a(x-y)},$$

故

$$\sum_{a=0}^{p-1}g_ag_{-a}=\sum_{x=0}^{p-1}\sum_{y=0}^{p-1}\left(\frac{x}{p}\right)\left(\frac{y}{p}\right)\sum_{a=0}^{p-1}\eta^{a(x-y)}$$

$$=\sum_{x=0}^{p-1}\sum_{y=0}^{p-1}\left(\frac{x}{p}\right)\left(\frac{y}{p}\right)\delta(x,y)p,$$

其中

$$\delta(x,y)=\begin{cases}1,\text{若 } x\equiv y(\bmod p);\\ 0,\text{若 } x\not\equiv y(\bmod p).\end{cases}$$

故

$$\sum_{a=0}^{p-1} g_a g_{-a} = (p-1)p. \tag{2}$$

由(1)和(2)得

$$g_1^2 = \left(\frac{-1}{p}\right)p = (-1)^{\frac{p-1}{2}}p.$$ 证完

顺便指出,利用二次高斯和及§1中的定理5可以给二次互反律另一个证明:

设 $p^* = (-1)^{\frac{p-1}{2}}p$,由定理2知 $g_1^2 = p^*$. 设 $q \neq p$ 是另一个奇素数,

$$g_1^{q-1} = (g_1^2)^{\frac{q-1}{2}} = p^{*\frac{q-1}{2}} \equiv \left(\frac{p^*}{q}\right) (\bmod q),$$

因此

$$g_1^q \equiv \left(\frac{p^*}{q}\right) g_1 (\bmod q). \tag{3}$$

由§1定理5,

$$g_1^q = \left(\sum_{t=0}^{p-1}\left(\frac{t}{p}\right)\eta^t\right)^q \equiv \sum_{t=0}^{p-1}\left(\frac{t}{p}\right)^q \eta^{tq} = g_q (\bmod q).$$

由上式和定理1得 $g_1^q \equiv g_q = \left(\frac{q}{p}\right) g_1 (\bmod q)$. 再由(3)得

$$\left(\frac{q}{p}\right) g_1 \equiv \left(\frac{p^*}{q}\right) g_1 (\bmod q),$$

上式两端乘以 g_1,得

$$\left(\frac{q}{p}\right) g_1^2 \equiv \left(\frac{p^*}{q}\right) g_1^2 (\bmod q),$$

即

$$\left(\frac{q}{p}\right) p^* \equiv \left(\frac{p^*}{q}\right) p^* (\bmod q).$$

故有

$$\left(\frac{q}{p}\right) \equiv \left(\frac{p^*}{q}\right) (\bmod q),$$

$$\left(\frac{q}{p}\right)=\left(\frac{p^{*}}{q}\right)=\left(\frac{-1}{q}\right)^{\frac{p-1}{2}}\left(\frac{p}{q}\right)=(-1)^{\frac{p-1}{2}\frac{q-1}{2}}\left(\frac{p}{q}\right).$$

这就证明了二次互反定律.

定理 2 告诉我们:如果 $p\equiv 1(\bmod 4)$,则 $g_1=\pm\sqrt{p}$;如果 $p\equiv 3(\bmod 4)$,则 $g_1=\pm\mathrm{i}\sqrt{p}$. 现在进一步定出 g_1 的符号,我们有以下的定理.

定理 3

$$g_1=\begin{cases}\sqrt{p}, & 若\ p\equiv 1(\bmod 4);\\ \mathrm{i}\sqrt{p}, & 若\ p\equiv 3(\bmod 4).\end{cases}$$

证明定理 3 之前,先证几个引理.

引理 1 设 $\eta=\mathrm{e}^{\frac{2\pi\mathrm{i}}{p}}$,则

$$\prod_{k=1}^{(p-1)/2}(\eta^{2k-1}-\eta^{-(2k-1)})^2=(-1)^{\frac{p-1}{2}}p.$$

证 熟知

$$x^p-1=\prod_{j=0}^{p-1}(x-\eta^j),$$

故

$$x^{p-1}+\cdots+1=\prod_{i=1}^{p-1}(x-\eta^i).$$

令 $x=1$ 代入上式得 $p=\prod\limits_{i=1}^{p-1}(1-\eta^i)=\prod\limits_{r}(1-\eta^r)$,此处 r 过模 p 的任一个**缩系**. 易知,$k=1,\cdots,\dfrac{p-1}{2}$ 时,整数 $\pm(4k-2)$ 过模 p 的一个缩系. 因此

$$\begin{aligned}p&=\prod_{k=1}^{(p-1)/2}(1-\eta^{4k-2})\prod_{k=1}^{(p-1)/2}(1-\eta^{-(4k-2)})\\&=\prod_{k=1}^{(p-1)/2}\frac{(1-\eta^{4k-2})}{\eta^{2k-1}}\prod_{k=1}^{(p-1)/2}\frac{(1-\eta^{-(4k-2)})}{\eta^{-(2k-1)}}\end{aligned}$$

$$= \prod_{k=1}^{(p-1)/2} (\eta^{-(2k-1)} - \eta^{2k-1}) \prod_{k=1}^{(p-1)/2} (\eta^{2k-1} - \eta^{-(2k-1)})$$

$$= (-1)^{\frac{p-1}{2}} \prod_{k=1}^{(p-1)/2} (\eta^{2k-1} - \eta^{-(2k-1)})^2.$$

证完

引理 2

$$\prod_{k=1}^{(p-1)/2} (\eta^{2k-1} - \eta^{-(2k-1)}) = \begin{cases} \sqrt{p}, & 若 p \equiv 1 (\mathrm{mod}\ 4); \\ \mathrm{i}\sqrt{p}, & 若 p \equiv 3 (\mathrm{mod}\ 4). \end{cases}$$

证 由引理 1 知

$$\prod_{k=1}^{(p-1)/2} (\eta^{2k-1} - \eta^{-(2k-1)}) = \begin{cases} \pm\sqrt{p}, & 若 p \equiv 1 (\mathrm{mod}\ 4); \\ \pm\mathrm{i}\sqrt{p}, & 若 p \equiv 3 (\mathrm{mod}\ 4). \end{cases}$$

因此，我们只需计算左端的符号. 我们有

$$\prod_{k=1}^{(p-1)/2} (\eta^{2k-1} - \eta^{-(2k-1)}) = \mathrm{i}^{\frac{p-1}{2}} \prod_{k=1}^{(p-1)/2} 2\sin\frac{(4k-2)\pi}{p}.$$

如果 $p = 3$，由直接计算得 $\eta = \mathrm{e}^{\frac{2\pi\mathrm{i}}{3}}$，$\eta - \eta^{-1} = \eta - \eta^2 = 2\eta + 1 = \mathrm{i}\sqrt{3}$. 现设 $p > 3$，故 $\frac{p-1}{2} > \frac{p+2}{4}$，当 $\frac{p+2}{4} < k \leqslant \frac{p-1}{2}$ 时，由 $2 > \frac{4k-2}{p} > 1$，故 $\sin\left(\frac{4k-2}{p}\right)\pi < 0$，故乘积中恰有 $\frac{p-1}{2} - \left[\frac{p+2}{4}\right]$ 个负项，即当 $p \equiv 1 (\mathrm{mod}\ 4)$ 时，有 $\frac{p-1}{2} - \left[\frac{p+2}{4}\right] = \frac{p-1}{4}$ 个负项，当 $p \equiv 3 (\mathrm{mod}\ 4)$ 时，有 $\frac{p-1}{2} - \left[\frac{p+2}{4}\right] = \frac{p-1}{2} - \frac{p+1}{4} = \frac{p-3}{4}$ 个负项. 故 $p \equiv 1 (\mathrm{mod}\ 4)$ 时，$\mathrm{i}^{\frac{p-1}{2}} (-1)^{\frac{p-1}{4}} = (-1)^{\frac{p-1}{2}} = 1$，$p \equiv 3 (\mathrm{mod}\ 4)$ 时，$\mathrm{i}^{\frac{p-1}{2}}(-1)^{\frac{p-3}{4}} = \mathrm{i}$，即 $\prod_{k=1}^{(p-1)/2} (\eta^{2k-1} - \eta^{-(2k-1)})$ 的符号均为 +.

证完

引理 3 设 $0 < k \leqslant h$，

$$F(x,h,k) = \frac{(1-x^h)(1-x^{h-1})\cdots(1-x^{h-k+1})}{(1-x)(1-x^2)\cdots(1-x^k)}, \tag{4}$$

$$F(x,h,0)=1, \tag{5}$$

则有

$$f(x,h)=\sum_{k=0}^{h}(-1)^k F(x,h,k)$$
$$=\begin{cases}0, & \text{如 } h \text{ 为奇数;}\\ (1-x)(1-x^3)\cdots(1-x^{h-1}), & \text{若 } h \text{ 为偶数.}\end{cases} \tag{6}$$

证 因为

$$\begin{aligned}F(x,h,k+1)&=\frac{1-x^h}{1-x^{h-k-1}}F(x,h-1,k+1)\\&=\frac{1-x^{h-k-1}-x^h+x^{h-k-1}}{1-x^{h-k-1}}F(x,h-1,k+1)\\&=F(x,h-1,k+1)\\&\quad+x^{h-k-1}\frac{1-x^{k+1}}{1-x^{h-k-1}}\frac{(1-x^{h-1})\cdots(1-x^{h-k-1})}{(1-x)\cdots(1-x^{k+1})},\end{aligned}$$

因此,

$$F(x,h,k+1)=F(x,h-1,k+1)+x^{h-k-1}F(x,h-1,k). \tag{7}$$

由 $f(x,h)$ 的定义和(7),我们有

$$\begin{aligned}f(x,h)&=1+(-1)^hF(x,h,h)+\sum_{k=1}^{h-1}(-1)^k(F(x,h-1,k)\\&\quad+x^{h-k}F(x,h-1,k-1))\\&=1+(-1)^hF(x,h,h)+\sum_{k=1}^{h-1}(-1)^kF(x,h-1,k)\\&\quad+\sum_{k=1}^{h-1}(-1)^kx^{h-k}F(x,h-1,k-1)\\&=(-1)^hF(x,h,h)+(-1)^{h-1}F(x,h-1,h-1)\\&\quad+\sum_{k=1}^{h-1}(-1)^{k-1}F(x,h-1,k-1)\\&\quad+\sum_{k=1}^{h-1}(-1)^kx^{h-k}F(x,h-1,k-1),\end{aligned}$$

因为 $F(x,h,h)=F(x,h-1,h-1)=1$,故上式给出

$$f(x,h)=\sum_{k=1}^{h-1}(-1)^{k-1}(1-x^{h-k})F(x,h-1,k-1). \qquad (8)$$

再由(4),我们有

$$\frac{1-x^{h-k}}{1-x^{h-1}}F(x,h-1,k-1)=F(x,h-2,k-1),$$

因此,由(8)得

$$\begin{aligned}\frac{f(x,h)}{1-x^{h-1}} &= \sum_{k=1}^{h-1}(-1)^{k-1}F(x,h-2,k-1)\\ &= \sum_{k=0}^{h-2}(-1)^{k}F(x,h-2,k)\\ &= f(x,h-2).\end{aligned}$$

即得递推公式

$$f(x,h)=(1-x^{h-1})f(x,h-2). \qquad (9)$$

因为 $f(x,1)=0$,故 h 为奇时,由(9)可得 $f(x,h)=0$;而 h 为偶时,由(9)得

$$f(x,h)=(1-x^{h-1})(1-x^{h-3})\cdots(1-x^{3})f(x,2).$$

而 $f(x,2)=1-(1+x)+1=1-x$,故得

$$f(x,h)=(1-x^{h-1})(1-x^{h-3})\cdots(1-x^{3})(1-x). \qquad \text{证完}$$

在证明定理 3 之前,我们先对 g_1 作一变形.

设 $p\nmid a$, $s(a,p)=\sum\limits_{x=0}^{p-1}\eta^{ax^2}$,则有

$$\begin{aligned}s(a,p) &= \sum_{x=0}^{p-1}\eta^{ax^2}=\sum_{u=0}^{p-1}\left(1+\left(\frac{u}{p}\right)\right)\eta^{ua}\\ &= \sum_{u=0}^{p-1}\eta^{ua}+\sum_{u=0}^{p-1}\left(\frac{u}{p}\right)\eta^{ua}\\ &= \sum_{u=0}^{p-1}\left(\frac{u}{p}\right)\eta^{ua}\\ &= g_a=\left(\frac{a}{p}\right)g_1.\end{aligned}$$

故 $s(1,p)=g_1$.

定理 3 的证明

设 $h=p-1$, 故 $\frac{1-x^{h-t+1}}{1-x^t}=\frac{1-x^{p-t}}{1-x^t}$, 对任意给定的 t, $1\leqslant t\leqslant p-1$. 上式中设 $x=\eta^{-2}$, 得

$$\frac{1-\eta^{-2(h-t+1)}}{1-\eta^{-2t}}=\frac{1-\eta^{-2(p-t)}}{1-\eta^{-2t}}=\frac{1-\eta^{2t}}{1-\eta^{-2t}}=-\eta^{2t}.$$

于是在(6)中, 令 $h=p-1$, $x=\eta^{-2}$ 得

$$\begin{aligned}&1+\eta^2+\eta^6+\eta^{12}+\cdots+\eta^{2+4+\cdots+2(p-1)}\\&=(1-\eta^{-2})(1-\eta^{-6})\cdots(1-\eta^{-2p+4}),\end{aligned}$$

即

$$\sum_{k=0}^{p-1}\eta^{k(k+1)}=\eta^{-1-3-5-\cdots-(p-2)}\prod_{k=0}^{(p-3)/2}(\eta^{2k+1}-\eta^{-2k-1}).\qquad(10)$$

设 $v=\frac{p-1}{2}$, 因为

$$\eta^{(v-k)^2}=\eta^{v^2-2vk+k^2}=\eta^{v^2-2k\frac{p-1}{2}+k^2}=\eta^{v^2+k(k+1)},$$

我们有

$$\eta^{v^2}\sum_{k=0}^{v}\eta^{k(k+1)}=1+\eta+\eta^4+\cdots+\eta^{v^2}.$$

又因为

$$\eta^{(p-k)(p-k+1)+v^2}=\eta^{k^2-k+v^2}=\eta^{k^2+v^2+(p-1)k}=\eta^{(v+k)^2},$$

我们有

$$\eta^{v^2}\sum_{k=1}^{v}\eta^{(p-k)(p-k+1)}=\sum_{k=1}^{v}\eta^{(v+k)^2}.$$

因为 $1+3+5+\cdots+(p-2)=v^2$, 故(10)给出

$$\begin{aligned}g_1&=s(1,p)=1+\eta+\eta^4+\cdots+\eta^{(p-1)^2}\\&=\prod_{k=0}^{(p-3)/2}(\eta^{2k+1}-\eta^{-2k-1}).\end{aligned}$$

故由引理 2 得

$$g_1=\begin{cases}\sqrt{p}, & 若\ p\equiv 1(\bmod 4);\\ \mathrm{i}\sqrt{p}, & 若\ p\equiv 3(\bmod 4).\end{cases}$$ 证完

通常我们把和

$$s(n,m)=\sum_{x=0}^{m-1}\mathrm{e}^{\frac{2\pi\mathrm{i}nx^2}{m}},(m,n)=1$$

叫做**高斯和**. 不难证明,高斯和的计算可化为计算 $s(n,2)$,$s(n,4)$,$s(n,8)$,$s(n,p)$,p 是奇素数(留作习题). 由于我们已经求出了 $s(n,p)$,因此,一般高斯和 $s(n,m)$ 的计算问题可以认为是解决了.

§3 F_p 上的特征

为了讨论 F_p 上的不定方程解的个数,我们需要引入 F_p 上特征的概念. 这里 p 是一个素数,F_p 表示 p 个元素的有限域.

定义 设 $F_p=\{0,1,\cdots,p-1\}$,F_p^* 表 F_p 的乘群. F_p 上的**特征** χ 是指定义在 F_p^* 到复数域 $\mathbf{C}$ 内的一个映射,满足:对所有 $a,b\in F_p^*$,$\chi(ab)=\chi(a)\chi(b)$,$\chi(1)\neq 0$.

如果把勒让德符号看成定义在 F_p^* 到复数域 $\mathbf{C}$ 内的一个函数,即

$$\left(\frac{a}{p}\right)=\begin{cases}1, & a\in F_p^*,且\ a=x^2\ 在\ F_p^*\ 中有解;\\ -1, & a\in F_p^*,且\ a=x^2\ 在\ F_p^*\ 中无解,\end{cases}$$

那么勒让德符号就是 F_p 上的一个特征.

另一个特征的例子是平凡特征,即 $\chi(a)=1$,对所有 $a\in F_p^*$. 这个特征叫做**主特征**,记为 χ_0.

F_p 上的特征把乘群 F_p^* 的各类间的乘法运算,具体表示为复数间的乘法运算,这给我们研究问题带来方便.

为了方便,我们把 F_p 上的特征的定义域加以扩展,定义

$$\chi(0)=\begin{cases}0, & 当\chi\neq\chi_0;\\ 1, & 当\chi=\chi_0.\end{cases}$$

下面给出特征的一些基本性质.

定理 1 设 χ 是一个特征, $a\in F_p^*$, 则有

① $\chi(1)=1$;

② $\chi(a)$ 是一个 $p-1$ 次单位根;

③ $\chi(a^{-1})=\chi(a)^{-1}=\overline{\chi(a)}$.

证 由定义立得①. 因为在 F_p^* 上 $a^{p-1}=1$, 推出 $1=\chi(1)=\chi(a^{p-1})=\chi(a)^{p-1}$, 这就证明了②. 因为 $1=\chi(1)=\chi(a^{-1}a)=\chi(a^{-1})\chi(a)$, 故 $\chi(a^{-1})=\chi(a)^{-1}$. 又因 $\chi(a)^{p-1}=1$, 故 $\overline{\chi(a)^{p-1}}=1$, $\chi(a)\overline{\chi(a)}=1$, $\overline{\chi(a)}=\chi(a)^{-1}$, 这就证明了③. 证完

定理 2 设 χ 是 F_p 上的一个特征, 则

$$\sum_{t=0}^{p-1}\chi(t)=\begin{cases}0, 若\chi\neq\chi_0;\\ p, 若\chi=\chi_0.\end{cases}$$

证 当 $\chi=\chi_0$, $\sum_{t=0}^{p-1}\chi(t)=p$ 是显然的. 现在设 $\chi\neq\chi_0$, 至少有一个 $a\in F_p^*$, 使 $\chi(a)\neq 1$, 设 $s=\sum_{t=0}^{p-1}\chi(t)$, 则 $\chi(a)s=\sum_{t=0}^{p-1}\chi(at)=s$, $(\chi(a)-1)s=0$, 故 $s=0$. 证完

设 T 是 F_p 上全体特征构成的集, $\chi\in T$, $\lambda\in T$, 定义 T 中的乘法运算 $\chi\lambda$: 对 $a\in F_p^*$, $\chi\lambda(a)=\chi(a)\cdot\lambda(a)$. 显然这种定义的乘法是封闭的. 又 χ^{-1} 表示映射: $\chi^{-1}(a)=\chi(a)^{-1}$, 对 $a\in F_p^*$. 不难验证, 在以上定义的乘法下, T 构成一个具有单位元 χ_0 的群, 称 T 为 F_p^* 的**特征群**.

定理 3 F_p^* 的特征群 T 是一个阶为 $p-1$ 的循环群. 若 $p>2$, $a\in F_p^*$, $a\neq 1$, 则有一个 $\chi\in T$, 使 $\chi(a)\neq 1$.

证 当 $p=2$ 时, T 中仅含一个主特征, 定理显然真. 现设 p 是

一个奇素数，g 是 p 的一个原根，定义 F_p^* 到复数域内的映射

$$\chi_b(a)=\mathrm{e}^{2\pi i b \mathrm{ind}_g a/p-1},a\in F_p^*,1\leqslant b\leqslant p-1. \qquad (1)$$

由指数 $\mathrm{ind}_g a$ 的定义，(1)给出 $p-1$ 个映射，显然此 $p-1$ 个映射是 F_p^* 上的特征. 现在，我们来证明(1)中 $p-1$ 个特征是彼此不同的. 取 $a=g$，只需证明(1)中任意两个特征 $\chi_{b_1},\chi_{b_2},1\leqslant b_1<b_2\leqslant p-1$，有 $\chi_{b_1}(g)\neq\chi_{b_2}(g)$，否则，设 $\eta=\mathrm{e}^{\frac{2\pi i}{p-1}}$，便有 $\eta^{b_1}=\eta^{b_2}$，即有 $\eta^{b_2-b_1}=1$，而 $1\leqslant b_2-b_1<p-1$，此与 η 是 $p-1$ 次本原单位根矛盾. 设任一 $\chi\in T,a\in F_p^*$，取 p 的原根(与(1)中的原根相同)，则 $a\equiv g^{\mathrm{ind}a}(\mathrm{mod}\ p)$，即在 F_p^* 上 $a=g^{\mathrm{ind}a}$，于是

$$\chi(a)=\chi(g^{\mathrm{ind}a})=\chi(g)^{\mathrm{ind}a},$$

因为 $\chi(g)$ 是 $p-1$ 次单位根，故存在 $1\leqslant b\leqslant p-1$，使得 $\chi(g)=\eta^b$，故有 $\chi(a)=\eta^{b\mathrm{ind}a}$，对 F_p^* 中所有的 a 均成立. 这就证明了(1)给出特征群 T. 取 $\chi_1(a)=\eta^{\mathrm{ind}a},a\in F_p^*$，便有 $\chi_b(a)=\chi_1^b(a),a\in F_p^*,b=1,2,\cdots,p-1$，即 $T=\{\chi_0,\chi_1,\cdots,\chi_1^{p-2}\}$. 这就证明了 T 是 $p-1$ 阶循环群.

取 χ_1，设 $a\neq1,a\in F_p^*$，则有 $\chi_1(a)=\eta^{\mathrm{ind}a}\neq1$. 证完

显然，(1)中 $\chi_{p-1}=\chi_0$.

推论 设 $a\in F_p^*$，则

$$\sum_{j=1}^{p-1}\chi_j(a)=\begin{cases}p-1, & a=1;\\ 0, & a\neq1.\end{cases}$$

证 $a=1$ 时，$\sum\limits_{j=1}^{p-1}\chi_j(a)=p-1$ 是显然的. 由定理3，在 $a\neq1$ 时，设 $s=\sum\limits_{j=1}^{p-1}\chi_j(a)$，则有 $\chi_1(a)\neq1$. $\chi_1(a)s=\sum\limits_{j=1}^{p-1}\chi_1(a)\chi_j(a)=\sum\limits_{j=1}^{p-1}\chi_1\chi_j(a)=s$，由于 $\chi_1(a)\neq1$，故有 $s=0$.

证完

现在设 $k>1,p>2$,我们来研究模 p 的 k 次剩余和 F_p 上的特征的关系.

定理 4 设 $a\in F_p^*,k\mid p-1,a$ 是模 p 的 k 次非剩余,则有一个 $\chi\in T$,使得

① $\chi^k=\chi_0$;

② $\chi(a)\neq1$.

证 设 g 是 p 的原根,$\chi_1(a)=\eta^{\mathrm{ind}_g a},\eta=\mathrm{e}^{\frac{2\pi \mathrm{i}}{p-1}},a\in F_p^*$,取$\chi=\chi_1^{\frac{p-1}{k}}$,则有 $\chi^k=(\chi_1^{\frac{p-1}{k}})^k=\chi_1^{p-1}=\chi_0$,这便证明了①.

再设 $a\equiv g^l(\mathrm{mod}\ p)$,即在 F_p^* 上,$a=g^l$,因为 a 是模 p 的 k 次非剩余,故 $k\nmid l$,于是

$$\chi(g^l)=\chi(g)^l=\chi_1(g)^{\frac{l(p-1)}{k}}=\eta^{\frac{l}{k}(p-1)}=\mathrm{e}^{\frac{2\pi \mathrm{i}l}{k}}\neq1,$$

这便证明了②. 证完

对于 $a\in F_p$,设 $N(x^k=a)$ 代表方程 $x^k=a$ 在 F_p 上解的个数. 我们有下面的定理.

定理 5 设 $k\mid p-1,a\in F_p$,则有

$$N(x^k=a)=\sum_{\chi\in T,\chi^k=\chi_0}\chi(a),\tag{2}$$

此处和号表示 χ 过 T 中所有阶整除 k 的特征.

证 取 $\chi=\chi^{\frac{p-1}{k}},\chi^{\frac{p-1}{k}}$ 的定义见(1),则 χ 的阶为 k. 仿定理 3 的证明知:$\chi_0,\chi,\cdots,\chi^{k-1}$ 恰为 T 中全部阶整除 k 的特征(留作习题).

如果 $a=0$,则 $x^k=0$ 恰有一个解 $x=0$,因为 $\chi_0(0)=1,\chi(0)=0,\chi\neq\chi_0$,故(2)中右端和式给出 1.

现设 $a\neq0,\left(\frac{a}{p}\right)_k=1$,则有 $b\in F_p^*$,使 $b^k=a$,如果 $\chi^k=\chi_0$,则 $\chi(a)=\chi(b^k)=\chi(b)^k=\chi^k(b)=1$. 因为 T 中恰有 k 个阶整除 k 的特征,故(2)式的右端和式给出 k,这与当 $k\mid p-1$ 时,$\left(\frac{a}{p}\right)_k=1$,

$x^k \equiv a(\bmod p)$恰有 k 个解是一致的.

最后,设 $a \neq 0$,a 是模 p 的 k 次非剩余,$s = \sum_{\chi \in T, \chi^k = \chi_0} \chi(a)$. 由定理4,存在一个特征 $\rho \in T$,$\rho^k = \chi_0$,$\rho(a) \neq 1$,显然 T 中全体阶整除 k 的特征构成 T 的一个子群,故 $\rho(a)s = s$,$s = 0$. 证完

对于 $k=2$,定理 5 给出熟知的结果:

$$N(x^2 = a) = 1 + \left(\frac{a}{p}\right).$$

§4 F_p 上的特征和

在前面,我们定义了二次高斯和,下面我们来定义一般的情形.

定义 设 χ 是 F_p 上的一个特征,$a \in F_p$,设 $g_a(\chi) = \sum_{t=0}^{p-1} \chi(t)\eta^{at}$,$\eta = \mathrm{e}^{\frac{2\pi \mathrm{i}}{p}}$,$g_a(\chi)$ 叫做一个**特征和**.

显然,如果取 $\chi(t) = \left(\frac{t}{p}\right)$,以上定义给出二次高斯和.

关于 F_p 上特征的和,有下面一些基本性质.

定理 1 ①设 $a \neq 0$,则有

$$g_a(\chi) = \begin{cases} \chi(a^{-1}) g_1(\chi), & \text{当}\chi \neq \chi_0; \\ 0, & \text{当}\chi = \chi_0. \end{cases}$$

② 设 $a = 0$,则有

$$g_0(\chi) = \begin{cases} 0, \text{当}\chi \neq \chi_0; \\ p, \text{当}\chi = \chi_0. \end{cases}$$

证 设 $a \neq 0$,$\chi \neq \chi_0$,则因$(a,p)=1$,有

$$\begin{aligned} \chi(a) g_a(\chi) &= \chi(a) \sum_{t=0}^{p-1} \chi(t) \eta^{at} \\ &= \sum_{t=0}^{p-1} \chi(at) \eta^{at} \end{aligned}$$

$$= \sum_{t=0}^{p-1} \chi(t)\eta^{t}$$
$$= g_1(\chi).$$

而 $a \neq 0, \chi = \chi_0$ 时，有

$$g_a(\chi_0) = \sum_{t=0}^{p-1} \chi_0(t)\eta^{at} = \sum_{t=0}^{p-1} \eta^{at} = 0.$$

这就证明了①. 由 §3 的定理 2 立即可得②. 证完

定理 2 设 $\chi \neq \chi_0$，则 $|g_1(\chi)| = \sqrt{p}$.

证 设 $a \neq 0$，则

$$\overline{g_a(\chi)} = \overline{\chi(a^{-1})g_1(\chi)} = \overline{\overline{\chi(a)}}\ \overline{g_1(\chi)} = \chi(a)\overline{g_1(\chi)},$$
$$g_a(\chi) = \chi(a^{-1})g_1(\chi),$$

因此

$$g_a(\chi)\overline{g_a(\chi)} = g_1(\chi)\overline{g_1(\chi)} = |g_1(\chi)|^2.$$

因为 $g_0(\chi) = 0$，

$$\sum_{a=0}^{p-1} g_a(\chi)\overline{g_a(\chi)} = (p-1)|g_1(\chi)|^2.$$

另一方面，

$$g_a(\chi)\overline{g_a(\chi)} = \sum_{x=0}^{p-1}\sum_{y=0}^{p-1} \chi(x)\overline{\chi(y)}\eta^{a(x-y)},$$

故

$$\sum_{a=0}^{p-1} g_a(\chi)\overline{g_a(\chi)} = \sum_{a=0}^{p-1}\sum_{x=0}^{p-1}\sum_{y=0}^{p-1} \chi(x)\overline{\chi(y)}\eta^{a(x-y)}$$
$$= \sum_{x=0}^{p-1}\sum_{y=0}^{p-1} \chi(x)\overline{\chi(y)}\sum_{a=0}^{p-1}\eta^{a(x-y)}$$
$$= (p-1)p,$$

故

$$|g_1(\chi)|^2 = p.$$

证完

推论 $g_1(\chi)g_1(\bar{\chi}) = \chi(-1)p$，其中 $\bar{\chi}$ 代表 $\bar{\chi}(a) = \overline{\chi(a)}$.

证 因为 $\chi(-1) = e^{\pi ib} = \pm 1$，故 $\overline{\chi(-1)} = \chi(-1)$，我们有

$$\overline{g_1(\chi)} = \sum_{t=0}^{p-1} \overline{\chi(t)}\eta^{-t} = \overline{\chi(-1)}\sum_{t=0}^{p-1} \overline{\chi(-t)}\eta^{-t}$$

$$= \chi(-1)\sum_{t=0}^{p-1} \overline{\chi(t)}\eta^{t} = \chi(-1)g_1(\bar{\chi}).$$

故由 $|g_1(\chi)|^2 = g_1(\chi)\overline{g_1(\chi)} = p$，得

$$g_1(\chi)g_1(\bar{\chi}) = \chi(-1)p.$$ 证完

此推论仍是 §2 中定理 2 的推广.

§5 F_p 上的不定方程与雅可比和

本节我们研究 F_p 上的不定方程 $x^n + y^n = 1$，为此需要引入雅可比和.

我们先看一个例子.

设 $p > 3$ 是一个素数，$N(x^3 + y^3 = 1)$ 表示不定方程

$$x^3 + y^3 = 1 \tag{1}$$

的解 (x, y) 的个数，这里 $x \in F_p, y \in F_p$.

因此，我们有

$$N(x^3 + y^3 = 1) = \sum_{\substack{a+b=1,\\ a,b \in F_p}} N(x^3 = a)N(y^3 = b). \tag{2}$$

如果 $p \equiv 2 \pmod 3$，因为 $(3, p-1) = 1$，故 $\left(\frac{a}{p}\right)_3 = 1$. 对任意 $p \nmid a, a \in F_p$，以及 $a = 0$，$N(x^3 = a) = 1$，故(2)给出

$$N(x^3 + y^3 = 1) = \sum_{\substack{a+b=1,\\ a,b \in F_p}} 1 = p.$$

如果 $p \equiv 1 \pmod 3$，设 χ 是阶为 3 的一个特征，则由 §3 的定理 5 知 $N(x^3 = a) = 1 + \chi(a) + \chi^2(a)$，因此

$$N(x^3 + y^3 = 1) = \sum_{\substack{a+b=1,\\ a,b \in F_p}} \sum_{i=0}^{2}\chi^i(a)\sum_{j=0}^{2}\chi^j(b)$$

$$= \sum_{i=0}^{2} \sum_{j=0}^{2} \sum_{\substack{a+b=1, \\ a,b \in F_p}} \chi^i(a)\chi^j(b).$$

于是,在 $p \equiv 1 \pmod 3$ 时,我们需研究以下形式的和.

定义　设 χ 和 λ 是 F_p 上的两个特征,令

$$J(\chi,\lambda) = \sum_{\substack{a+b=1, \\ a,b \in F_p}} \chi(a)\lambda(b),$$

$J(\chi,\lambda)$ 叫做一个**雅可比和**.

关于雅可比和,我们有下面的一些基本性质.

定理 1　设 χ,λ 是 F_p 上的两个非 χ_0 的特征. 则有

① $J(\chi,\lambda) = J(\lambda,\chi)$;

② $J(\chi_0,\chi_0) = p$;

③ $J(\chi_0,\chi) = 0$;

④ $J(\chi,\chi^{-1}) = -\chi(-1)$;

⑤ 若 $\chi\lambda \neq \chi_0$,则有

$$J(\chi,\lambda) = \frac{g_1(\chi)g_1(\lambda)}{g_1(\chi\lambda)}.$$

证　①是显然的. 由于适合 $a+b=1, a \in F_p, b \in F_p, (a,b)$ 的对数为 p,故②立即可得. 由 §3 的定理 2 知

$$J(\chi_0,\chi) = \sum_{\substack{a+b=1, \\ a,b \in F_p}} \chi_0(a)\chi(b)$$

$$= \sum_{b=0}^{p-1} \chi(b) = 0,$$

这便证明了③.

又

$$J(\chi,\chi^{-1}) = \sum_{a+b=1} \chi(a)\chi^{-1}(b) = \sum_{a+b=1} \frac{\chi(a)}{\chi(b)}$$

$$= \sum_{a+b=1} \chi(ab^{-1}) = \sum_{a \neq 1} \chi(a(1-a)^{-1}),$$

令 $a(1-a)^{-1} = c\ (a \neq 1)$,则 $a = c(1+c)^{-1}\ (c \neq -1)$,故上式给出

$$J(\chi,\chi^{-1}) = \sum_{c\neq -1}\chi(c) = -\chi(-1).$$

这便证明了④.

最后,我们来证明⑤. 由于

$$\begin{aligned} g_1(\chi)g_1(\lambda) &= \Big(\sum_{x=0}^{p-1}\chi(x)\eta^x\Big)\Big(\sum_{y=0}^{p-1}\lambda(y)\eta^y\Big) \\ &= \sum_{x=0}^{p-1}\sum_{y=0}^{p-1}\chi(x)\lambda(y)\eta^{x+y} \\ &= \sum_{t=0}^{p-1}\Big(\sum_{\substack{x+y=t \\ x,y\in F_p}}\chi(x)\lambda(y)\Big)\eta^t, \end{aligned} \tag{3}$$

如果 $t=0$,则

$$\sum_{x+y=0}\chi(x)\lambda(y) = \sum_{x=0}^{p-1}\chi(x)\lambda(-x) = \lambda(-1)\sum_{x=0}^{p-1}\chi\lambda(x) = 0;$$

如果 $t\neq 0$,令 $x=tx'$, $y=ty'$,显然 x,y 分别过 F_p 中诸元时,x',y' 也分别过 F_p 中诸元,则有

$$\begin{aligned} \sum_{x+y=t}\chi(x)\lambda(y) &= \sum_{x'+y'=1}\chi(tx')\lambda(ty') \\ &= \chi\lambda(t)J(\chi,\lambda). \end{aligned}$$

故(3)给出

$$\begin{aligned} g_1(\chi)g_1(\lambda) &= J(\chi,\lambda)\sum_{t=0}^{p-1}\chi\lambda(t)\eta^t \\ &= J(\chi,\lambda)g_1(\chi\lambda). \end{aligned}$$

这便证明了⑤. 证完

定理1⑤给出了雅可比和与高斯和之间的联系.

由定理1和§4的定理2,显然可得

推论 设 χ, λ 和 $\chi\lambda$ 都不是 χ_0,则

$$|J(\chi,\lambda)| = \sqrt{p}.$$

现在,我们可以计算 $N(x^3+y^3=1)$ 了. 由

$$
\begin{aligned}
N(x^3+y^3=1) &= \sum_{i=0}^{2}\sum_{j=0}^{2}\sum_{a+b=1}\chi^i(a)\chi^j(b)\\
&= p+\sum_{a+b=1}\chi(b)+\sum_{a+b=1}\chi^2(b)\\
&\quad +\sum_{a+b=1}\chi(a)+\sum_{a+b=1}\chi^2(a)\\
&\quad +J(\chi^2,\chi)+J(\chi,\chi^2)+J(\chi,\chi)\\
&\quad +J(\chi^2,\chi^2),
\end{aligned}
$$

因为$\chi^2=\chi^{-1}$,由定理 1 可得

$$
N(x^3+y^3=1)=p-2\chi(-1)+J(\chi,\chi)+J(\chi^2,\chi^2).
$$

又因$\chi(a)=e^{2\pi \mathrm{i}\,\mathrm{ind}\,a/3}$,故$\chi(-1)=(e^{\pi \mathrm{i}})^{\frac{p-1}{3}}=(-1)^{\frac{p-1}{3}}=1$.

定理 1 的推论给出

$$
\begin{aligned}
|N(x^3+y^3=1)-p+2| &= |J(\chi,\chi)+J(\chi^2,\chi^2)|\\
&\leqslant |J(\chi,\chi)|+|J(\chi^2,\chi^2)|=2\sqrt{p}. \qquad (4)
\end{aligned}
$$

在$p\equiv 1(\bmod 3)$时,$x^3=1$,$y^3=1$在F_p上分别有 3 个解,这样$x^3+y^3=1$在F_p上至少有六个解$(x,0)$,$(0,y)$(这样的解叫平凡解),

$$
N(x^3+y^3=1)\geqslant 6.
$$

由(4)可得,当$p\geqslant 19$时,有

$$
N_p\geqslant p-2-2\sqrt{p}>6.
$$

故$x^3+y^3=1$在$p\geqslant 19$时,至少有一个F_p上的非平凡解.

利用雅可比和,很容易证明每一个$4k+1$形的素数p可表成两个平方的和.

定理 2

① 如果$p\equiv 1(\bmod 4)$,则存在整数a和b,使得有$p=a^2+b^2$;

② 如果$p\equiv 1(\bmod 3)$,则存在整数a和b,使得$p=a^2-ab+b^2$.

证　$p\equiv 1(\bmod 4)$时,取F_p上的 4 阶特征$\chi(a)=e^{\frac{2\pi \mathrm{i}\,\mathrm{ind}\,a}{4}}=$

$i^{\text{ind}a}$,故 $\chi(a)$ 取值的范围是 $\{1,-1,i,-i\}$,因此有 $J(\chi,\chi)=\sum_{s+t=1}\chi(s)\chi(t)=a+bi$,$a$,$b$ 是整数,故有

$$p=|J(\chi,\chi)|^2=a^2+b^2.$$

这就证明了①.

如果 $p\equiv1(\bmod 3)$,取 $\chi(a)=e^{\frac{2\pi i\,\text{ind}a}{3}}$,$a\in F_p^*$,$\chi$ 是 F_p 上的一个 3 阶特征,故 $\chi(a)$ 的取值范围是 $\{1,\omega,\omega^2\}$,这里 $\omega=e^{\frac{2\pi i}{3}}=\frac{-1+\sqrt{3}i}{2}$,故 $J(\chi,\chi)=a+b\omega$,a,b 是整数,故

$$p=|J(\chi,\chi)|^2=a^2+b^2-ab.$$ 证完

对于 $p\equiv1(\bmod 4)$时,如果设 $a>0$,$b>0$,$2\nmid a$,$2|b$,那么由第四章的§8 的定理 3,可知 p 表成 a^2+b^2,其表法是惟一的.

对于 $p\equiv1(\bmod 3)$时,如果设 $a>0$,$b>0$,由于

$$\begin{aligned}a^2-ab+b^2&=(b-a)^2-(b-a)b+b^2\\&=a^2-(a-b)a+(a-b)^2,\end{aligned}$$

故表法不惟一. 但是,可以变形使其表法惟一. 由 $p=a^2-ab+b^2$,可得

$$4p=(2a-b)^2+3b^2=(2b-a)^2+3a^2=(a+b)^2+3(a-b)^2.$$

从上式易知,$3|a$ 或 $3|b$ 或 $3|a-b$. 因为如果 $3\nmid a$,$3\nmid b$,由 $p=a^2-ab+b^2$,可得 $1\equiv ab(\bmod 3)$,故 $a\equiv b(\bmod 3)$.

定理 3 设 $p\equiv1(\bmod 3)$,则存在整数 $A>0$,$B>0$,使得 $4p=A^2+27B^2$,且表法惟一.

证 存在整数 $A>0$,$B>0$,使得

$$4p=A^2+27B^2 \tag{5}$$

成立,前面已经证明. 现证惟一性. 如果 $A_1>0$,$B_1>0$,使得

$$4p=A_1^2+27B_1^2 \tag{6}$$

成立,则由(5),(6)两式可得

$$4p(B_1^2-B^2)=(AB_1-A_1B)(AB_1+A_1B),$$

故得 $p|(AB_1-A_1B)$ 或 $p|(AB_1+A_1B)$. 再将(5),(6)两式相乘可

得

$$16p^2=(AA_1\pm 27BB_1)^2+27(AB_1\mp A_1B)^2,$$

由于 $AB_1+A_1B>0$,则不可能有 $p\mid AB_1+A_1B$,否则由 $16p^2=(AA_1-27BB_1)^2+27(AB_1+A_1B)^2$ 得出右端比左端大的矛盾结果.故有 $p\mid AB_1-A_1B$.由 $16p^2=(AA_1+27BB_1)^2+27(AB_1-A_1B)^2$ 知 $AB_1=A_1B$,再由 $(A,B)=(A_1,B_1)=1$ 或 2 可得 $A=A_1,B=B_1$. 证完

下面,我们再给出一个雅可比和与高斯和之间的关系.

定理 4 设 $k>2,p\equiv 1(\mathrm{mod}\ k)$,且 χ 是 F_p 上的一个 k 阶特征,则有

$$g_1(\chi)^k=\chi(-1)pJ(\chi,\chi)J(\chi,\chi^2)\cdots J(\chi,\chi^{k-2}). \tag{7}$$

证 由定理 1 的⑤,我们有

$$g_1(\chi)^2=J(\chi,\chi)g_1(\chi^2).$$

上式两端乘以 $g_1(\chi)$,再由定理 1 的⑤得

$$g_1(\chi)^3=J(\chi,\chi)g_1(\chi^2)g_1(\chi)=J(\chi,\chi)J(\chi,\chi^2)g_1(\chi^3).$$

仿此,可得

$$g_1(\chi)^{k-1}=J(\chi,\chi)J(\chi,\chi^2)\cdots J(\chi,\chi^{k-2})g_1(\chi^{k-1}). \tag{8}$$

因为 $\chi^{k-1}=\chi^{-1}=\bar{\chi}$,因此,由 §4 定理 2 的推论得

$$g_1(\chi)g_1(\chi^{k-1})=g_1(\chi)g_1(\bar{\chi})=\chi(-1)p,$$

(8) 式两端乘以 $g_1(\chi)$,再利用上式,便得(7)式. 证完

当 χ 是一个 3 阶特征,由 $\chi(-1)=1$,则有下面的推论.

推论 设 χ 是一个 3 阶特征,则有

$$g_1(\chi)^3=pJ(\chi,\chi).$$

前面,我们已经看到,在 χ 是一个 3 阶特征时,可设 $J(\chi,\chi)=a+b\omega,\omega=e^{\frac{2\pi i}{3}}=\dfrac{-1+\sqrt{-3}}{2}$,$a,b$ 是有理整数.我们有下面的定理.

定理 5 设 $p\equiv 1(\mathrm{mod}\ 3)$,$\chi$ 是一个 3 阶特征,$J(\chi,\chi)=a+$

$b\omega$,则有 $a\equiv -1(\bmod 3)$,$b\equiv 0(\bmod 3)$.

证　因为

$$g_1(\chi)^3=\Big(\sum_{t=0}^{p-1}\chi(t)\eta^t\Big)^3\equiv\sum_{t=0}^{p-1}\chi(t)^3\eta^{3t}(\bmod 3),$$

而 $\chi(0)=0$,$\chi(t)^3=1$,对于 $t\neq 0$,故上式给出

$$g_1(\chi)^3\equiv\sum_{t=1}^{p-1}\eta^{3t}=-1(\bmod 3).$$

故

$$g_1(\chi)^3=pJ(\chi,\chi)\equiv a+b\omega\equiv -1(\bmod 3).$$

因为 $\bar{\chi}$ 也是 3 阶特征,故

$$g_1(\bar{\chi})^3=\Big(\sum_{t=0}^{p-1}\overline{\chi(t)\eta^t}\Big)^3\equiv\sum_{t=0}^{p-1}\overline{\chi(t)^3}\eta^{3t}\equiv -1(\bmod 3),$$

$$g_1(\bar{\chi})^3=pJ(\bar{\chi},\bar{\chi})=p(a+b\bar{\omega})\equiv a+b\bar{\omega}\equiv -1(\bmod 3).$$

故得 $b(\omega-\bar{\omega})\equiv 0(\bmod 3)$,$b\sqrt{-3}\equiv 0(\bmod 3)$,即 $-3b^2\equiv 0(\bmod 9)$,$3\mid b$. 由于 $a+b\omega\equiv -1(\bmod 3)$,$b\equiv 0(\bmod 3)$,故有 $a\equiv -1(\bmod 3)$.　　证完

推论　设 $A=2a-b$,$B=\dfrac{b}{3}$,则 $A\equiv 1(\bmod 3)$,

$$4p=A^2+27B^2,$$

且其中 A 是惟一决定的.

证　因为 $J(\chi,\chi)=a+b\omega$,故 $p=|J(\chi,\chi)|^2=a^2-ab+b^2$,$4p=(2a-b)^2+3b^2$,故有 $4p=A^2+27B^2$,$A=2a-b$,$b=3B$. 由定理 5 知 $A\equiv 1(\bmod 3)$. 如果 $4p=A_1^2+27B_1^2$,$A_1\equiv 1(\bmod 3)$,由定理 3 知 $A=\pm A_1$,由于 $A\equiv A_1(\bmod 3)$,推出 $A=A_1$.　　证完

下面,我们来定出 $N(x^3+y^3=1)$ 的值.

定理 6　设 $p\equiv 1(\bmod 3)$,将 $4p$ 表为 $4p=A^2+27B^2$,$A\equiv 1(\bmod 3)$,则

$$N(x^3+y^3=1)=p-2+A.$$

证 前面已经证明

$$N(x^3+y^3=1)=p-2+J(\chi,\chi)+J(\chi^2,\chi^2).$$

因为$\chi^2=\chi^{-1}$,故 $J(\chi^2,\chi^2)=\overline{J(\chi,\chi)}$,于是有

$$\begin{aligned}N(x^3+y^3=1)&=p-2+a+b\omega+a+b\overline{\omega}\\&=p-2+2a-b,\end{aligned}$$

而 $4p=(2a-b)^2+27\left(\frac{b}{3}\right)^2$,由定理 5 的推论知 $A=2a-b$,故

$$N(x^3+y^3=1)=p-2+A.$$

证完

例 1 $4\cdot 61=1^2+27\cdot 3^2$,故在 F_{61} 上 $N(x^3+y^3=1)=61-2+1=60.$

例 2 $4\cdot 67=5^2+27\cdot 3^2$, $A=-5$,故在 F_{67} 上, $N(x^3+y^3=1)=67-2-5=60.$

定理 7 设 p 是一个奇素数, $k\mid p-1$,则有

$$|N(x^k+y^k=1)+\delta_k(-1)k-(p+1)|\leqslant(k-1)(k-2)\sqrt{p}, \tag{9}$$

其中 $\delta_k(-1)=1$ 或 0,取决于$\left(\frac{-1}{p}\right)_k=1$ 或$\neq 1$.

证 设χ是一个 F_p 上的 k 阶特征,故有

$$\begin{aligned}N(x^k+y^k=1)&=\sum_{a+b=1}\left(\sum_{i=0}^{k-1}\chi^i(a)\right)\left(\sum_{j=0}^{k-1}\chi^j(b)\right)\\&=\sum_{i=0}^{k-1}\sum_{j=0}^{k-1}J(\chi^i,\chi^j).\end{aligned}$$

利用定理 1 可知 $J(\chi_0,\chi_0)=p$. 当 $i+j=k$, $\chi^i=(\chi^j)^{-1}$,故 $J(\chi^i,\chi^j)=-\chi^j(-1)$, $\sum\limits_{i+j=k}J(\chi^i,\chi^j)=-\sum\limits_{i+j=k}\chi^j(-1)=-\sum\limits_{j=1}^{k-1}\chi^j(-1)$. 而由 $-1=g^l$, g 是 p 的一个原根知

$$\sum_{j=0}^{k-1}\chi^j(-1)=\begin{cases}k, & \text{当}\left(\frac{-1}{p}\right)_k=1(\text{即 } k\mid l)\text{ 时};\\0, & \text{当}\left(\frac{-1}{p}\right)_k\neq 1(\text{即 } k\nmid l)\text{ 时}.\end{cases}$$

（留作习题）于是 $\sum\limits_{i+j=k} J(\chi^i,\chi^j) = 1 - \delta_k(-1)k$，又 $i=0,j\neq 0$ 或 $i\neq 0,j=0$ 时，$J(\chi^j,\chi^i)=0$. 总上述，有

$$N(x^k+y^k=1) = p+1-\delta_k(-1)k + \sum_{\substack{i+j\neq k\\1\leqslant i,j\leqslant k-1}} J(\chi^j,\chi^i).$$

故

$$|N(x^k+y^k=1)+\delta_k(-1)k-(p+1)| \leqslant \sqrt{p}\sum_{\substack{i+j\neq k\\1\leqslant i,j\leqslant k-1}} 1$$

$$= (k-1)(k-2)\sqrt{p}.$$

这便证明了(9).　　证完

由于只有 $2k$ 个平凡解，显然，当 p 充分大时，$x^k+y^k=1$ 在 F_p 上有非平凡解 (x,y)，$x\in F_p^*$，$y\in F_p^*$.

§6　广雅可比和及其应用

本节把雅可比和推广到一般情形，并用它来解 F_p 上更一般的方程.

定义　设 $\chi_1,\cdots,\chi_l$ 是 F_p 上的 l 个特征，

$$J(\chi_1,\cdots,\chi_l) = \sum_{\substack{t_1+\cdots+t_l=1\\t_i\in F_p,i=1,\cdots,l}} \chi_1(t_1)\chi_2(t_2)\cdots\chi_l(t_l)$$

叫做一个**广雅可比和**. 令 $J(\chi_1)=1$.

另外，设 $l\geqslant 2$，我们记

$$J_0(\chi_1,\cdots,\chi_l) = \sum_{\substack{t_1+\cdots+t_l=0\\t_i\in F_p,i=1,\cdots,l}} \chi_1(t_1)\chi_2(t_2)\cdots\chi_l(t_l).$$

下面，将给出这两个和的一些基本性质.

定理 1

① 设 $i_1,\cdots,i_l$ 是 $1,2,\cdots,l$ 的某一个排列，则

$$J(\chi_{i_1},\chi_{i_2},\cdots,\chi_{i_l}) = J(\chi_1,\chi_2,\cdots,\chi_l),$$

$$J_0(\chi_{i_1},\chi_{i_2},\cdots,\chi_{i_l})=J_0(\chi_1,\chi_2,\cdots,\chi_l);$$

② $J_0(\chi_0,\cdots,\chi_0)=J(\chi_0,\cdots,\chi_0)=p^{l-1}$;

③ 设$\chi_1,\cdots,\chi_s(1\leqslant s<l)$是非平凡特征，$\chi_{s+1}=\cdots=\chi_l$ 是平凡特征，则

$$J_0(\chi_1,\chi_2,\cdots,\chi_l)=J(\chi_1,\cdots,\chi_l)=0;$$

④ 设$\chi_l\neq\chi_0$，则

$$J_0(\chi_1,\cdots,\chi_l)=\begin{cases}0, & \text{若}\chi_1\chi_2\cdots\chi_l\neq\chi_0,\\ \chi_l(-1)(p-1)J(\chi_1,\cdots,\chi_{l-1}), & \text{若}\chi_1\chi_2\cdots\chi_l=\chi_0.\end{cases}$$

证 ①是显然的.

在条件 $t_1+\cdots+t_l=0$ 中，当 $t_1,\cdots,t_{l-1}$ 分别独立地过 F_p 时，对每一组 $t_1,\cdots,t_{l-1},t_l$ 是由 $t_l=-\sum\limits_{j=1}^{l-1}t_j$ 惟一决定的，故 $J_0(\chi_0,\cdots,\chi_0)=\sum\limits_{t_1+\cdots+t_l=0}1=\sum\limits_{t_1\in F_p,\cdots,t_{l-1}\in F_p}1=p^{l-1}$. 同理，$J(\chi_0,\cdots,\chi_0)=p^{l-1}$，这便证明了 ②.

在 ③ 所设的条件下，我们有

$$\begin{aligned}J_0(\chi_1,\cdots,\chi_l)&=\sum_{t_1+\cdots+t_l=0}\chi_1(t_1)\cdots\chi_l(t_l)\\&=\sum_{t_1\in F_p,\cdots,t_{l-1}\in F_p}\chi_1(t_1)\cdots\chi_s(t_s)\\&=\Big(\sum_{t_1\in F_p}\chi_1(t_1)\Big)\cdots\Big(\sum_{t_s\in F_p}\chi_s(t_s)\Big)\Big(\sum_{t_{s+1}\in F_p}1\Big)\cdots\Big(\sum_{t_{l-1}\in F_p}1\Big)\\&=p^{l-s-1}\Big(\sum_{t_1\in F_p}\chi_1(t_1)\Big)\cdots\Big(\sum_{t_s\in F_p}\chi_s(t_s)\Big).\end{aligned}$$

由 §3 的定理 2 知 $\sum\limits_{t_1\in F_p}\chi_1(t_1)=0$，故 $J_0(\chi_1,\cdots,\chi_l)=0$. 同理可证 $J(\chi_1,\cdots,\chi_l)=0$.

现在来证明④. 因为$\chi_l\neq\chi_0$，$\chi_l(0)=0$，我们有

$$J_0(\chi_1,\cdots,\chi_l)=\sum_{t_1+\cdots+t_l=0}\chi_1(t_1)\cdots\chi_{l-1}(t_{l-1})\chi_l(t_l)$$

$$= \sum_{t_l=0}^{p-1}\Big(\sum_{t_1+\cdots+t_{l-1}=-t_l}\chi_1(t_1)\cdots\chi_{l-1}(t_{l-1})\Big)\chi_l(t_l)$$

$$= \sum_{t_l=1}^{p-1}\Big(\sum_{t_1+\cdots+t_{l-1}=-t_l}\chi_1(t_1)\cdots\chi_{l-1}(t_{l-1})\Big)\chi_l(t_l).$$

设 $t_i = -t_l t'_i$，故

$$\sum_{t_1+\cdots+t_{l-1}=-t_l}\chi_1(t_1)\cdots\chi_{l-1}(t_{l-1})$$

$$= \chi_1\cdots\chi_{l-1}(-t_l)\sum_{t'_1+t'_2+\cdots+t'_{l-1}=1}\chi_1(t'_1)\cdots\chi_{l-1}(t'_{l-1})$$

$$= \chi_1\cdots\chi_{l-1}(-t_l)J(\chi_1,\cdots,\chi_{l-1}).$$

于是有

$$J_0(\chi_1,\cdots,\chi_l) = \sum_{t_l=1}^{p-1}\chi_1\cdots\chi_{l-1}(-t_l)J(\chi_1,\cdots,\chi_{l-1})\chi_l(t_l)$$

$$= \chi_1\cdots\chi_{l-1}(-1)J(\chi_1,\cdots,\chi_{l-1})\sum_{t_l=1}^{p-1}\chi_1\cdots\chi_l(t_l)$$

$$= \begin{cases}0, & 若\chi_1\cdots\chi_l \neq \chi_0.\\ \chi_1\cdots\chi_{l-1}(-1)(p-1)J(\chi_1,\cdots,\chi_{l-1}), & 若\chi_1\cdots\chi_l = \chi_0.\end{cases}$$

而 $\chi_1\cdots\chi_{l-1}(-1) = \chi_l^{-1}(-1) = \chi_l(-1)$. 证完

定理 2 设 $\chi_1,\cdots,\chi_l,\chi_1\cdots\chi_l$ 均为非平凡特征，则

$$g_1(\chi_1)\cdots g_1(\chi_l) = J(\chi_1,\cdots,\chi_l)\cdot g_1(\chi_1\cdots\chi_l).$$

证 设 $\eta = e^{\frac{2\pi i}{p}}$，

$$g_1(\chi_1)\cdots g_1(\chi_l) = \Big(\sum_{t_1=0}^{p-1}\chi_1(t_1)\eta^{t_1}\Big)\cdots\Big(\sum_{t_l=0}^{p-1}\chi_l(t_l)\eta^{t_l}\Big)$$

$$= \sum_{t_1=0}^{p-1}\cdots\sum_{t_l=0}^{p-1}\chi_1(t_1)\cdots\chi_l(t_l)\eta^{t_1+\cdots+t_l}$$

$$= \sum_{t=0}^{p-1}\eta^t\Big(\sum_{\substack{t_1+\cdots+t_l=t\\ t_i\in F_p}}\chi_1(t_1)\cdots\chi_l(t_l)\Big).$$

如果 $t=0$，由 $\chi_1\cdots\chi_l\neq\chi_0$ 和定理 1 的 ④ 知 $\sum\limits_{t_1+\cdots+t_l=0}\chi_1(t_1)\cdots\chi_l(t_1)=0$. 如果 $t\neq 0$，设 $t_i=tt'_i(i=1,\cdots,l)$，我们有

$$\sum_{t_1+\cdots+t_l=t}\chi_1(t_1)\cdots\chi_l(t_l)=\chi_1\cdots\chi_l(t)J(\chi_1,\cdots,\chi_l),$$

故有

$$\begin{aligned}g_1(\chi_1)\cdots g_1(\chi_l)&=J(\chi_1,\cdots,\chi_l)\sum_{t=0}^{p-1}\chi_1\cdots\chi_l(t)\eta^t\\&=J(\chi_1,\cdots,\chi_l)g_1(\chi_1\cdots\chi_l).\end{aligned}$$

证完

推论 1 设 $\chi_1,\cdots,\chi_l$ 是非平凡特征，$\chi_1\cdots\chi_l=\chi_0$，则

$$g_1(\chi_1)\cdots g_1(\chi_l)=\chi_l(-1)pJ(\chi_1,\cdots,\chi_{l-1}).$$

证 因为 $\chi_1\cdots\chi_{l-1}=\chi_l^{-1}$ 不是平凡特征，故由定理 2 得

$$g_1(\chi_1)\cdots g_1(\chi_{l-1})=J(\chi_1,\cdots,\chi_{l-1})g_1(\chi_1\cdots\chi_{l-1}).$$

上式两端乘以 $g_1(\chi_l)$，再用 §4 定理 2 的推论得

$$\begin{aligned}g_1(\chi_1)\cdots g_1(\chi_{l-1})g_1(\chi_l)&=g_1(\chi_l)g_1(\chi_l^{-1})J(\chi_1,\cdots,\chi_{l-1})\\&=\chi_l(-1)pJ(\chi_1,\cdots,\chi_{l-1}).\end{aligned}$$

证完

推论 2 在推论 1 的假设下，有

$$J(\chi_1,\cdots,\chi_l)=-\chi_l(-1)J(\chi_1,\chi_2,\cdots,\chi_{l-1}).$$

证 $l=2$ 时，即 §5 定理 1 的④. 现设 $l>2$，因为 $\chi_1\cdots\chi_l=\chi_0$，由定理的证明知

$$\begin{aligned}g_1(\chi_1)\cdots g_1(\chi_l)&=J_0(\chi_1,\cdots,\chi_l)+J(\chi_1,\cdots,\chi_l)\sum_{t=1}^{p-1}\eta^t\\&=J_0(\chi_1,\cdots,\chi_l)-J(\chi_1,\cdots,\chi_l).\end{aligned}$$

由定理 1 的④和定理 2 的推论 1，分别有

$$J_0(\chi_1,\cdots,\chi_l)=\chi_l(-1)(p-1)J(\chi_1,\cdots,\chi_{l-1}).$$

$$g_1(\chi_1)\cdots g_1(\chi_l)=\chi_l(-1)pJ(\chi_1,\cdots,\chi_{l-1}).$$

故

$$J(\chi_1,\cdots,\chi_l)=J_0(\chi_1,\cdots,\chi_l)-g_1(\chi_1)\cdots g_1(\chi_l)$$
$$=-\chi_l(-1)J(\chi_1,\cdots,\chi_{l-1}).$$
证完

定理 3 设$\chi_1,\cdots,\chi_l$是非平凡特征.

① 如果$\chi_1\cdots\chi_l\neq\chi_0$,则

$$|J(\chi_1,\cdots,\chi_l)|=p^{\frac{l-1}{2}};$$

② 如果$\chi_1\cdots\chi_l=\chi_0$,则

$$|J_0(\chi_1,\cdots,\chi_l)|=(p-1)p^{\frac{l}{2}-1},|J(\chi_1,\cdots,\chi_l)|=p^{\frac{l}{2}-1}.$$

证 因为$\chi\neq\chi_0$时,$|g_1(\chi)|=\sqrt{p}$,由定理 2 立得①.

由定理 1 的④和定理 3 的①立得

$$|J_0(\chi_1,\cdots,\chi_l)|=(p-1)|J(\chi_1,\cdots,\chi_{l-1})|=(p-1)p^{\frac{l}{2}-1}.$$

再由定理 2 的推论 2 和定理 3 的①,立得

$$|J_0(\chi_1,\cdots,\chi_l)|=|J(\chi_1,\cdots,\chi_{l-1})|=p^{\frac{l}{2}-1}.$$
证完

利用以上结果,现在我们来讨论 F_p 上较一般的方程.

定理 4 设 $l>1$,如果 $2\nmid l$,则

$$N(x_1^2+\cdots+x_l^2=1)=p^{l-1}+(-1)^{\frac{l-1}{2}\cdot\frac{p-1}{2}}p^{\frac{l-1}{2}};\qquad(1)$$

如果 $2|l$,则

$$N(x_1^2+\cdots+x_l^2=1)=p^{l-1}-(-1)^{\frac{l}{2}\cdot\frac{p-1}{2}}p^{\frac{l}{2}-1},\qquad(2)$$

其中 $N(x_1^2+\cdots+x_l^2=1)$表 $x_1^2+\cdots+x_l^2=1$ 在 F_p(p 是奇素数)上解$(x_1,\cdots,x_l)$的个数.

证 设$\chi(a)$是一个二阶特征,即$\chi(a)=\left(\frac{a}{p}\right)$,则有 $N(x^2=a)=1+\chi(a)$. 由定理 1 的②和③,我们有

$$N(x_1^2+\cdots+x_l^2=1)=\sum_{\substack{a_1+\cdots+a_l=1\\ a_i\in F_p}}N(x_1^2=a_1)\cdots N(x_l^2=a_l)$$
$$=\sum_{a_1+\cdots+a_l=1}(1+\chi(a_1))\cdots(1+\chi(a_l))$$

$$= p^{l-1} + J(\chi,\cdots,\chi).$$

如果 $2\nmid l$，则 $\chi^l=\chi$；如果 $2\mid l$，则 $\chi^l=\chi_0$.

设 $2\nmid l$，由定理 2 知 $J(\chi,\cdots,\chi)=g_1(\chi)^{l-1}$，而 $g_1^2(\chi)=\chi(-1)p$，故 $J(\chi,\cdots,\chi)=\chi(-1)^{\frac{l-1}{2}}p^{\frac{l-1}{2}}=(-1)^{\frac{l-1}{2}\cdot\frac{p-1}{2}}p^{\frac{l-1}{2}}$，这便证明了(1).

设 $2\mid l$，由定理 2 的推论 2 知，

$$\begin{aligned}J(\chi,\cdots,\chi)&=-\chi(-1)g_1(x)^{l-2}=-\chi(-1)\chi(-1)^{\frac{l-2}{2}}p^{\frac{l-2}{2}}\\&=-\chi(-1)^{\frac{l}{2}}p^{\frac{l}{2}-1}=-(-1)^{\frac{l}{2}\cdot\frac{p-1}{2}}\cdot p^{\frac{l}{2}-1},\end{aligned}$$

这便证明了(2). 证完

定理 5 设 $l>1$，$m_j\mid p-1(j=1,\cdots,l)$，方程

$$a_1x_1^{m_1}+a_2x_2^{m_2}+\cdots+a_lx_l^{m_l}=b,\ a_i\in F_p^*,\ b\in F_p \tag{3}$$

在 F_p 上的解 $(x_1,\cdots,x_l)$ 的个数为 N. 如果 $b=0$，则

$$N=p^{l-1}+\sum\chi_1(a_1^{-1})\cdots\chi_l(a_l^{-1})J_0(\chi_1,\cdots,\chi_l), \tag{4}$$

其中和 $\sum$ 表示 χ_j 分别独立地过阶整除 $m_j(j=1,\cdots,l)$ 的全体特征，但满足 $\chi_j\neq\chi_0(j=1,2,\cdots,l)$，$\chi_1\cdots\chi_l=\chi_0$. 设 $\sum 1=M$，则

$$|N-p^{l-1}|\leqslant M(p-1)p^{\frac{l}{2}-1}. \tag{5}$$

如果 $b\neq0$，则

$$N=p^{l-1}+\sum{}'\chi_1\chi_2\cdots\chi_l(b)\chi_1(a_1^{-1})\cdots\chi_l(a_l^{-1})J(\chi_1,\cdots,\chi_l), \tag{6}$$

其中和 $\sum'$ 表示 χ_j 分别独立地过阶整除 $m_j(j=1,\cdots,l)$ 的全体特征，但满足 $\chi_j\neq\chi_0(j=1,\cdots,l)$. 和号 $\sum'$ 由两部分组成，一部分为(4)中的和号 $\sum$，另一部分记为 $\sum''$，设 $\sum''1=M_1$，则

$$|N-p^{l-1}|\leqslant Mp^{\frac{l}{2}-1}+M_1p^{\frac{l-1}{2}}. \tag{7}$$

证 我们有

$$N=\sum_{a_1u_1+\cdots+a_lu_l=b}N(x_1^{m_1}=u_1)\cdots N(x_l^{m_l}=u_l)$$

$$= \sum_{\sum a_j u_j = b} \sum_{\substack{\chi_1 \in T \\ \chi_1^{m_1} = \chi_0}} \chi_1(u_1) \cdots \sum_{\substack{\chi_l \in T \\ \chi_l^{m_l} = \chi_0}} \chi_l(u_l)$$

$$= \sum_{\substack{\chi_j \in T \\ \chi_j^{m_j} = \chi_0, j = 1, \cdots, l}} \sum_{\sum a_j u_j = b} \chi_1(u_1) \cdots \chi_l(u_l), \qquad (8)$$

其中 T 表示 F_p 上的特征群.

如果 $b=0$,设 $t_i = a_i u_i (i=1,\cdots,l)$,则

$$\sum_{\sum a_j u_j = 0} \chi_1(u_1)\cdots\chi_l(u_l) = \chi_1(a_1^{-1})\cdots\chi_l(a_l^{-1}) J_0(\chi_1,\cdots,\chi_l).$$

如果 $b \neq 0$,设 $t_i = a_i u_i b^{-1}$,则

$$\sum_{\sum a_j u_j = b} \chi_1(u_1)\cdots\chi_l(u_l)$$
$$= \chi_1\cdots\chi_l(b)\chi_1(a_1^{-1})\cdots\chi_l(a_l^{-1}) J(\chi_1,\cdots,\chi_l).$$

如果 $\chi_1 = \chi_2 = \cdots = \chi_l = \chi_0$,则 $J_0(\chi_1,\cdots,\chi_l) = J(\chi_1,\cdots,\chi_l) = p^{l-1}$. 如果 $\chi_1,\cdots,\chi_l$ 中有某些是平凡特征,但又不全是平凡特征,则 $J_0(\chi_1,\cdots,\chi_l) = J(\chi_1,\cdots,\chi_l) = 0$. 在 $b \neq 0$ 时,由(8)便得到了(6). 在 $b=0$ 的情形,由定理 1 的④知,当 $\chi_l \neq \chi_0, \chi_1\cdots\chi_l \neq \chi_0$ 时,$J_0(\chi_1,\cdots,\chi_l) = 0$,于是由(8)便得到了(4).

在 $b=0$ 时,由(4)与定理 3 的②得

$$|N - p^{l-1}| \leqslant \sum |\chi_1(a_1^{-1})| \cdots |\chi_l(a_l^{-1})| \, |J_0(\chi_1,\cdots,\chi_l)|$$
$$= \sum |J_0(\chi_1,\cdots,\chi_l)| = M(p-1)p^{\frac{l}{2}-1}.$$

这便证明了(5).

在 $b \neq 0$ 时,由(6)与定理 3 得

$$|N - p^{l-1}| \leqslant \sum |J(\chi_1,\cdots,\chi_l)| + \sum{}'' |J(\chi_1,\cdots,\chi_l)|$$
$$= Mp^{\frac{l}{2}-1} + M_1 p^{\frac{l-1}{2}}.$$

这便证明了(7). 证完

推论 设 $l > 2$,若 p 充分大,则不定方程(3)在 F_p 上有非平凡解 $(x_1,\cdots,x_l)$(若一解 $(x_1,\cdots,x_l)$ 对某一个 i 合 $x_i \neq 0$,其余 $x_j =$

$0(j\neq i)$，则称该解为平凡解)．

证 因为平凡解的个数为有限个，设为 N_0，则 $N_0 \leqslant \sum_{j=1}^{l} m_j$，由(5)和(7)分别可得

$$N \geqslant p^{l-1} - M(p-1)p^{\frac{l}{2}-1}.$$

和

$$N \geqslant p^{l-1} - Mp^{\frac{l}{2}-1} - M_1 p^{\frac{l-1}{2}}.$$

其中 M, M_1 是仅与 $m_1, \cdots, m_l, l$ 有关的常数，故当 p 充分大时，给出 $N > N_0$． 证完

最后，我们简单地介绍一下有关 Weil 猜想的工作．设 $f(x_1, \cdots, x_n)$ 是 n 元整系数多项式，p 是一个奇素数，$f(x)$ 模 p 无重因子．1924 年，Artin 猜想 F_p 上的方程 $y^2 = f(x)$，在 $f(x)$ 的次数为 3 和 4 时，其解的个数 N 分别满足 $|N-p| \leqslant 2\sqrt{p}$ 和 $|N+1-p| \leqslant 2\sqrt{p}$．1936 年，Hasse 证明了这一猜想，并且还证明了对于一般含 q 个元的有限域，把以上两式中 p 换成 q，也是对的．1948 年，Weil 对于一般的不定方程 $f(x,y)=0$ 在有限域上得到了类似的结果，他猜想对于 $f(x_1, \cdots, x_n)=0$ 在有限域上也有类似的结果，其内容包括 $f=0$ 的 Zeta 函数是有理函数和所谓有限域上的 Riemann 猜想等，这就是著名的 Weil 猜想的大意．1960 年，Dwork 用P－adic分析方法证明了 Zeta 函数的有理性．1973 年，Deligne 证明了 Weil 猜想中的 Riemann 猜想部分，他的杰出工作获得了 1978 年的 Fields 奖．

§7 同余式 $\sum_{i=1}^{n} x_i/d_i \equiv 0(\bmod 1)$ 及其应用

设 $I(d_1, \cdots, d_n)$ 表示同余式

$$\frac{x_1}{d_1}+\cdots+\frac{x_n}{d_n}\equiv 0(\bmod 1),1\leqslant x_i<d_i,i=1,\cdots,n \tag{1}$$

的整数解$(x_1,\cdots,x_n)$的个数，这里 $d_i>1,i=1,\cdots,n$，是给定整数.

下面的定理 1 表明，对于有限域上的对角方程，特别当本章§6 的方程(3)中 $b=0$ 时，$I(d_1,\cdots,d_n)$扮演重要的角色.

我们有

定理 1

$$M=I(m_1,\cdots,m_l), \tag{2}$$

这里 M 为本章§6 定理 5 中所定义的整数.

证 设$\chi_j(a)=\mathrm{e}^{\frac{2\pi\mathrm{i}\,\mathrm{ind}\,a}{m_j}}$，$a\in F_p^*$，熟知，$F_p$ 上全体阶整除 m_j 的特征(除去主特征)为

$$\chi_j^{y_j}(a)=\mathrm{e}^{\frac{2\pi\mathrm{i}y_j\mathrm{ind}\,a}{m_j}},y_j=1,\cdots,m_j-1,j=1,\cdots,l, \tag{3}$$

§6(4)式中$\sum$表示χ_j分别独立地过(3)中诸特征外，还满足：对任意的 $a\in F_p^*$，有

$$\chi_1^{y_1}(a)\chi_2^{y_2}(a)\cdots\chi_l^{y_l}(a)=\mathrm{e}^{2\pi\mathrm{i}\left(\sum\limits_{i=1}^{l}\frac{y_i}{m_i}\right)\mathrm{ind}\,a}=1, \tag{4}$$

其中 $1\leqslant y_i<m_i,i=1,\cdots,l$.

而(4)式成立的充分必要条件是

$$\frac{y_1}{m_1}+\cdots+\frac{y_l}{m_l}\equiv 0(\bmod 1),1\leqslant y_i<m_i,i=1,\cdots,l. \tag{5}$$

即同余式(5)的解$(y_1,\cdots,y_l)$与§6 的(4)中$\sum$的特征组$(\chi_1^{y_1},\cdots,\chi_l^{y_l})$之间满足一一对应. 由于 $M=\sum 1$，这就证明了(2)式成立.

证完

1986 年，孙琦、万大庆、冯德刚，给出了计算 $I(d_1,\cdots,d_n)$的一个公式(见数学年刊，7B(2)，1986)，即下面的定理 2.

定理 2

$$I(d_1, \cdots, d_n) = \sum_{k=1}^{n} (-1)^{n-k} \sum_{1 \leqslant i_1 < \cdots < i_k \leqslant n} \frac{d_{i_1} \cdots d_{i_k}}{[d_{i_1}, \cdots, d_{i_k}]} + (-1)^n. \tag{6}$$

证　设同余式

$$\sum_{i=1}^{n} \frac{x_i}{d_i} \equiv 0 \pmod 1, 0 \leqslant x_i \leqslant d_i - 1, d_i > 1, i = 1, \cdots, n \tag{7}$$

解的个数为 $I'(d_1, \cdots, d_n)$，则由

$$\frac{1}{[d_1, \cdots, d_n]} \sum_{a=1}^{[d_1, \cdots, d_n]} e^{2\pi i a\left(\sum_{i=1}^{n} \frac{x_i}{d_i}\right)} = \begin{cases} 1, & 若 \sum_{i=1}^{n} \frac{x_i}{d_i} \equiv 0 \pmod 1; \\ 0, & 若 \sum_{i=1}^{n} \frac{x_i}{d_i} \not\equiv 0 \pmod 1, \end{cases}$$

$$\begin{aligned} I'(d_1, \cdots, d_n) &= \frac{1}{[d_1, \cdots, d_n]} \sum_{a=1}^{[d_1, \cdots, d_n]} \sum_{x_1=0}^{d_1-1} \sum_{x_2=0}^{d_2-1} \cdots \sum_{x_n=0}^{d_n-1} e^{2\pi i a\left(\sum_{i=1}^{n} \frac{x_i}{d_i}\right)} \\ &= \frac{1}{[d_1, \cdots, d_n]} \sum_{a=1}^{[d_1, \cdots, d_n]} \prod_{i=1}^{n} \sum_{x_i=0}^{d_i-1} e^{2\pi i a \frac{x_i}{d_i}}, \end{aligned}$$

注意到 $[d_1, \cdots, d_n]$ 是 $d_1, \cdots, d_n$ 的最小公倍数，上式给出

$$I'(d_1, \cdots, d_n) = \frac{d_1 \cdots d_n}{[d_1, \cdots, d_n]}. \tag{8}$$

设

$$S = \{(x_1, \cdots, x_n) \mid \sum_{i=1}^{n} \frac{x_i}{d_i} \equiv 0 \pmod 1, \\ 0 \leqslant x_i < d_i, i = 1, \cdots, n\},$$

和 S 的 n 个子集：

$$S_j = \{(x_1, \cdots, x_n) \mid (x_1, \cdots, x_n) \in S, x_j = 0\}, j = 1, \cdots, n.$$

我们有

$$|S| = I'(d_1, \cdots, d_n),$$

$$|S_j| = I'(d_1, \cdots, d_{j-1}, d_{j+1}, \cdots, d_n),$$

$$|S_i S_j| = I'(d_1, \cdots, d_{i-1}, d_{i+1}, \cdots, d_{j-1}, d_{j+1}, \cdots, d_n),$$

……

$$|S_{i_1} S_{i_2} \cdots S_{i_{n-1}}| = I'(d_{i_n}) = \frac{d_{i_n}}{d_{i_n}} = 1,$$

$$|S_1 S_2 \cdots S_n| = 1.$$

于是，由(8)式和第二章§9中定理1(逐步淘汰原则)，我们有

$$\begin{aligned} I(d_1, \cdots, d_n) &= \left| S \setminus \bigcup_{i=1}^{n} S_i \right| \\ &= |S| - \sum_{k=1}^{n} (-1)^k \sum_{1 \leqslant i_1 < i_2 < \cdots < i_k \leqslant n} |S_{i_1} S_{i_2} \cdots S_{i_k}| \\ &= \frac{d_1 \cdots d_n}{[d_1, \cdots, d_n]} - \sum_{k=1}^{n-1} (-1)^k \sum_{1 \leqslant i_1 < \cdots < i_k \leqslant n} |S_{i_1} \cdots \\ &\quad S_{i_k}| + (-1)^n \\ &= \sum_{k=1}^{n} (-1)^{n-k} \sum_{1 \leqslant i_1 < \cdots < i_k \leqslant n} \frac{d_{i_1} \cdots d_{i_k}}{[d_{i_1}, \cdots, d_{i_k}]} + (-1)^n. \end{aligned}$$

这便证明了(6). 证完

除了少数情形，如 $d_1 = \cdots = d_n$ 以及 $d_1 | d_2, d_2 | d_3, \cdots, d_{n-1} | d_n$，公式(6)可以化简外(留作习题)，一般情形，(6)难以化简.

由本章§6中的(5)式知，当 $M = 0$ 时，$N = p^{l-1}$. 因此，哪些 $d_1, \cdots, d_n$ 使得 $I(d_1, \cdots, d_n) = 0$？是令人感兴趣的问题. 但是无法通过(6)式决定使 $I(d_1, \cdots, d_n) = 0$ 的全部 $d_1, \cdots, d_n$. 1987年，孙琦和万大庆(见 Proc. AMS, 100(2), 1987)证明了下面的定理.

定理3 $I(d_1, \cdots, d_n) = 0$ 的充分必要条件是：

① 对于某个 d_i，$(d_i, d_1 \cdots d_n / d_i) = 1$；

或

② 如果 $d_{i_1},\cdots,d_{i_k}(1\leqslant i_1<\cdots<i_k\leqslant n)$ 是 $\{d_1,\cdots,d_n\}$ 中全部偶数组成的集，则 k 是奇数，$d_{i_1}/2,\cdots,d_{i_k}/2$ 两两互素且 $d_{i_j}(j=1,\cdots,k)$ 与 $\{d_1,\cdots,d_n\}$ 中任一个奇数互素.

由于定理 3 的证明较复杂，我们不在此给出.

1991 年，孙琦和万大庆发现了下面关于 $I(d_1,\cdots,d_n)$ 的压缩定理以及 $I(d_1,\cdots,d_n)$ 一个非平凡的上界.

定理 4　设 $u_i=(d_i,d_1\cdots d_n/d_i),i=1,2,\cdots,n$，则

$$I(d_1,\cdots,d_n)=I(u_1,\cdots,u_n) \tag{9}$$

以及对所有的 $j(1\leqslant j\leqslant n)$，

$$I(d_1,\cdots,d_n)\leqslant\prod_{i\neq j}(u_i-1). \tag{10}$$

证　考虑同余式

$$\frac{y_1}{u_1}+\cdots+\frac{y_n}{u_n}\equiv 0(\bmod 1). \tag{11}$$

我们将证明 $x_i=y_id_i/u_i\ (i=1,\cdots,n)$，给出同余式(1)的解 $(x_1,\cdots,x_n)$ 和同余式(11)的解 $(y_1,\cdots,y_n)$ 之间的一一对应关系. 首先，(11)的不同的解由关系式 $x_i=y_id_i/u_i(i=1,\cdots,n)$ 给出(1)的不同的解. 现在，我们来证明(1)的任一解 $(b_1,\cdots,b_n)$ 可以表成 $b_i=d_iy_i/u_i$，其中 y_i 是(11)的解，$i=1,\cdots,n$.

存在整数 z 满足

$$\frac{b_1}{d_1}+\cdots+\frac{b_n}{d_n}=z.$$

上式两端乘以 $d_1\cdots d_n/u_1$，得

$$\frac{b_1}{u_1}d_2\cdots d_n+\sum_{i=2}^{n}b_i\frac{d_1}{u_1}\frac{d_2\cdots d_n}{d_i}=z\frac{d_1}{u_1}d_2\cdots d_n. \tag{12}$$

因为 $\left(\frac{d_1}{u_1},\frac{d_2\cdots d_n}{u_1}\right)=1$，由(12)我们有 $b_1\equiv 0\left(\bmod \frac{d_1}{u_1}\right)$；类似地有 $b_i\equiv 0\left(\bmod \frac{d_i}{u_i}\right),i=2,\cdots,n$. 因此，存在整数 y_i 满足 $b_i=d_iy_i/u_i(i=$

$1,\cdots,n)$，且 $y_i(i=1,\cdots,n)$ 是(11)的解. 这便证明了等式(9)成立.

为了证明不等式(10)，只需证明：对每一组整数 $y_1,\cdots,y_{j-1},y_{j+1},\cdots,y_n(1\leqslant y_i\leqslant u_i-1,i\neq j)$，至多只有一个整数 $y_j(1\leqslant y_j\leqslant u_j-1)$，使得 $(y_1,\cdots,y_n)$ 是(11)的一组解. 不失一般，设 $j=1$，对于给定整数 $y_i(1\leqslant y_i\leqslant u_i-1,i=2,\cdots,n)$，如果有 $y_1(1\leqslant y_1\leqslant u_1-1)$ 和 $z_1(1\leqslant z_1\leqslant u_1-1)$ 分别满足

$$\frac{y_1}{u_1}+\frac{y_2}{u_2}+\cdots+\frac{y_n}{u_n}\equiv 0\pmod 1$$

和

$$\frac{z_1}{u_1}+\frac{y_2}{u_2}+\cdots+\frac{y_n}{u_n}\equiv 0\pmod 1,$$

则有

$$(y_1-z_1)/u_1\equiv 0\pmod 1,$$

上式推出 $y_1=z_1$，因此 $I(u_1,\cdots,u_n)\leqslant\prod\limits_{i\neq j}(u_i-1)$，再由(9)式便知(10)式成立. 　　　　证完

设 $F=F_q$ 是一个 q 元有限域，$q=p^f,f\geqslant 1,p$ 是一个奇素数，可类似地定义 F 上的特征、高斯和、以及雅可比和，于是，本章§3～§6的所有结果，都可推广到 F 上去.

设 F 上的对角方程

$$c_1x_1^{d_1}+c_2x_2^{d_2}+\cdots+c_nx_n^{d_n}=0,n\geqslant 2,c_j\in F^*,j=1,2,\cdots,n, \tag{13}$$

这里 $d_i>1$ 且 $d_i\mid q-1,i=1,\cdots,n$.

设 $N(d_1,\cdots,d_n;c_1,\cdots,c_n)$ 代表(13)在 F 上解的个数. 1996年，孙琦和袁平之(见 Finite Fields Appl. 1(1996))运用定理1和定理4的证明方法，给出了下面的压缩定理.

定理 5

$$N(d_1,\cdots,d_n;c_1,\cdots,c_n)=N(u_1,\cdots,u_n;c_1,\cdots,c_n), \tag{14}$$

这里 $u_j=(d_j,d_1\cdots d_n/d_j),j=1,\cdots,n$.

证明留给读者.

1995 年,Granville,李曙光和孙琦证明了

$$I(d_1,\cdots,d_n)=I(w_1,\cdots,w_n),$$

$$N(d_1,\cdots,d_n;c_1,\cdots,c_n)=N(w_1,\cdots,w_n;c_1,\cdots,c_n),$$

这里 $w_j=(d_j,\mathrm{lcm}[d_i:i\neq j])$.(见四川大学学报(自然科学版),3(1995))这样便有

$$I(d_1,\cdots,d_n)\leqslant\prod_{i\neq j}(w_i-1).$$

这是(9)、(10)、(14)的改进.

§8　谢瓦莱(Chevally)定理及其应用

1935 年,阿丁(Artin)曾经猜想下面的定理 1 成立,这一猜想当即在第二年被谢瓦莱证明.

定理 1　设 p 是一个素数,$f(x_1,\cdots,x_n)$ 是一个次数小于 n 的整系数多项式,且满足 $f(0,\cdots,0)\equiv0(\bmod p)$,则同余方程

$$f(x_1,\cdots,x_n)\equiv0(\bmod p)$$

有一个非零解 $(x_1,\cdots,x_n)$ 模 p.

定理 1 通常称谢瓦莱定理.

下面我们给出一个更强的定理及其证明.

定理 2　设 $F=F_q$ 是一个 q 元有限域,$q=p^l$,p 是一个素数,$f\in F[x_1,\cdots,x_n]$,f 的次数小于 n,$f(x_1,\cdots,x_n)=0$ 在 $F_q^{(n)}$ 上解的个数为 N,则

$$p\mid N. \tag{1}$$

为证定理 2,先证两个简单的引理.

引理 1　设 $k\geqslant0$,则

$$\sum_{c\in F}c^k=\begin{cases}0, & 如果\ k=0\ 或\ q-1\nmid k;\\ -1, & 如果\ k>0,且\ q-1\mid k.\end{cases} \tag{2}$$

证　对于 $k=0$，我们定义 $0^0=1$，结果显然成立．如果 $k>0$，选取 F 的原根 g，则有

$$\sum_{c \in F} c^k = \sum_{c \in F^*} c^k = \sum_{j=0}^{q-2} (g^j)^k = \sum_{j=0}^{q-2} (g^k)^j$$

$$= \begin{cases} \dfrac{(g^k)^{q-1}-1}{g^k-1} = 0, & \text{如果 } q-1 \nmid k, \\ -1, & \text{如果 } q-1 \mid k. \end{cases}$$

这便证明了(2)．　　证完

引理 2　设 $f \in F[x_1, \cdots, x_n]$ 且 f 的次数小于 $n(q-1)$，则

$$\sum_{c_1 \in F} \cdots \sum_{c_n \in F} f(c_1, \cdots, c_n) = 0. \tag{3}$$

证　由线性性，只需证明引理 2 对单项式 $x_1^{k_1} \cdots x_n^{k_n}$ $(k_1 + \cdots + k_n < n(q-1))$ 成立．由引理 2 的假设，存在某个 k_j 满足 $0 \leqslant k_j < q-1$，故由引理 1，

$$\sum_{c_1 \in F} \cdots \sum_{c_n \in F} c_1^{k_1} \cdots c_n^{k_n} = \Big(\sum_{c_1 \in F} c_1^{k_1}\Big) \cdots \Big(\sum_{c_n \in F} c_n^{k_n}\Big) = 0.$$

这便证明了(3)．　　证完

定理 2 的证明　考虑 F 上的 n 元多项式 $G = 1 - f^{q-1}$，它具有性质：当 $f(c_1, \cdots, c_n) = 0$ 时，$G(c_1, \cdots, c_n) = 1$，当 $f(c_1, \cdots, c_n) \neq 0$ 时，$G(c_1, \cdots, c_n) = 0$，所以

$$\sum_{c_1 \in F} \cdots \sum_{c_n \in F} G(c_1, \cdots, c_n) = N. \tag{4}$$

另一方面，由于 f 的次数小于 n，因此，G 的次数小于 $n(q-1)$．于是，由引理 2 知(4)中的和式又为 0，故 $p \mid N$，这便证明了(1)式成立．　　证完

定理 2 即可推出定理 1，因为 $N \geqslant 1$ 时，$p \mid N$，故 $N \geqslant 2$，即至少有一个非零解．

定理 3　设 $f_1, \cdots, f_m \in F[x_1, \cdots, x_n]$，且 f_1 的次数 $+ \cdots + f_m$ 的次数 $< n$，则方程组

$$f_j(x_1,\cdots,x_n)=0, j=1,\cdots,m$$

在 F 上解的个数 N 被 F 的特征 p 整除.

推论　设 p 是一个素数, $f_j(x_1,\cdots,x_n)$, $j=1,2,\cdots,m$ 是 m 个整系数多项式, f_1 的次数 $+\cdots+f_m$ 的次数小于 n, 且 $f_j(0,\cdots,0)\equiv 0(\bmod p)$, $j=1,\cdots,m$, 则同余式组

$$f_j(x_1,\cdots,x_n)\equiv 0(\bmod p), j=1,\cdots,m$$

有非零解 $(x_1,\cdots,x_n)$ 模 p.

定理 3 的证明留给读者.

1979 年,作者曾提出一个问题:任给 $2n-1$ 个 $(n>1)$ 整数,其中是否存在 n 个整数,使得其和被 n 整除? 80 年代初,单尊和高维东分别独立地解决了这一问题,回答是肯定的. 后来得知,这一问题包含在 Erdös 的一个著名猜想中. 下面,我们用谢瓦莱定理来证明 n 为素数的情形.

定理 4　设 p 是一个素数,任给 $2p-1$ 个整数 a_j, $j=1,2,\cdots,2p-1$, 则在 $\{1,2,\cdots,2p-1\}$ 中有一个子集 I, 且 $|I|=p$, 使得 $\sum_{i\in I}a_i\equiv 0(\bmod p)$.

证　考虑同余式组

$$f_1=\sum_{i=1}^{2p-1}x_i^{p-1}\equiv 0(\bmod p), f_2=\sum_{i=1}^{2p-1}a_ix_i^{p-1}\equiv 0(\bmod p), \quad (5)$$

由于 f_1 的次数 $=f_2$ 的次数 $=p-1$, 因此, f_1 的次数 $+f_2$ 的次数 $=2p-2<2p-1$. 于是,由定理 3 的推论知,同余式组(5)有一组非零解 $(b_1,\cdots,b_{2p-1})$ 模 p, 将其代入(5), 并设 $I\subseteq\{1,2,\cdots,2p-1\}$, 使得 $i\in I$ 当且仅当 $b_i\not\equiv 0(\bmod p)$, 则(5)给出

$$|I|=\sum_{i\in I}1\equiv 0(\bmod p), \quad \sum_{i\in I}a_i\equiv 0(\bmod p), \quad (6)$$

由于 I 非空,因此, $0<|I|\leqslant 2p-1$, (6)给出 $|I|=p$.　证完

谢瓦莱定理在图论中也很有用,现举一例. 1984 年,阿龙(Alon)等证明了下面的定理.

定理 5　每一个 4—正则加一边图包含一个 3—正则子图.

在证明定理 5 之前,先介绍一些图论的基本知识.

一个图 G,是由一个顶点集和一个边集组成,两者均有限. 每一条边有两个不同的顶点组成. 但是允许给定的一对顶点有多于一条边连结. 如果顶点 v 是边 e 的顶点中的一个,我们称 e 和 v 是关联的.

给定一个图 G,通过去掉一些边或一些顶点和与之关联的所有边,得到一个新的图 G',称 G'为 G 的子图.

如果 G 的每一个顶点恰与 k 个边关联,称 G 为 k—正则图. 如果 G 包含一个边 e,当去掉 e 后得到的子图 G'是 k—正则图,则 G 称 k—正则加一边图. 例:

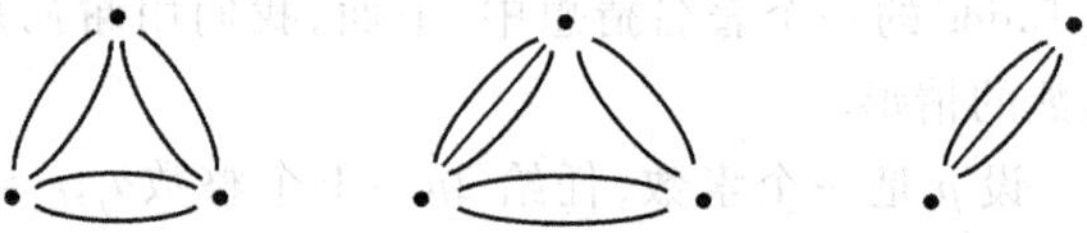

G_1　　G_2　　G_3

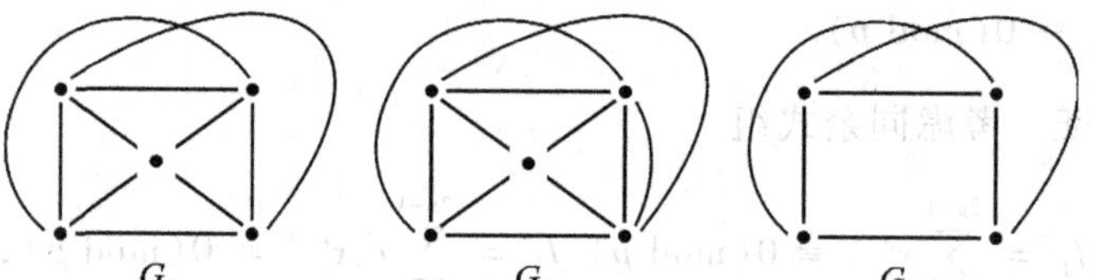

G_4　　G_5　　G_6

这里 G_1 和 G_4 是 4—正则图,G_2 和 G_5 是 4—正则加一边图,G_3 是 G_2 的一个 3—正则子图,G_1 没有 3—正则子图,G_6 分别是 G_4 和 G_5 的 3—正则子图.

显然,具有 n 个顶点的 k—正则子图有$\frac{kn}{2}$个边,因此,$2|k$ 或 $2|n$. 特别地,具有 n 个顶点的 4—正则加一边图,具有 $2n+1$ 条边.

定理 5 的证明:

给定一个4—正则加一边图 G,不失一般,可设 G 具有 n 个顶点 $v_i(i=1,\cdots,n)$ 和 $m=2n+1$ 条边 $e_j(j=1,2,\cdots,2n+1)$. 定义矩阵 $\boldsymbol{A}=(a_{ij})_{n\times m}$ 是 G 的关联阵,其中

$$a_{ij}=\begin{cases}1, & \text{如果顶点 } v_i \text{ 与边 } e_j \text{ 关联},\\ 0, & \text{如果顶点 } v_i \text{ 与边 } e_j \text{ 不关联},\end{cases}$$

在矩阵 $\boldsymbol{A}$ 中,每一列诸元之和为2,每一行诸元之和除开有两个为5外,其余均为4.

考虑同余式组

$$\boldsymbol{A}\begin{pmatrix}x_1^2\\ \vdots\\ x_m^2\end{pmatrix}\equiv\begin{pmatrix}0\\ \vdots\\ 0\end{pmatrix}_{n\times 1}\pmod 3,\tag{7}$$

即同余式组

$$f_j(x_1,\cdots,x_m)\equiv 0\pmod 3,\quad j=1,2,\cdots,n.\tag{8}$$

(8)中每一个多项式的次数为2,因此 f_1 的次数 $+\cdots+f_n$ 的次数 $=2n<m=2n+1$. 于是,由定理3的推论可知,(8)有非零解 $(b_1,\cdots,b_m)\bmod 3$. 设 $J\subseteq\{1,2,\cdots,m\}$,使得 $i\in J$ 当且仅当 $b_i\not\equiv 0\pmod 3$.

去掉 $\boldsymbol{A}$ 中所有 j 列,这时 $j\notin J$,得到矩阵 $\boldsymbol{B}$. 去掉矩阵 $\begin{pmatrix}b_1^2\\ \vdots\\ b_m^2\end{pmatrix}_{n\times 1}$ 中的所有0,得到矩阵 $\begin{pmatrix}1\\ \vdots\\ 1\end{pmatrix}_{|J|\times 1}$. 把 $b_1,\cdots,b_m$ 代入(7)可得

$$\boldsymbol{B}_{n\times|J|}\begin{pmatrix}1\\ \vdots\\ 1\end{pmatrix}_{|J|\times 1}\equiv\begin{pmatrix}0\\ \vdots\\ 0\end{pmatrix}_{n\times 1}\pmod 3.$$

由于 $\boldsymbol{B}$ 中每一行诸数的和 $\leqslant 5$,故 $\boldsymbol{B}$ 中每一行诸数之和为0或3. 因为 J 非空,所以 $\boldsymbol{B}$ 的列数大于0,又因由 $\boldsymbol{A}$ 到 $\boldsymbol{B}$,相当于图 G 中去掉部分边,所以剩下的图不可能全是孤立点. 因此,$\boldsymbol{B}$ 中存在行

中诸数之和为3的行. 在 $\boldsymbol{B}$ 中去掉所有其行中各数之和为0的行，得到矩阵 $\boldsymbol{C}$，设 G_1 以 $\boldsymbol{C}$ 为关联阵，G_1 是一个3—正则图，显然它是 G 的子图. 证完

和数论中许多经典结果一样，谢瓦莱定理是一个具有永恒价值的结果.

第八章习题

1. 分别求出 $\sqrt{2}+\sqrt{5}$ 和 $\sqrt{3}+\sqrt{7}$ 所适合的整系数不可约多项式.

2. 证明：若 α 为一代数数，则存在一正整数 n 使 $n\alpha$ 是一个代数整数.

3. 证明：系数为代数数的多项式的根还是代数数.

4. 证明：首项系数为1的，系数为代数整数的多项式的根还是代数整数.

5. 计算 $\sum\limits_{a=1}^{p-1} g_a$ 的值.

6. 设 $\eta = e^{\frac{2\pi i}{8}}$，利用 $\tau=\eta+\eta^{-1}$ 来计算 $\left(\frac{2}{p}\right)$.

7. 用两种方法计算 $\sum\limits_{t=0}^{p-1}\left(1+\left(\frac{t}{p}\right)\right)\eta^{t}$，由此证明

$$g_1 = \sum_{t=0}^{p-1}\eta^{t^2}.$$

8. 证明：

$$\left|\sum_{t=m}^{n}\left(\frac{t}{p}\right)\right| < \sqrt{p}\log p,$$

此处 $\left(\frac{t}{p}\right)$ 表示勒让德符号，$0<m<n$.

9. 设 $C_m(n) = \sum\limits_{(a,m)=1} e^{\frac{2\pi i a n}{m}}$，这里 a 过 m 的一组缩系. 证明：

① 若 $(m_1,m_2)=1$，则 $C_{m_1m_2}(n)=C_{m_1}(n)C_{m_2}(n)$.

② $C_{p^l}(n)=\begin{cases} p^l-p^{l-1}, & 若\ p^l \mid n; \\ -p^{l-1}, & 若\ p^l\nmid n,\ p^{l-1}\mid n; \\ 0, & 若\ p^{l-1}\nmid n. \end{cases}$

③ $C_m(1)=\mu(m)$，$\mu(m)$为默比乌斯函数.

10. 证明：

① 若$(m,m')=1$，则

$$s(n,mm')=s(nm',m)s(nm,m').$$

② 设

$$\delta=\begin{cases}1,\text{当 } p \text{ 为奇素数};\\2,\text{当 } p=2,\end{cases}$$

则当 $l\geqslant 2\delta$ 时，

$$s(n,p^l)=ps(n,p^{l-2}).$$

11. 证明：若 $2\nmid n$，则

① $s(n,2)=0$；

② $s(n,4)=2(1+i^n)$；

③ $s(n,8)=4e^{\frac{\pi i}{4}n}$.

12. 证明 F_p 上全体特征组成的集 T 对特征的乘法构成一个群.

13. 证明：设 $k\mid p-1$，$\chi=\chi^{\frac{p-1}{k}}$，则$\{\chi_0,\chi,\cdots,\chi^{k-1}\}$为 T 中全部阶整除 k 的特征，且是 T 的一个子群.

14. 证明：设 p 是一个奇素数，F_p 上方程 $x^2+y^2=1$ 解的个数

$$N(x^2+y^2=1)=\begin{cases}p-1,\text{若 } p\equiv 1(\bmod 4);\\p+1,\text{若 } p\equiv 3(\bmod 4).\end{cases}$$

15. 证明：设 p 是一个奇素数，$d=(m,p-1)$，则

$$N(x^m=a)=\sum_{\chi^d=\chi_0}\chi(a),$$

其中和号过全体阶整除 d 的特征.

16. 设 p 是一个奇素数，$d=(m,p-1)$，证明：

① $N(x^m=a)=N(x^d=a)$；

② 若 $d_i=(m_i,p-1)$，则 F_p 上的方程

$$\sum_i a_i x^{m_i}=b$$

和

$$\sum_i a_i x^{d_i}=b$$

有相同的解数.

17. 证明：若χ 是 F_p 上的一个非平凡特征，ρ 是一个二阶特征，则

$$\sum_{t=0}^{p-1}\chi(1-t^2)=J(\chi,\rho).$$

18. 设 $p\equiv 1(\bmod 4)$，χ 是 F_p 上的一个四阶特征，证明：$\chi^2=\rho$ 且 $J(\chi,\chi)=\chi(-1)J(\chi,\rho)$，这里 ρ 是一个二阶特征.

19. 设 p 是一个奇素数，$p\equiv 1(\bmod 6)$，χ,ρ 分别表 F_p 上三阶和二阶特征，再设 $y^2=x^3+D$ 在 F_p 上解的个数为 N，证明：

① $N=p+\pi+\bar{\pi}$，这里 $\pi=\chi\rho(D)J(\chi,\rho)$；

② 若 $\chi(2)=1$，$\chi\rho(D)=1$，则 $N=p+A$，其中 $4p=A^2+27B^2$，$A\equiv 1(\bmod 3)$.

20. 设 p 是一个奇素数，N 表 F_p 上解的个数，分别计算：

① $N(y^2=x^3+2)$，$p=31$；

② $N(x^3-y^3=1)$，$p=37$；

③ $N(9x^2+8y^2=a)$，$p=17$，$a\in F_{17}^*$.

21. 证明：若 $k\mid p-1$，χ 是 F_p 上一个 k 阶特征，则

$$\sum_{j=0}^{k-1}\chi^j(-1)=\begin{cases}k,当\left(\dfrac{-1}{p}\right)_k=1\text{ 时；}\\[2ex]0,当\left(\dfrac{-1}{p}\right)_k\neq 1\text{ 时.}\end{cases}$$

22. 证明：若 $k\mid p-1$，χ 是一个 F_p 上的 k 阶特征，则 $g(\chi)^k=f(\eta)$，这里 $\eta=\mathrm{e}^{\frac{2\pi\mathrm{i}}{k}}$，$f(x)$ 是一个 $k-1$ 次整系数多项式.

*23. 试用三阶特征证明 $p\equiv 1(\bmod 6)$ 时，$\left(\dfrac{2}{p}\right)_3=1$ 的充分必要条件是 $p=A^2+27B^2$.

24. 证明：若 p 是一个奇素数，$r\in F_p$，则方程 $x^2+y^2=r$ 在 F_p 上有解 (x,y).

25. 给出方程 $x_1^2+\cdots+x_r^2=0$ 在 F_p 上解的个数的一个计算公式.

26. 证明下列公式：

① 如果 $d_j=d$，$j=1,\cdots,n$，则

$$I(d,\cdots,d)=\frac{d-1}{d}[(d-1)^{n-1}-(-1)^{n-1}];$$

② 如果 $d_1\mid d_2$，$d_2\mid d_3$，$\cdots$，$d_{n-1}\mid d_n$，则

$$I(d_1,\cdots,d_n)=\prod_{i=1}^{n-1}(d_i-1)-\prod_{i=1}^{n-2}(d_i-1)+\cdots+(-1)^{n-1}$$

$$(d_2-1)(d_1-1)+(-1)^n(d_1-1).$$

27. 证明§7定理5.

28. 证明：设 $u_i=(d_i,\dfrac{d_1\cdots d_n}{d_i}), i=1,\cdots,n$，则

$$u_i=(u_i,\frac{u_1\cdots u_n}{u_i}), i=1,\cdots,n.$$

29. 证明§8定理3.

30. 证明：设整数向量 $a^i=(a_1^i,\cdots,a_k^i), i=1,2,\cdots,k(p-1)+1$，$p$ 是一个素数，则在 $\{1,2,\cdots,k(p-1)+1\}$ 中存在一个非空子集 I，使得

$$\sum_{i\in I}a^i\equiv 0(\bmod p).$$

第九章　三次和四次互反律

把二次互反律推广到代数数域 $Q(\theta)$ 中去，是数论中一个重要的研究课题. 本章将介绍两种最简单的情形，分别在二次域 $Q(i)$ 和 $Q(\sqrt{-3})$ 的代数整数上讨论互反律，即四次和三次互反律. 本章还将介绍有限域上的椭圆曲线及其基本性质.

§1　环 $\mathbf{Z}[\mathrm{i}]$ 和环 $\mathbf{Z}[\omega]$

我们首先给出 $Z[\mathrm{i}]$ 的定义.

定义　设 $\mathbf{Z}$ 表示全体整数组成的集，记

$$Z[\mathrm{i}] = \{a + b\mathrm{i} \mid a, b \in \mathbf{Z}\},$$

通常把数 $a + b\mathrm{i}$ 叫做**复整数**.

由于高斯最早研究复整数集 $Z[\mathrm{i}]$ 的性质，因此，复整数也叫**高斯整数**.

显然，设 $\xi, \eta \in Z[\mathrm{i}]$，则有 $\xi + \eta, \xi \cdot \eta \in Z[\mathrm{i}]$，也就是说 $Z[\mathrm{i}]$ 对于通常复数加法和乘法构成一个环. 在第十一章中将证明 $Z[\mathrm{i}]$ 就是 $Q(i)$ 中全体代数整数组成的集.

定义　设 $\xi \neq 0, \eta \in Z[\mathrm{i}]$，如果存在 $\kappa \in Z[\mathrm{i}]$，使得

$$\eta = \kappa\xi,$$

则称 ξ **整除** η，记为 $\xi \mid \eta$. 否则称 ξ **不整除** η，记为 $\xi \nmid \eta$.

显然，当 ξ, η 皆为有理整数时，上述定义与通常有理整数整除的定义相同.

对于复整数，易知有下面的简单整除性质：①设 $\xi \mid \eta, \eta \mid \rho$，则 $\xi \mid \rho$；②设 $\xi \mid \eta, \xi \mid \rho$，则对任意的复整数 α 和 β，都有 $\xi \mid \alpha\eta + \beta\rho$.

定义　$N(\xi) = \xi\bar{\xi} = |\xi|^2$，这里 $\bar{\xi}$ 表示 ξ 的共轭复数.

易知 $N(\xi)$ 有下面的简单性质：① $N(\xi)=0$ 当且仅当 $\xi=0$；$N(\xi)=1$，当且仅当 $\xi=\pm1,\pm\mathrm{i}$. ② $N(\xi\eta)=N(\xi)N(\eta)$. ③设 ξ 非零，则 $N(\xi)$ 是有理整数且 $\xi|N(\xi)$. ④ $N(\xi)=1$ 当且仅当 ξ 是单位数. 因此 $Z[\mathrm{i}]$ 中恰有四个单位数 $\pm1,\pm\mathrm{i}$.

定义 如果整数 η,ξ 满足 $\eta=\xi\varepsilon$，ε 是单位数，则称 η,ξ 为**相伴数或相结合数**.

定义 设 $N(\xi)>1$，任何分解式 $\xi=\eta\rho$，都得出或 $N(\eta)=1$ 或 $N(\rho)=1$，则称 ξ 为**不可分数**，常记为 π.

易知有下面简单性质：① α 和 π 相伴，则 α 不可分；②设 $N(\xi)=p$，p 是素数，则 ξ 不可分；③ $N(\xi)>1$，则 $\xi=\pi_1\cdots\pi_r$，其中 $\pi_j(j=1,\cdots,r)$ 均为不可分数.

下面，我们给出复整数的惟一分解定理.

定理 1 设 $\xi=\pi_1\cdots\pi_r=\pi'_1\cdots\pi'_s(r\geqslant1,s\geqslant1)$ 则有 $r=s$，且诸不可分数 π 以适当的次序是诸不可分数 π' 的相伴.

证明定理 1 之前，我们首先证明两个引理.

引理 1 任给复整数 $\eta\neq0,\xi$，存在复整数 κ 和 λ，使得

$$\xi=\kappa\eta+\lambda,\quad N(\lambda)<N(\eta).$$

证 设 $\dfrac{\xi}{\eta}=A+B\mathrm{i}$，$A,B$ 是实数，故有两个有理数整数 x,y 存在，使得

$$|A-x|\leqslant\frac{1}{2},\qquad |B-y|\leqslant\frac{1}{2},$$

取 $\kappa=x+y\mathrm{i}$，$\xi-\kappa\eta=\lambda$，则

$$\lambda=\eta\left(\frac{\xi}{\eta}-\kappa\right)=\eta((A-x)+(B-y)\mathrm{i}),$$

$$|\lambda|=|\eta|\sqrt{(A-x)^2+(B-y)^2}\leqslant|\eta|\sqrt{\frac{1}{4}+\frac{1}{4}}<|\eta|,$$

故 $N(\lambda)=|\lambda|^2<|\eta|^2=N(\eta)$. 证完

引理 2 设 $\pi|\xi\eta$，则 $\pi|\xi$，或 $\pi|\eta$.

证 设 $\pi \nmid \xi$，我们将证明 $\pi \mid \eta$. 在所有的数

$$\alpha\xi+\beta\pi\neq 0(\alpha,\beta \text{ 为复整数})$$

中存在一个模最小的数 r. 由引理 1 知有 β' 存在，使得

$$N(\xi+\beta'\pi)<N(\pi).$$

因为 $\pi \nmid \xi$，故 $\xi+\beta'\pi\neq 0$，于是 $N(r)<N(\pi)$. 现在我们来证明 $N(r)=1$. 如果 $N(r)>1$，由引理 1，有适当的 κ,λ 存在，使得

$$\pi=\kappa r+\lambda,\qquad N(\lambda)<N(r),$$

且 $N(\lambda)>0$，否则将有 $r\mid\pi$，由 $N(r)>1$，得出 $r=\varepsilon\pi$，与 $N(r)<N(\pi)$ 矛盾. 而 $\lambda=\pi-\kappa r=\pi-\kappa(\alpha\xi+\beta\pi)=\alpha_1\xi+\beta_1\pi$，这与 $N(r)$ 最小矛盾. 这就证明了有 α,β 存在，使得

$$\alpha\xi+\beta\pi=\varepsilon.$$

即得

$$\eta(\alpha\xi+\beta\pi)=\varepsilon\eta \quad 即 \quad \alpha\xi\eta+\beta\pi\eta=\varepsilon\eta,$$

由 $\pi\mid\xi\eta$，上式推出 $\pi\mid\eta$. 证完

定理 1 的证明：

对于 $N(\xi)=2$，定理显然成立，因 ξ 不可分，故 $r=s=1,\pi_1=\pi'$. 如 $N(\xi)>2$，设定理对所有 $\eta(1<N(\eta)<N(\xi))$ 成立. 如 ξ 不可分，定理显然成立. 否则 $r>1,s>1$，由引理 2，$\pi_r\mid\pi'_1\cdots\pi'_s$，故 π_r 和某个 π' 相伴. 不失一般，设 $\pi'_s=\pi_r\varepsilon$，故

$$\eta=\frac{\xi}{\pi_r}=\pi_1\cdots\pi_{r-1}=\varepsilon\pi'_1\cdots\pi'_{s-1},$$

因为 $\varepsilon\pi'_1$ 不可分，$1<N(\eta)<N(\xi)$，故由归纳法假设 $r-1=s-1$，且 $\pi_1,\cdots,\pi_{r-1}$ 以适当的顺序是 $\pi'_1,\cdots,\pi'_{s-1}$ 的相伴数. 证完

定理 2 $Z[\mathrm{i}]$ 中的不可分数是：

① $1+\mathrm{i}$ 和它的相伴数；

② 素数 $p\equiv 3(\mathrm{mod}\ 4)$ 和它的相伴数；

③ 当素数 $p\equiv 1(\mathrm{mod}\ 4)$ 时，满足 $p=x^2+y^2$ 的八个不可分数 $x+y\mathrm{i}$.

证 设 π 是一个不可分数，

$$N(\pi)=p_1\cdots p_l,\quad p_j(j=1,\cdots,l)\text{是素数.}$$

由 $\pi\mid N(\pi)$，故有素数 p，使 $\pi\mid p$，而且这样的 p 是惟一的. 否则，可设 $\pi\mid p_1,\pi\mid p_2,p_1\neq p_2$，则有整数 c,d 存在，使得 $cp_1+dp_2=1$，得出矛盾结果 $\pi\mid 1$. 设 $p=2$，从式子 $\pi\mid 2=(1+i)(1-i)$，易证 $1\pm i$ 均不可分，故 π 和 $1+i$ 或 $1-i$ 相伴，而 $1-i=(-i)(1+i)$，这就证明了①. 设 $p\equiv 3 \pmod 4$，由于 $\pi\mid p$，故 $N(\pi)\mid p^2$，故 $N(\pi)=p$ 或 p^2，因为 $p\equiv 3\pmod 4$，故只能有 $N(\pi)=p^2$. 设 $p=\pi\alpha$，由 $p^2=N(p)=N(\pi)N(\alpha)$，故 $N(\alpha)=1$，π 和 p 相伴，这就证明了②. 现设 $p\equiv 1\pmod 4$，因为 $p=x^2+y^2$ 恰有八组解 (x,y)，且易证 p 可分解为两个共轭的不可分数的乘积 $p=(x+yi)(x-yi)$，而 $\pi\mid p$，这就证明了③. 证完

现在来定义 $Z[\omega]$.

定义 设 $\omega=\dfrac{-1+\sqrt{3}i}{2}$，$\omega^2+\omega+1=0$，

$$Z[\omega]=\{a+b\omega\mid a,b\in\mathbf{Z}\}.$$

由于 Eisenstein 最早研究整数 $a+b\omega$ 的性质，因此，这样的整数，也叫 Eisenstein **整数**. $Z[\omega]$ 对于通常的复数加法和乘积构成一个环.

由于 $\omega^2=-1-\omega=-1-\left(\dfrac{-1+\sqrt{3}i}{2}\right)=\dfrac{-1-\sqrt{3}i}{2}$，故 $\omega^2=\bar{\omega}$. 我们可以完全类似 $Z[\mathrm{i}]$ 那样，定义 $Z[\omega]$ 中整数的可除性、$N(a+b\omega)=(a+b\omega)(a+b\bar{\omega})=a^2-ab+b^2$、相伴数以及不可分数. 所有有关的性质都是类似的. 特别地，$Z[\omega]$ 中恰有六个单位数 ±1、$\pm\omega$、$\pm\omega^2$. 可以类似地证明：环 $Z[\omega]$ 中的惟一分解定理依然成立. 在第十一章中，我们将证明 $Z[\omega]$ 就是 $Q(\sqrt{-3})$ 中全体代数整数组成的集. 下面，我们给出 $Z[\omega]$ 中的全体不可分数.

定理 3 $Z[\omega]$ 中的不可分数是：

① $1-\omega$ 和它的相伴数；

② 素数 $p\equiv 2\pmod 3$ 和它的相伴数；

③ 当素数 $p\equiv1 \pmod 3$ 时，满足 $p=x^2-xy+y^2$ 的十二个不可分数 $x+y\omega$.

证 设 π 是一个不可分数. 和定理 2 的证明一样，存在惟一的素数 p，使得 $\pi\mid p$. 如果 $p=3$，$\pi\mid3=(1-\omega)(1-\omega^2)$，而 $1-\omega$ 和 $1-\omega^2$ 均为不可分数，且 $1-\omega^2=-\omega^2(1-\omega)$，这就证明了①. 设 $p\equiv2 \pmod 3$，$\pi\mid p$ 推出 $N(\pi)=p$ 或 p^2，但 $p\equiv2 \pmod 3$ 时，p 不能表成 $p=x^2-xy+y^2$，这是因为，$p\equiv2 \pmod 3$ 是奇素数时，$\left(\frac{-3}{p}\right)=-1$. 故 $N(\pi)=p^2$. 再由 $p=\pi\alpha$ 得到 $N(\alpha)=1$，这就证明了②. 现在设 $p\equiv1 \pmod 3$，因为 $\left(\frac{-3}{p}\right)=\left(\frac{p}{3}\right)=1$，故有 z 存在使得 $p\mid z^2+3$；由 $\pi\mid p$ 推出

$$\pi\mid(z+i\sqrt{3})(z-i\sqrt{3}).$$

如果 π 和 p 相伴，则有

$$p\mid z\pm i\sqrt{3}=z\pm(1+2\omega),$$

此不可能. 故 p 是可分的，从而

$$p=\pi\alpha,N(\pi)>1,N(\alpha)>1,N(\pi)=N(\alpha)=p.$$

设 $\pi=u+v\omega$，则

$$u^2-uv+v^2=p=(u+v\omega)\alpha,$$

故 $\alpha=u-v\omega$. 这就证明了 p 分解为互为共轭的两个不可分因子的积 $\pi\bar{\pi}$. 由惟一分解定理，所有 p 的不可分因子是和 π 相伴的六个数以及和 $\bar{\pi}$ 相伴的六个数. 不难证明这十二个数是互不相同的. 由于 $\pi\mid p$，这就证明了③. 证完

§2 模 π 的剩余类环

为了在环 $Z[\omega]$ 和环 $Z[i]$ 上分别引进三次和四次特征，我们需要研究这些代数整数模 π（不可分数）的剩余类环.

如同整数的剩余类环一样，我们可以构造代数整数的剩余类

环. 设 D 代表 $Z[\omega]$ 或 $Z[\mathrm{i}]$. 设 $r\in D, r\neq 0, r$ 不是单位数, 如果 α, $\beta\in D, \alpha-\beta\equiv 0(\bmod r)$, 则 α,β 属于同一个类, 否则属于不同的类. 这样就可以把 D 中的全体整数分成若干个剩余类的集 C_0, $C_1,\cdots,C_{l-1}$. 由 §1 的引理 1($D=Z[\omega]$ 的情形是类似的) 知 l 是有限的. 我们可以类似地定义一个完全剩余系, 即任意整数 $\alpha_j\in C_j(j=0,1,\cdots,l-1)$, $\alpha_0,\alpha_1,\cdots,\alpha_{l-1}$ 叫做模 r 的一个**完全剩余系**. 同样可以定义类之间的加法 $\oplus$ 和乘法 $\odot$: 设 $\alpha\in C_i,\beta\in C_j,\alpha+\beta\equiv t(\bmod r)$, $\alpha\beta\equiv u(\bmod r)$, $t\in C_k, u\in C_e$, 则定义 $C_i\oplus C_j=C_k$, $C_i\odot C_j=C_e$. 于是有下面的定义.

定义 对于乘法 $\odot$ 和加法 $\oplus$, 模 r 的剩余类集 $C_0,\cdots,C_{l-1}$ 构成一个环, 叫**模 r 的剩余类环**, 记为 $D/(r)$.

下面我们给出

定理 设 $D=Z[\omega]$ 或 $Z[\mathrm{i}]$, $\pi\in D$ 是一个不可分数, 则 $D/(\pi)$ 是一个具有 $N(\pi)$ 个元的有限域.

证 我们首先证明 $D/(\pi)$ 是一个域. 设 $1\in C_h$, 则 C_h 是单位元. 再设 $\alpha\not\equiv 0(\bmod \pi)$, 由 §1 引理 2 的证明知, 存在整数 β, u 使得 $\alpha\beta+u\pi=1$, 故 $\beta\alpha\equiv 1(\bmod \pi)$, 即 α 所在的剩余类有逆元存在, 故 $D/(\pi)$ 是一个域.

设 $D=Z[\omega]$, 如果 $\pi=q, q\equiv 2(\bmod 3)$, 我们来证明集合 $\{a+b\omega\mid 0\leqslant a<q, 0\leqslant b<q\}$ 是 $D/(\pi)$ 的一个完全剩余系. 设 $\mu=m+n\omega\in D$, 则由带余除法, $m=qs+a$ 和 $n=qt+b$, 其中 $0\leqslant a, b<q$, 显然 $\mu\equiv a+b\omega(\bmod q)$. 如果 $a+b\omega\equiv a'+b'\omega(\bmod q)$, $0\leqslant a,a',b,b'<q$, 则 $q\mid a-a', q\mid b-b'$, 推出 $a=a', b=b'$, 这就证明了 $\{a+b\omega\mid 0\leqslant a<q, 0\leqslant b<q\}$ 是 $D/(\pi)$ 的一个完全剩余系. 即 $D/(\pi)$ 有 $N(\pi)=N(q)=q^2$ 个元.

现在设 $p\equiv 1(\bmod 3)$, $\pi=a+b\omega$, $\pi\bar{\pi}=N(\pi)=p$, 我们来证明 $\{0,1,\cdots,p-1\}$ 是 $D/(\pi)$ 的一个完全剩余系. 设 $\mu=m+n\omega\in D$, 因为 $p=a^2-ab+b^2$, 故 $p\nmid b$, 因此有整数 c 满足 $cb\equiv n(\bmod p)$. 于是 $\mu-c\pi=m-ca+(n-cb)\omega\equiv m-ca(\bmod p)$, 故 $\mu\equiv m-$

$ca(\bmod \pi)$. 这就说明 D 的每一个整数与一个有理整数模 π 同余. 如果 $l \in \mathbf{Z}$, 则有 $r, s \in \mathbf{Z}$ 使得 $l = rp + s, 0 \leqslant s < p$. 因此, 有 $l \equiv s(\bmod p)$, 推出 $l \equiv s(\bmod \pi)$, 这就说明了 D 中的每一个元与 $\{0, 1, \cdots, p-1\}$ 中的一个数模 π 同余. 如果 $r \equiv r'(\bmod \pi), r, r' \in \mathbf{Z}, 0 \leqslant r, r' < p$, 则 $r - r' = \pi\alpha, \alpha \in D$, 故 $(r-r')^2 = N(\pi)N(\alpha) = pN(\alpha)$, 于是推出 $p \mid r - r', r = r'$. 这就证明了 $D/(\pi)$ 的元的个数为 $N(\pi) = p$.

最后, 我们来证明 $\pi = 1 - \omega$ 的情形. 设 $a + b\omega \in D$, 则有 $a + b\omega = a + b\omega - b + b \equiv a + b(\bmod \pi)$, 而 $a + b \equiv r(\bmod \pi), 0 \leqslant r < 3$. 这说明 $a + b\omega$ 与 $\{0, 1, 2\}$ 中的一个数模 π 同余, 且集 $\{0, 1, 2\}$ 中任两个数模 π 不同余, 这就证明了 $D/(\pi)$ 的元的个数为 $N(\pi) = 3$.

对于 $D = Z[\mathrm{i}]$ 的情形, 可类似证明(留作习题).　　证完

§3　三次剩余特征

设 $D = Z[\omega]$, π 是 D 中的一个不可分数, $F = D/(\pi)$, 则乘群 F^* 的元的个数为 $N(\pi) - 1$. 因此有以下的定理.

定理 1　若 $\pi \nmid \alpha$, 则 $\alpha^{N(\pi)-1} \equiv 1(\bmod \pi)$.

如果 $N(\pi) \neq 3$, 易知, $1, \omega, \omega^2$ 对模 π 两两不同余(留作习题). 于是 $1, \omega, \omega^2$ 的所在的三个类构成了 F^* 的一个子群, 故

$$3 \mid N(\pi) - 1.$$

定理 2　设 $D = Z[\omega]$, $\pi \in D$, π 是一个不可分数, $N(\pi) \neq 3$, $\pi \nmid \alpha$, 则存在惟一的 m, $m = 0, 1$ 或 2, 使

$$\alpha^{\frac{N(\pi)-1}{3}} \equiv \omega^m (\bmod \pi).$$

证　由定理 1 知 $\alpha^{N(\pi)-1} \equiv 1(\bmod \pi)$, 而

$$\alpha^{N(\pi)-1} - 1 = (\alpha^{\frac{N(\pi)-1}{3}} - 1)(\alpha^{\frac{N(\pi)-1}{3}} - \omega)(\alpha^{\frac{N(\pi)-1}{3}} - \omega^2),$$

故 π 整除上式右端的一个因子，由 $1,\omega,\omega^2$ 对模 π 两两不同余，可知 π 恰好整除一个因子. 证完

现在可以引入三次剩余特征的定义了.

定义 设 $N(\pi)\neq 3$，α 模 π 的三次剩余特征 $\left(\frac{\alpha}{\pi}\right)_3$ 是

① $\left(\frac{\alpha}{\pi}\right)_3=0$，若 $\pi\mid\alpha$.

② $$\left(\frac{\alpha}{\pi}\right)_3=\begin{cases}1, & \text{若 } \alpha^{\frac{N(\pi)-1}{3}}\equiv 1(\mathrm{mod}\ \pi);\\ \omega, & \text{若 } \alpha^{\frac{N(\pi)-1}{3}}\equiv \omega(\mathrm{mod}\ \pi);\\ \omega^2, & \text{若 } \alpha^{\frac{N(\pi)-1}{3}}\equiv \omega^2(\mathrm{mod}\ \pi).\end{cases}$$

正如勒让德符号在二次剩余理论中起重要作用那样，符号 $\left(\frac{\alpha}{\pi}\right)_3$ 在三次剩余理论中起重要作用.

下面定理 3 给出了三次剩余特征 $\left(\frac{\alpha}{\pi}\right)_3$ 的基本性质.

定理 3

① 设 $\pi\nmid\alpha$，$\left(\frac{\alpha}{\pi}\right)_3=1$ 当且仅当 $x^3\equiv\alpha(\mathrm{mod}\ \pi)$ 在 D 中可解；

② $\alpha^{\frac{N(\pi)-1}{3}}\equiv\left(\frac{\alpha}{\pi}\right)_3(\mathrm{mod}\ \pi)$；

③ $\left(\frac{\alpha\beta}{\pi}\right)_3=\left(\frac{\alpha}{\pi}\right)_3\left(\frac{\beta}{\pi}\right)_3$；

④ 若 $\alpha\equiv\beta(\mathrm{mod}\ \pi)$，则 $\left(\frac{\alpha}{\pi}\right)_3=\left(\frac{\beta}{\pi}\right)_3$；

⑤ $\overline{\left(\frac{\alpha}{\pi}\right)_3}=\left(\frac{\alpha}{\pi}\right)_3^2=\left(\frac{\alpha^2}{\pi}\right)_3$；

⑥ $\overline{\left(\frac{\alpha}{\pi}\right)_3}=\left(\frac{\bar{\alpha}}{\bar{\pi}}\right)_3$.

证 因为 $x^3\equiv\alpha(\mathrm{mod}\ \pi)$ 可解时，设 β 是一个解，且 $\pi\nmid\beta$，故

由 $\beta^3\equiv\alpha(\mathrm{mod}\ \pi)$，推出 $1\equiv\beta^{N(\pi)-1}\equiv\alpha^{\frac{N(\pi)-1}{3}}(\mathrm{mod}\ \pi)$，故 $\left(\frac{\alpha}{\pi}\right)_3=1$. 反之 $\left(\frac{\alpha}{\pi}\right)_3=1$，故 $\alpha^{\frac{N(\pi)-1}{3}}\equiv1(\mathrm{mod}\ \pi)$，设 C 是 F^* 的生成元，$g\in C$，$\alpha\equiv g^{a}(\mathrm{mod}\ \pi)$，即得 $1\equiv g^{a\cdot\frac{N(\pi)-1}{3}}(\mathrm{mod}\ \pi)$，故 $N(\pi)-1\mid a\cdot\frac{N(\pi)-1}{3}$，因此推出 $3\mid a$，即知 $x^3\equiv\alpha(\mathrm{mod}\ \pi)$ 有解，这就证明了①. 由定义，②是显然的. 由②，我们有 $\left(\frac{\alpha\beta}{\pi}\right)_3\equiv(\alpha\beta)^{\frac{N(\pi)-1}{3}}\equiv\alpha^{\frac{N(\pi)-1}{3}}\cdot\beta^{\frac{N(\pi)-1}{3}}\equiv\left(\frac{\alpha}{\pi}\right)_3\left(\frac{\beta}{\pi}\right)_3(\mathrm{mod}\ \pi)$，故 $\left(\frac{\alpha\beta}{\pi}\right)_3=\left(\frac{\alpha}{\pi}\right)_3\left(\frac{\beta}{\pi}\right)_3$，这就证明了③. 如果 $\alpha\equiv\beta(\mathrm{mod}\ \pi)$，则 $\left(\frac{\alpha}{\pi}\right)_3\equiv\alpha^{\frac{N(\pi)-1}{3}}\equiv\beta^{\frac{N(\pi)-1}{3}}\equiv\left(\frac{\beta}{\pi}\right)_3(\mathrm{mod}\ \pi)$，故得 $\left(\frac{\alpha}{\pi}\right)_3=\left(\frac{\beta}{\pi}\right)_3$，这就证明了④. 由定义立得 $\overline{\left(\frac{\alpha}{\pi}\right)_3}=\left(\frac{\alpha}{\pi}\right)_3^2=\left(\frac{\alpha^2}{\pi}\right)_3$，即⑤得证. 由 $\left(\frac{\alpha}{\pi}\right)_3\equiv\alpha^{\frac{N(\pi)-1}{3}}(\mathrm{mod}\ \pi)$，故 $\overline{\left(\frac{\alpha}{\pi}\right)_3}\equiv\bar{\alpha}^{\frac{N(\pi)-1}{3}}(\mathrm{mod}\ \bar{\pi})$. 因为 $N(\bar{\pi})=N(\pi)$，故 $\bar{\alpha}^{\frac{N(\pi)-1}{3}}=\bar{\alpha}^{\frac{N(\bar{\pi})-1}{3}}$，故 $\overline{\left(\frac{\alpha}{\pi}\right)_3}\equiv\bar{\alpha}^{\frac{N(\bar{\pi})-1}{3}}\equiv\left(\frac{\bar{\alpha}}{\bar{\pi}}\right)_3(\mathrm{mod}\ \bar{\pi})$，即得 $\overline{\left(\frac{\alpha}{\pi}\right)_3}=\left(\frac{\bar{\alpha}}{\bar{\pi}}\right)_3$.

证完

推论 1　设 $p\equiv2(\mathrm{mod}\ 3)$，则 $\overline{\left(\frac{\alpha}{p}\right)_3}=\left(\frac{\alpha^2}{p}\right)_3$.

推论 2　设 $p\equiv2(\mathrm{mod}\ 3)$，$(n,p)=1$，则 $\left(\frac{n}{p}\right)_3=1$.

证　因为 $\bar{n}=n$，我们有 $\left(\frac{n}{p}\right)_3=\overline{\left(\frac{n}{p}\right)_3}=\left(\frac{n}{p}\right)_3^2$，故 $\left(\frac{n}{p}\right)_3=1$.

证完

定义　设 $\pi\nmid\alpha$，$x^3\equiv\alpha(\mathrm{mod}\ \pi)$ 在 D 中有解，则称 α 是模 π 的**三次剩余**.

推论 2 指出，当 $p\equiv 2(\bmod 3)$，对 $p\nmid n$，存在 $a+b\omega$，使得 $(a+b\omega)^3\equiv n(\bmod p)$，故 $(a+b\omega^2)^3\equiv(a+b\omega)^3(\bmod p)$，即得 $3a^2b(\omega-\omega^2)+3ab^2(\omega^2-\omega)\equiv 0(\bmod p)$，即 $(2\omega+1)3ab(a-b)\equiv 0(\bmod p)$，即 $p\mid ab(a-b)$. 如果 $p\mid ab$，即 $a^3\equiv n(\bmod p)$ 或者 $b^3\equiv n(\bmod p)$；如果 $p\mid a-b$，则 $a^3(1+\omega)^3\equiv -a^3\equiv n(\bmod p)$，即得 $(-a)^3\equiv n(\bmod p)$. 总之，推论 2 给出，有有理整数 u 满足 $u^3\equiv n(\bmod p)$.

由推论 2，还可得到一个显然的结果：如果 $p_1\equiv p_2\equiv 2(\bmod 3)$，$p_1\neq p_2$，则 $\left(\dfrac{p_1}{p_2}\right)_3=\left(\dfrac{p_2}{p_1}\right)_3$，这就是三次互反律的特殊情形.

为了计算三次剩余，在相伴的不可分数中，决定惟一不可分数，引入本原数较为方便.

定义 设 π 是 D 中的一个不可分数，如果 $\pi\equiv 2(\bmod 3)$，则称 π 是**本原的**.

如果 $\pi=p\equiv 2(\bmod 3)$，p 就是本原的. 如果 π 是一个复的不可分数，显然 $\pi\equiv 2(\bmod 3)$ 等价于 $a\equiv 2(\bmod 3)$，$b\equiv 0(\bmod 3)$.

定理 4 设 $N(\pi)=p\equiv 1(\bmod 3)$，则在 π 的诸相伴数中恰有一个是本原的.

证 设 $\pi=a+b\omega$，则和 π 相伴的六个数是 π，$\omega\pi=-b+(a-b)\omega$，$\omega^2\pi=(b-a)-a\omega$，$-\pi=-a-b\omega$，$-\omega\pi=b+(b-a)\omega$，$-\omega^2\pi=(a-b)+a\omega$. 因为 $p=a^2-ab+a^2$，a 和 b 不能同时被 3 整除. 如果 $3\mid a$，则 $3\nmid a-b$，则 $\omega^2\pi$ 和 $-\omega^2\pi$ 中有一个本原数. 如果 $3\nmid a$，则 a 和 $-a$ 中有一个模 3 同余于 2，如果 $a\equiv 2(\bmod 3)$，由 $p=a^2-ab+b^2$ 得 $1\equiv 1-2b+b^2(\bmod 3)$，$b(b-2)\equiv 0(\bmod 3)$，如果 $b\equiv 0(\bmod 3)$，则 π 是本原的；如果 $b\equiv 2(\bmod 3)$，则 $-\omega\pi$ 是本原的. 如果 $-a\equiv 2(\bmod 3)$，由 $p=a^2-ab+b^2$，得 $b(b+2)\equiv 0(\bmod 3)$，则 $-\pi$ 和 $\omega\pi$ 之中有一个是本原的.

现在来证惟一性. 不妨设 $\pi=a+b\omega$ 是本原的. 显然，另外五个与 π 相伴的数不是本原的. 证完

§4 三次互反律

设 $D=Z[\omega]$, $\lambda=1-\omega$, $\alpha\in Z[\omega]$,则 α 可分解为

$$\alpha=(-1)^a\omega^b\lambda^c\pi_1^{a_1}\pi_2^{a_2}\cdots\pi_l^{a_l},$$

这里 $a,b,c,a_j(j=1,\cdots,l)$ 为非负整数,π_j 是本原的不可分数($j=1,\cdots,l$). 因此当 $\pi\nmid\alpha$,计算 $\left(\frac{\alpha}{\pi}\right)_3$ 的值归纳为计算

$$\left(\frac{-1}{\pi}\right)_3,\left(\frac{\omega}{\pi}\right)_3,\left(\frac{\lambda}{\pi}\right)_3,\left(\frac{\pi_j}{\pi}\right)_3$$

诸值.

因为 $-1=(-1)^3$,所以对于所有的不可分数 π,均有 $\left(\frac{-1}{\pi}\right)_3=1$.

由于 $\left(\frac{\omega}{\pi}\right)_3\equiv\omega^{\frac{N(\pi)-1}{3}}\ (\bmod\ \pi)$,故 $\left(\frac{\omega}{\pi}\right)_3=\omega^{\frac{N(\pi)-1}{3}}$. 当 $N(\pi)=p$ 时,

$$\left(\frac{\omega}{\pi}\right)_3=\begin{cases}1, & \text{如 } p\equiv1(\bmod 9);\\ \omega, & \text{如果 } p\equiv4(\bmod 9);\\ \omega^2, & \text{如 } p\equiv7(\bmod 9).\end{cases}$$

当 $\pi=q\equiv2(\bmod 3)$ 时,

$$\left(\frac{\omega}{q}\right)_3=\begin{cases}1, & \text{如 } q\equiv8(\bmod 9);\\ \omega, & \text{如 } q\equiv2(\bmod 9);\\ \omega^2, & \text{如 } q\equiv5(\bmod 9).\end{cases}$$

$\left(\frac{\lambda}{\pi}\right)_3$ 的计算较为复杂,我们留待下节处理.

为了计算 $\left(\frac{\pi_j}{\pi}\right)_3$,我们有下面的三次互反律.

定理 1 设 π_1 和 π_2 是本原的不可分数,$N(\pi_1)\neq3$, $N(\pi_2)$

$\neq 3$，且 $N(\pi_1)\neq N(\pi_2)$. 则

$$\left(\frac{\pi_2}{\pi_1}\right)_3=\left(\frac{\pi_1}{\pi_2}\right)_3.$$

在证明定理之前，先证明一个引理.

设 π 是一个复的不可分数，使得 $N(\pi)=p\equiv 1(\bmod 3)$，此时 $D/(\pi)$ 是元素个数为 p 的有限域，前面已经证明 $\{0,1,\cdots,p-1\}$ 是它的一个完全剩余系，因此，在同构意义下，域 $D/(\pi)$ 和 $Z/(p)$ 可以看成是同一个域. 因为 $\left(\frac{\alpha\beta}{\pi}\right)_3=\left(\frac{\alpha}{\pi}\right)_3\left(\frac{\beta}{\pi}\right)_3$，且当 $\alpha\equiv\beta(\bmod \pi)$ 时，$\left(\frac{\alpha}{\pi}\right)_3=\left(\frac{\beta}{\pi}\right)_3$，且 $\left(\frac{\alpha}{\pi}\right)_3^3=1$，因此 $\left(\frac{\alpha}{\pi}\right)_3$ 可以看成是 $Z/(p)$ 的乘群上的一个三阶特征，记为 χ_π. 在第八章中，我们证明了，如果 χ 是 F_p^* 上的任一个三阶特征，则有

① $g_1(\chi)^3=pJ(\chi,\chi)$；

② 设 $J(\chi,\chi)=a+b\omega$，则 $a\equiv -1(\bmod 3)$，$b\equiv 0(\bmod 3)$.

因为 $|J(\chi,\chi)|=\sqrt{p}$，故 $p=|J(\chi,\chi)|^2=(a+b\omega)(a+b\omega^2)=a^2-ab+b^2$，即 $a+b\omega$ 是 D 中的本原不可分数，且 $N(a+b\omega)=p$.

假使 π 是本原的不可分数，$\pi\mid p$，在 p 的十二个不可分因子数中，恰有两个本原的，是否有 $J(\chi_\pi,\chi_\pi)=\pi$? 回答是肯定的.

引理 $J(\chi_\pi,\chi_\pi)=\pi$.

证明 设 $J(\chi_\pi,\chi_\pi)=\pi'$，由定义

$$\begin{aligned}J(\chi_\pi,\chi_\pi)&=\sum_{x=0}^{p-1}\left(\frac{x}{\pi}\right)_3\left(\frac{1-x}{\pi}\right)_3\\&\equiv\sum_{x=0}^{p-1}x^{\frac{p-1}{3}}(1-x)^{\frac{p-1}{3}}(\bmod \pi).\end{aligned}$$

因为当 $p-1\nmid k$ 时，$\sum\limits_{x=0}^{p-1}x^k\equiv 0(\bmod p)$，而 $\frac{2}{3}(p-1)<p-1$，故有

$\sum_{x=0}^{p-1} x^{\frac{p-1}{3}}(1-x)^{\frac{p-1}{3}} \equiv 0 \pmod p$，即得 $J(\chi_\pi,\chi_\pi) \equiv 0 \pmod \pi$，即 $\pi \mid \pi'$. 因为在与 π 相伴的六个数中，π 是惟一的本原数，故 $\pi = \pi'$.

证完

定理 1 的证明：

分三种情形来证明.

① 设 π_1,π_2 都是有理整数，此时，$\pi_1 = p_1 \equiv 2 \pmod 3$，$\pi_2 = p_2 \equiv 2 \pmod 3$，前面已经提到，此时有 $\left(\frac{p_1}{p_2}\right)_3 = \left(\frac{p_2}{p_1}\right)_3$.

② 设 $\pi_1 = q \equiv 2 \pmod 3$，$\pi_2 = \pi$，$N(\pi) = p \equiv 1 \pmod 3$. 由引理知，$g_1(\chi_\pi)^3 = pJ(\chi_\pi,\chi_\pi) = p\pi$，故有

$$g_1(\chi_\pi)^{q^2-1} = (p\pi)^{(q^2-1)/3}.$$

上式取模 q，得

$$g_1(\chi_\pi)^{q^2-1} \equiv \left(\frac{p\pi}{q}\right)_3 \pmod q,$$

因为 $\left(\frac{p}{q}\right)_3 = 1$，故上式给出

$$g_1(\chi_\pi)^{q^2} \equiv \left(\frac{\pi}{q}\right)_3 g_1(\chi_\pi) \pmod q. \tag{1}$$

把(1)的左边展开，得

$$\begin{aligned} g_1(\chi_\pi)^{q^2} &= \left(\sum_{t=0}^{p-1}\left(\frac{t}{\pi}\right)_3 \eta^t\right)^{q^2} \\ &\equiv \sum_{t=0}^{p-1}\left(\frac{t}{\pi}\right)_3^{q^2} \eta^{q^2 t} \pmod q, \end{aligned}$$

其中 $\eta = \mathrm{e}^{\frac{2\pi \mathrm{i}}{p}}$. 因为 $q^2 \equiv 1 \pmod 3$，故上式得

$$g_1(\chi_\pi)^{q^2} \equiv g_{q^2}(\chi_\pi) \pmod q. \tag{2}$$

而 $\left(\frac{q^2}{\pi}\right)_3 g_{q^2}(\chi_\pi) = g_1(\chi_\pi)$，即有

$$g_{q^2}(\chi_\pi)=\left(\frac{q}{\pi}\right)_3 g_1(\chi_\pi).$$

故由(1)和(2)得

$$\left(\frac{q}{\pi}\right)_3 g_1(\chi_\pi)\equiv\left(\frac{\pi}{q}\right)_3 g_1(\chi_\pi)\ (\bmod q),$$

上式两端乘以$\overline{g_1(\chi_\pi)}$,得

$$\left(\frac{q}{\pi}\right)_3 p\equiv\left(\frac{\pi}{q}\right)_3 p\ (\bmod q),$$

即得$\left(\frac{q}{\pi}\right)_3\equiv\left(\frac{\pi}{q}\right)_3(\bmod q)$,由此推出$\left(\frac{q}{\pi}\right)_3=\left(\frac{\pi}{q}\right)_3$.

③ π_1 和 π_2 均为复的不可分数,$\pi_1\neq\pi_2$,$N(\pi_1)=p_1\equiv 1(\bmod 3)$,$N(\pi_2)=p_2\equiv 1(\bmod 3)$. 设 $p_1=\pi_1\overline{\pi}_1$,$p_2=\pi_2\overline{\pi}_2$,这里 $\overline{\pi}_1$,$\overline{\pi}_2$ 均为本原的不可分数. 由

$$g_1(\chi_{\overline{\pi}_1})^3=p_1\overline{\pi}_1$$

得

$$g_1(\chi_{\overline{\pi}_1})^{p_2-1}=(p_1\overline{\pi}_1)^{(p_2-1)/3}.$$

上式取模 π_2 得

$$g_1(\chi_{\overline{\pi}_1})^{p_2}\equiv\left(\frac{p_1\overline{\pi}_1}{\pi_2}\right)_3 g_1(\chi_{\overline{\pi}_1})\ (\bmod \pi_2).\tag{3}$$

由(3)的左端得

$$\begin{aligned}g_1(\chi_{\overline{\pi}_1})^{p_2}&=\left(\sum_{t=0}^{p_1-1}\left(\frac{t}{\pi_1}\right)_3\eta^t\right)^{p_2}\equiv\sum_{t=0}^{p_1-1}\left(\frac{t}{\pi_1}\right)_3^{p_2}\eta^{tp_2}\\&=g_{p_2}(\chi_{\overline{\pi}_1})\quad(\bmod \pi_2),\end{aligned}$$

其中 $\eta=e^{\frac{2\pi i}{p_1}}$,而

$$\left(\frac{p_2}{\pi_1}\right)_3 g_{p_2}(\chi_{\overline{\pi}_1})=g_1(\chi_{\overline{\pi}_1}),$$

故 $g_{p_2}(\chi_{\overline{\pi}_1})=\left(\frac{p_2^2}{\pi_1}\right)_3 g_1(\chi_{\overline{\pi}_1})$,由(3)得

$$\left(\frac{p_2^2}{\overline{\pi}_1}\right)_3 g_1(\chi_{\overline{\pi}_1}) \equiv \left(\frac{p_1\overline{\pi}_1}{\pi_2}\right)_3 g(\chi_{\overline{\pi}_1}) \pmod{\pi_2}.$$

上式两端乘以$\overline{g_1(\chi_{\overline{\pi}_1})}$，得

$$\left(\frac{p_2^2}{\overline{\pi}_1}\right)_3 p_1 \equiv \left(\frac{p_1\overline{\pi}_1}{\pi_2}\right)_3 p_1 \pmod{\pi_2}.$$

而 $\pi_2 \nmid p_1$，故 $\left(\frac{p_2^2}{\overline{\pi}_1}\right)_3 \equiv \left(\frac{p_1\overline{\pi}_1}{\pi_2}\right)_3 \pmod{\pi_2}$，即得

$$\left(\frac{p_2^2}{\overline{\pi}_1}\right)_3 = \left(\frac{p_1\overline{\pi}_1}{\pi_2}\right)_3. \tag{4}$$

同样地，由 $g_1(\chi_{\pi_2})^3 = p_2\pi_2$ 出发，采取类似的步骤可得

$$\left(\frac{p_1^2}{\pi_2}\right)_3 = \left(\frac{p_2\pi_2}{\pi_1}\right)_3. \tag{5}$$

因为 $\overline{p}_2 = p_2$，由 §3 定理 3 的⑤和⑥，有

$$\left(\frac{p_2^2}{\overline{\pi}_1}\right)_3 = \overline{\left(\frac{p_2^2}{\pi_1}\right)_3} = \left(\frac{p_2^4}{\pi_1}\right)_3 = \left(\frac{p_2}{\pi_1}\right)_3. \tag{6}$$

由(4)、(5)和(6)得

$$\begin{aligned}\left(\frac{\pi_2}{\pi_1}\right)_3\left(\frac{p_1\overline{\pi}_1}{\pi_2}\right)_3 &= \left(\frac{\pi_2}{\pi_1}\right)_3\left(\frac{p_2^2}{\overline{\pi}_1}\right)_3 = \left(\frac{\pi_2}{\pi_1}\right)_3\left(\frac{p_2}{\pi_1}\right)_3 \\ &= \left(\frac{\pi_2 p_2}{\pi_1}\right)_3 = \left(\frac{p_1^2}{\pi_2}\right)_3 = \left(\frac{p_1\pi_1\overline{\pi}_1}{\pi_2}\right)_3 \\ &= \left(\frac{\pi_1}{\pi_2}\right)_3\left(\frac{p_1\overline{\pi}_1}{\pi_2}\right)_3.\end{aligned}$$

上式头尾两项约去$\left(\frac{p_1\overline{\pi}_1}{\pi_2}\right)_3$，即得$\left(\frac{\pi_2}{\pi_1}\right)_3 = \left(\frac{\pi_1}{\pi_2}\right)_3$. 证完

我们知道$\left(\frac{2}{p}\right) = 1, p \equiv \pm 1 \pmod 8$，自然会问：$D$ 中的哪些不可分数 π，使$\left(\frac{2}{\pi}\right)_3 = 1$. 因为同余式 $x^3 \equiv 2 \pmod{\pi}$ 在 D 中可解

当且仅当 $x^3\equiv 2(\bmod \pi')$可解,这里 π'是 π 的一个相伴数. 因此,我们可以假设 π 是本原的. 如果 $\pi=q$ 是一个有理素数,熟知 $\left(\frac{2}{q}\right)_3=1$. 现在,我们假设 π 是一个复不可分数,$\pi=a+b\omega$, $N(\pi)=p\equiv 1(\bmod 3)$,因为 2 是一个不可分数,故由三次互反律,$\left(\frac{2}{\pi}\right)_3=\left(\frac{\pi}{2}\right)_3$,而 $N(2)=4$,故 $\pi=\pi^{\frac{4-1}{3}}\equiv\left(\frac{\pi}{2}\right)_3(\bmod 2)$,故 $\left(\frac{2}{\pi}\right)_3=1$当且仅当 $\pi\equiv 1(\bmod 2)$. 这就证明了 $x^3\equiv 2(\bmod \pi)$有解当且仅当 $\pi\equiv 1(\bmod 2)$,即当且仅当 $b\equiv 0(\bmod 2)$. 由此,我们得出下面的定理.

定理 2 设 $p\equiv 1(\bmod 3)$,则 $x^3\equiv 2(\bmod p)$有有理整数解的充分必要条件是 $p=C^2+27D^2, C, D\in\mathbf{Z}$.

证 设 $\pi\mid p, \pi=a+b\omega$ 是本原不可分数,$p=\pi\bar{\pi}$,如 $x^3\equiv 2(\bmod p)$有解则 $x^3\equiv 2(\bmod \pi)$有解,且 $\pi\equiv 1(\bmod 2)$. 而 $p=a^2-ab+b^2$,故

$$4p=A^2+27B^2,\quad 这里 A=2a-b, B=\frac{b}{3}.$$

因为 $\pi\equiv 1(\bmod 2)$,故 $b\equiv 0(\bmod 2)$,故 B 和 A 均为偶数. 令 $A=2C, B=2D$,得 $p=C^2+27D^2$.

反之,设 $p=C^2+27D^2$,则 $4p=(2C)^2+27(2D)^2$,由惟一性(除开负号的差别外),$2D=\pm B$,故 $2\mid B$,推出 $2\mid b$,故 $x^3\equiv 2(\bmod \pi)$有解. 因为$\{0,1,\cdots,p-1\}$是 $D/(\pi)$的一个完全剩余系,故有一个有理整数 h 使 $h^3\equiv 2(\bmod \pi)$,因为 $\pi\mid h^3-2$,故 $\bar{\pi}\mid h^3-2$,而易知 π 与 $\bar{\pi}$ 是互不相伴的,故 $\pi\bar{\pi}\mid h^3-2$. 证完

在最后一章中,我们将看到三次互反律在研究不定方程时也很有用.

§5 $\left(\frac{1-\omega}{\pi}\right)_3=\omega^{2m}$的证明

本节,我们就来证明以下的定理.

定理　设 $\pi=a+bw$ 是一个本原的不可分数，$N(\pi)\neq 3$，$a=3m-1$，$b=3n$，则有

$$\left(\frac{1-\omega}{\pi}\right)_3=\omega^{2m}. \tag{1}$$

在证明这个定理之前，我们先把三次剩余特征推广到允许把 $\left(\frac{\alpha}{\pi}\right)_3$ 中的 π，换成 $Z[\omega]$ 中一般整数的情形.

定义　设 $\alpha\in Z[\omega]$，$\tau\in Z[\omega]$，$\tau\not\equiv 0(\bmod\ (1-\omega))$，

$$\left(\frac{\alpha}{\tau}\right)_3=\begin{cases}1, & \text{若 } \tau \text{ 是单位数;}\\ \left(\frac{\alpha}{\pi_1}\right)_3\cdots\left(\frac{\alpha}{\pi_r}\right)_3, & \text{若 } \tau=\pi_1\cdots\pi_r\text{，诸 } \pi_i \text{ 是不可分数.}\end{cases}$$

由 $Z[\omega]$ 中惟一分解定理成立，以及互为相伴的两个不可分数 π,δ，有 $\left(\frac{\alpha}{\pi}\right)_3=\left(\frac{\alpha}{\delta}\right)_3$，可知上述定义是有意义的. 以下设 $D=Z[\omega]$.

引理 1　设 $\alpha,\beta\in D$，$\tau,\rho\in D$，$\tau\rho\not\equiv 0(\bmod\ (1-\omega))$，则

① $\left(\frac{\bar{\alpha}}{\bar{\tau}}\right)_3=\left(\frac{\alpha}{\tau}\right)_3^2=\left(\frac{\alpha}{\bar{\tau}}\right)_3$；

② $\left(\frac{\alpha\beta}{\tau}\right)_3=\left(\frac{\alpha}{\tau}\right)_3\left(\frac{\beta}{\tau}\right)_3$；

③ $\left(\frac{\alpha}{\tau\rho}\right)_3=\left(\frac{\alpha}{\tau}\right)_3\left(\frac{\alpha}{\rho}\right)_3$；

④ 若 $\alpha\equiv\beta(\bmod\ \pi)$，有 $\left(\frac{\alpha}{\tau}\right)_3=\left(\frac{\beta}{\tau}\right)_3$；

⑤ $\left(\frac{-1}{\tau}\right)_3=1$；

⑥ $\left(\frac{\omega}{\tau}\right)_3=\omega^{\frac{N(\tau)-1}{3}}$.

证　由定义和 §3 定理 3，①、②、③、④ 是显然的. 再由 $\left(\frac{-1}{\pi}\right)_3=1$，故 $\left(\frac{-1}{\tau}\right)_3=\left(\frac{-1}{\pi_1}\right)_3\cdots\left(\frac{-1}{\pi_r}\right)_3=1$，这就证明了⑤. 现在

来证⑥. 因为$\left(\frac{\omega}{\pi}\right)_3=\omega^{\frac{N(\pi)-1}{3}}$,故

$$\left(\frac{\omega}{\tau}\right)_3=\left(\frac{\omega}{\pi_1}\right)_3\cdots\left(\frac{\omega}{\pi_r}\right)_3=\omega^{\frac{N(\pi_1)-1}{3}+\cdots+\frac{N(\pi_r)-1}{3}},$$

故只需证

$$\frac{N(\pi_1)-1}{3}+\cdots+\frac{N(\pi_r)-1}{3}$$

$$\equiv\frac{N(\pi_1\cdots\pi_r)-1}{3}\ (\mathrm{mod}\ 3). \tag{2}$$

可用归纳法证明(2)式. 设 $r=2$,只需证

$$N(\pi_1\pi_2)-N(\pi_1)-N(\pi_2)+1\equiv 0\ (\mathrm{mod}\ 9). \tag{3}$$

因为 $N(\pi_j)\equiv 1\ (\mathrm{mod}\ 3)\ (j=1,2)$故

$$(N(\pi_1)-1)(N(\pi_2)-1)\equiv 0\ (\mathrm{mod}\ 9),$$

即(3)式成立. 现设 $r=k-1$ 时,(2)式成立,我们来证 $r=k$ 也成立. 由归纳假设得

$$\frac{N(\pi_1)-1}{3}+\cdots+\frac{N(\pi_k)-1}{3}$$

$$\equiv\frac{N(\pi_1\cdots\pi_{k-1})-1}{3}+\frac{N(\pi_k)-1}{3}\ (\mathrm{mod}\ 3). \tag{4}$$

因为 $N(\pi_1\cdots\pi_{k-1})=N(\pi_1)\cdots N(\pi_{k-1})\equiv 1\ (\mathrm{mod}\ 3)$,故

$$\frac{N(\pi_1\cdots\pi_{k-1})-1}{3}+\frac{N(\pi_k)-1}{3}$$

$$\equiv\frac{N(\pi_1\cdots\pi_k)-1}{3}\ (\mathrm{mod}\ 3),$$

由(4)便知(2)成立. 证完

引理 2

① 设 k 是一个有理整数, $k\not\equiv 0\ (\mathrm{mod}\ 3)$,且 m 是一个有理整数使得 $(k,m)=1$,则

$$\left(\frac{m}{k}\right)_3=1; \tag{5}$$

② 设 $\alpha,\beta\in D,\alpha\equiv\beta\equiv 2(\bmod 3)$，则

$$\left(\frac{\alpha}{\beta}\right)_3=\left(\frac{\beta}{\alpha}\right)_3. \tag{6}$$

证 由引理1的①，有

$$\left(\frac{m}{k}\right)_3^2=\left(\frac{\bar{m}}{\bar{k}}\right)_3=\left(\frac{m}{k}\right)_3.$$

因为 $(m,k)=1$，故 $\left(\frac{m}{k}\right)\neq 0$，故得 $\left(\frac{m}{k}\right)_3=1$，这就证明了①.

对于②，可设 $\beta=\pm\prod\limits_{j=1}^{r}\pi_j,\alpha=\pm\prod\limits_{i=1}^{s}\delta_i$，其中 $\pi_j(j=1,\cdots,r)$，$\delta_i(i=1,\cdots,s)$ 均为本原不可分数（证明留作习题），且不妨设 $N(\pi_j)\neq N(\delta_i)$，故由三次互反律得

$$\left(\frac{\alpha}{\beta}\right)_3=\prod_{i=1}^{s}\prod_{j=1}^{r}\left(\frac{\delta_i}{\pi_j}\right)_3=\prod_{i=1}^{s}\prod_{j=1}^{r}\left(\frac{\pi_j}{\delta_i}\right)_3=\left(\frac{\beta}{\alpha}\right)_3.$$ 证完

引理3 设 k 是一个有理整数，$k\equiv 2(\bmod 3)$，$k=3m-1$，则

$$\left(\frac{1-\omega}{k}\right)_3=\omega^{2m}.$$

证
$$\left(\frac{1-\omega}{k}\right)_3=\left(\frac{(1-\omega)^4}{k}\right)_3=\left(\frac{(1-\omega)^2}{k}\right)_3^2$$
$$=\left(\frac{-3\omega}{k}\right)_3^2=\left(\frac{-3}{k}\right)_3^2\left(\frac{\omega}{k}\right)_3^2=\left(\frac{\omega}{k}\right)_3^2$$
$$=\omega^{\left(\frac{N(k)-1}{3}\right)^2}=\omega^{\frac{2(k^2-1)}{3}}=\omega^{6m^2-4m}=\omega^{2m}.$$ 证完

定理的证明

由引理1和引理2得

$$\left(\frac{1-\omega}{\pi}\right)_3=\left(\frac{b}{a}\right)_3\left(\frac{1-\omega}{\pi}\right)_3$$
$$=\left(\frac{\omega}{a}\right)_3^2\left(\frac{\omega b}{a}\right)_3\left(\frac{1-\omega}{\pi}\right)_3$$
$$=\omega^{\frac{2(a^2-1)}{3}}\left(\frac{\pi}{a}\right)_3\left(\frac{1-\omega}{\pi}\right)_3$$

$$=\omega^{6m^2-4m}\left(\frac{a}{\pi}\right)_3\left(\frac{1-\omega}{\pi}\right)_3$$

$$=\omega^{2m}\left(\frac{a-a\omega}{\pi}\right)_3=\omega^{2m}\left(\frac{-(a+b)\omega}{\pi}\right)_3$$

$$=\omega^{2m}\left(\frac{a+b}{\pi}\right)_3\left(\frac{\omega}{\pi}\right)_3=\omega^{2m+\frac{p-1}{3}}\left(\frac{\pi}{a+b}\right)_3$$

$$=\omega^{n}\left(\frac{b(1-\omega)}{a+b}\right)_3=\omega^{n}\left(\frac{b}{a+b}\right)_3\left(\frac{1-\omega}{a+b}\right)_3$$

$$=\omega^{n}\left(\frac{1-\omega}{a+b}\right)_3.$$

其中 $N(\pi)=p=a^2-ab+b^2$. 由引理 3, $\left(\frac{1-\omega}{a+b}\right)_3=\omega^{2(m+n)}$, 故得

$$\left(\frac{1-\omega}{\pi}\right)_3=\omega^{n+2(m+n)}=\omega^{2m}.$$

证完

§6 四次剩余特征

在以下诸小节中, 我们设 $D=Z[\mathrm{i}]$. 如果 π 是 D 中的一个不可分数, 类似于 §3 的定理 1, 我们知道, 如果 $\pi\nmid\alpha$, 则 $\alpha^{N(\pi)-1}\equiv 1(\bmod\ \pi)$. 如果 $N(\pi)\neq 2$, 显然有 $4\mid N(\pi)-1$. 现在我们来证明下面的定理.

定理 1 设 $\pi\nmid\alpha$, $N(\pi)\neq 2$, 则存在一个惟一的整数 j, $0\leqslant j\leqslant 3$, 使得 $\alpha^{\frac{N(\pi)-1}{4}}\equiv \mathrm{i}^j(\bmod\ \pi)$.

证 因为

$$\alpha^{N(\pi)-1}\equiv 1(\bmod\ \pi),$$

故

$$\left(\alpha^{\frac{N(\pi)-1}{4}}\right)^4-1$$
$$=\left(\alpha^{\frac{N(\pi)-1}{4}}-1\right)\left(\alpha^{\frac{N(\pi)-1}{4}}+1\right)\cdot$$
$$\left(\alpha^{\frac{N(\pi)-1}{4}}-\mathrm{i}\right)\left(\alpha^{\frac{N(\pi)-1}{4}}+\mathrm{i}\right).$$

因为 $N(\pi)\neq 2$ 时,1, -1,i, -i 模 π 两两不同余,故 π 整除上式右端恰一个因子.　　证完

现在,可以引入上四次剩余特征的定义.

定义　设 π 是一个不可分数,$N(\pi)\neq 2,\alpha\in D,\alpha$ 模 π 的**四次剩余特征** $\left(\frac{\alpha}{\pi}\right)_4$ 是

① $\left(\frac{\alpha}{\pi}\right)_4=0$,若 $\pi\mid\alpha$;

②

$$\left(\frac{\alpha}{\pi}\right)_4=\begin{cases}1, & 若\ \alpha^{\frac{N(\pi)-1}{4}}\equiv 1(\bmod \pi);\\ -1, & 若\ \alpha^{\frac{N(\pi)-1}{4}}\equiv -1(\bmod \pi);\\ \mathrm{i}, & 若\ \alpha^{\frac{N(\pi)-1}{4}}\equiv \mathrm{i}(\bmod \pi);\\ -\mathrm{i}, & 若\ \alpha^{\frac{N(\pi)-1}{4}}\equiv -\mathrm{i}(\bmod \pi).\end{cases}$$

类似三次特征,我们需要引入本原数的概念.

定义　设 $\alpha\in D,N(\alpha)\neq 1$,如果 $\alpha\equiv 1(\bmod\ (1+\mathrm{i})^3)$,则 α 叫做**本原**的.

关于本原数,我们有下面的定理.

定理 2

① 设 $\alpha=a+bi\in D,N(\alpha)\neq 1$,则 α 是本原的当且仅当 $a\equiv 1(\bmod 4),b\equiv 0(\bmod 4)$ 或 $a\equiv 3(\bmod 4),b\equiv 2(\bmod 4)$;

② 设 $\alpha\in D,N(\alpha)\neq 1,1+\mathrm{i}\nmid\alpha$,则存在惟一的单位数 $u,u\in D$,使得 $u\alpha$ 是本原的;

③ 任一本原数可以写成本原不可分数的乘积.

证　因为 $(1+\mathrm{i})^3=2\mathrm{i}(1+\mathrm{i})$,故 α 是本原的当且仅当 $a-1+b\mathrm{i}\equiv 0(\bmod 2(1+\mathrm{i}))$,即有 $c+d\mathrm{i}\in D$,使

$$\begin{aligned}a-1+b\mathrm{i}&=2(1+\mathrm{i})(c+d\mathrm{i})\\&=2(c-d+(c+d)\mathrm{i}),\end{aligned}$$

即

$$a-1=2c-2d, b=2c+2d,$$

即

$$a+b-1\equiv 0(\bmod 4), a-b-1\equiv 0(\bmod 4),$$

即得 $a\equiv 1(\bmod 4), b\equiv 0(\bmod 4)$ 或 $a\equiv 3(\bmod 4), b\equiv 2(\bmod 4)$，这就证明了①.

设 $\alpha=a_1+b_1\mathrm{i}$，因为 $1+\mathrm{i}\nmid\alpha$，故 a_1, b_1 一奇一偶. 如果 $b_1\equiv 1(\bmod 2), a_1\equiv 0(\bmod 2)$，则 $\mathrm{i}\alpha=-b_1+a_1\mathrm{i}$，如果 $a_1\equiv 0(\bmod 4)$，那么 $\pm\mathrm{i}\alpha$ 中有一个本原数. 如果 $a_1\equiv 2(\bmod 4)$，同样 $\pm\mathrm{i}\alpha$ 中有一个本原数. 对于 $b_1\equiv 0(\bmod 2), a_1\equiv 1(\bmod 2)$ 的情形，同理可证. 如果 u_1 和 u_2 是两个单位数，使得 $u_1\alpha$ 和 $u_2\alpha$ 均为本原数，故

$$u_1\alpha\equiv u_2\alpha\ (\bmod\ (1+\mathrm{i})^3),$$

因为 $1+\mathrm{i}\nmid\alpha$，故 $u_1\equiv u_2(\bmod\ (1+\mathrm{i})^3)$，即得 $u_1=u_2$. 这就证明了②.

设 $\alpha\in D$ 是一个本原数，则 $1+\mathrm{i}\nmid\alpha$. 如果 $q\equiv 3(\bmod 4)$ 是一个有理素数，则 $-q$ 是一个本原数. 这是因为 $-q\equiv 1(\bmod 4)$，推出 $-q\equiv 1(\bmod\ (1+\mathrm{i})^3)$. 如果 π_i 是不可分数，$N(\pi_i)=p$，则由②的结果，不妨设 π_i 就是本原数，于是存在单位数 u，使得 $\alpha=u\pi_1\cdots\pi_t(-q_1)\cdots(-q_s)$，其中 $N(\pi_i)=p_i\equiv 1(\bmod 4)(i=1,\cdots,t), q_j\equiv 3(\bmod 4)(j=1,\cdots,s)$，$p_i, q_j$ 均为素数，$\pi_i,(-q_j)$ 均为本原不可分数，而 $1\equiv u(\bmod\ (1+\mathrm{i})^3)$，故 $u=1$. 这就证明了③.　　证完

下面给出四次特征的一些基本性质.

定理 3

① 设 $\pi\nmid\alpha$，则 $\left(\dfrac{\alpha}{\pi}\right)_4=1$ 当且仅当 $x^4\equiv\alpha(\bmod\pi)$ 在 D 中有解 x；

② $\alpha^{\frac{N(\pi)-1}{4}}\equiv\left(\dfrac{\alpha}{\pi}\right)_4(\bmod\pi)$；

③ $\left(\dfrac{\alpha\beta}{\pi}\right)_4=\left(\dfrac{\alpha}{\pi}\right)_4\left(\dfrac{\beta}{\pi}\right)_4$；

④ $\overline{\left(\dfrac{\alpha}{\pi}\right)_4}=\left(\dfrac{\bar{\alpha}}{\bar{\pi}}\right)_4$;

⑤ 如果 $\alpha\equiv\beta(\bmod \pi)$,则$\left(\dfrac{\alpha}{\pi}\right)_4=\left(\dfrac{\beta}{\pi}\right)_4$;

⑥ 如果 π 和 λ 均为不可分数,$N(\pi)\neq 2$,$N(\lambda)\neq 2$,π 和 λ 相伴,则$\left(\dfrac{\alpha}{\pi}\right)_4=\left(\dfrac{\alpha}{\lambda}\right)_4$.

证 ①,②,③,④,⑤均可仿 §3 定理 3 的证明.

由于$\left(\dfrac{\alpha}{\pi}\right)_4\equiv\alpha^{\frac{N(\pi)-1}{4}}(\bmod \pi)$,可推出$\left(\dfrac{\alpha}{\pi}\right)_4\equiv\alpha^{\frac{N(\pi)-1}{4}}(\bmod \lambda)$.而

$$\left(\frac{\alpha}{\lambda}\right)_4\equiv\alpha^{\frac{N(\lambda)-1}{4}}=\alpha^{\frac{N(\pi)-1}{4}}(\bmod \lambda),$$

便得$\left(\dfrac{\alpha}{\pi}\right)_4=\left(\dfrac{\alpha}{\lambda}\right)_4$,这就证明了⑥. 证完

现在,我们来计算几个特殊的四次剩余的值.

定理 4 设 q 是一个素数,$q\equiv 3(\bmod 4)$,$a\in\mathbf{Z}$,$q\nmid a$,则$\left(\dfrac{a}{q}\right)_4=1$.

证 因为 $N(q)=q^2$,故

$$\left(\frac{a}{q}\right)_4\equiv a^{(q^2-1)/4}=a^{(q-1)\frac{q+1}{4}}\equiv 1(\bmod q).$$ 证完

类似雅可比符号,这时,引入推广的四次剩余特征.

定义 设 $\alpha\in D$,$N(\alpha)\neq 1$,$1+\mathrm{i}\nmid\alpha$,且 $\beta\in D$. 写 $\alpha=\prod\limits_i\lambda_i$,这里 λ_i 是不可分数,若 $(\alpha,\beta)=1$,定义

$$\left(\frac{\beta}{\alpha}\right)_4=\prod_i\left(\frac{\beta}{\lambda_i}\right)_4.$$

由惟一分解定理和定理 3 的⑥知,$\left(\dfrac{\beta}{\alpha}\right)_4$ 的值是惟一确定的,且显然有:如果 $\beta\equiv\gamma(\bmod \alpha)$,则

$$\left(\frac{\beta}{\alpha}\right)_4=\left(\frac{\gamma}{\alpha}\right)_4 \quad 和 \quad \left(\frac{\gamma\beta}{\alpha}\right)_4=\left(\frac{\gamma}{\alpha}\right)_4\left(\frac{\beta}{\alpha}\right)_4.$$

后者不要求 $\beta\equiv\gamma(\bmod \alpha)$，我们有下面的定理.

定理 5

① 设 $\alpha\in\mathbf{Z},\alpha\neq 0,a\in\mathbf{Z},a\neq\pm 1,2\nmid a,(a,\alpha)=1$，则

$$\left(\frac{\alpha}{a}\right)_4=1;$$

② 设 $n\neq 1,n\equiv 1(\bmod 4),n\in\mathbf{Z}$，则 $\left(\frac{\mathrm{i}}{n}\right)_4=(-1)^{\frac{n-1}{4}}$.

证　先证①. 由定理3的⑥，可设 $a>0$，记 $a=\prod_i p_i\prod_j q_j$. 这里 p_i,q_j 是素数，$p_i\equiv 1(\bmod 4),q_j\equiv 3(\bmod 4)$，再由定理4，我们只需证明 $\left(\frac{\alpha}{p_i}\right)_4=1$. 设 $p_i=\pi\bar{\pi}$，这里 π 是不可分数，则 $\left(\frac{\alpha}{p_i}\right)_4$ $=\left(\frac{\alpha}{\pi}\right)_4\left(\frac{\alpha}{\bar{\pi}}\right)_4=\left(\frac{\alpha}{\pi}\right)_4\overline{\left(\frac{\alpha}{\pi}\right)_4}=1$，这便证明了①.

现在来证明②. 如果 $n>0$，且 $n=p\equiv 1(\bmod 4)$ 是一个素数，则写 $p=\pi\bar{\pi}$，我们有

$$\left(\frac{\mathrm{i}}{p}\right)=\left(\frac{\mathrm{i}}{\pi}\right)_4\left(\frac{\mathrm{i}}{\bar{\pi}}\right)_4=(\mathrm{i}^{\frac{p-1}{4}})^2=(-1)^{\frac{p-1}{4}},$$

如果 $n=-q,q\equiv 3(\bmod 4)$ 是一个素数，则

$$\left(\frac{\mathrm{i}}{-q}\right)_4=\mathrm{i}^{\frac{q^2-1}{4}}=(\mathrm{i}^{q-1})^{\frac{q+1}{4}}=(-1)^{\frac{-q-1}{4}}.$$

设 $n>0$，因为 $n\equiv 1(\bmod 4)$，故 n 所含 $4k+3$ 形的素因子必定是成对出现，故可设 $n=p_1\cdots p_t(-q_1)\cdots(-q_s)$. 如果 $n<0$，则 $|n|\equiv 3(\bmod 4)$，$|n|$ 含 $4k+3$ 形的素因子的个数必定是奇数，故设 $|n|=p_1\cdots p_t q_1\cdots q_s,2\nmid s$，仍有 $n=-|n|=p_1\cdots p_t(-q_1)\cdots(-q_s)$，易证 $\sum_i(p_i-1)+\sum_j(-q_j-1)\equiv n-1(\bmod 16)$，故

$$\left(\frac{\mathrm{i}}{n}\right)_4=(-1)^{[\sum(p_i-1)+\sum(-q_i-1)]/4}=(-1)^{(n-1)/4}.$$ 证完

定理 5 的①指出，当 $p\equiv1(\bmod 4)$是素数时，$\left(\frac{2}{p}\right)_4=1$，但 $x^4\equiv2(\bmod p)$不一定有解；当 $q\equiv3(\bmod 4)$为素数时，$\left(\frac{2}{q}\right)_4=1$，$x^4\equiv2(\bmod q)$有解，但不一定有有理整数解，如 $q=3$. 因此这里讨论的剩余特征与第五章中引入的模 p 的 k 次剩余符号是既有联系又有区别的.

§7 四次互反律

设 π 是一个本原不可分数，$N(\pi)\neq2$. $\alpha\in D$，$\pi\nmid\alpha$，则 α 可分解为

$$\alpha=\mathrm{i}^a(1+\mathrm{i})^b\pi_1^{a_1}\cdots\pi_l^{a_l},$$

这里 $a,b,a_j(j=1,\cdots,l)$均为非负整数，$\pi_j(j=1,\cdots,l)$为本原不可分数. 故$\left(\frac{\alpha}{\pi}\right)_4$的计算归结为计算

$$\left(\frac{\mathrm{i}}{\pi}\right)_4,\left(\frac{1+\mathrm{i}}{\pi}\right)_4,\left(\frac{\pi_j}{\pi}\right)_4.$$

我们首先计算$\left(\frac{\mathrm{i}}{\pi}\right)_4$. 如果 $\pi=-q$，$q\equiv3(\bmod 4)$是素数，这在上节定理 5 的证明中已得出. 如果 $\pi=a+b\mathrm{i}$，$N(\pi)=p\equiv1(\bmod 4)$是一个素数，当 $a=4k+1$，$b=4l$ 时，则$\left(\frac{\mathrm{i}}{\pi}\right)_4=\mathrm{i}^{\frac{a^2+b^2-1}{4}}=\mathrm{i}^{2k}$；当 $a=4k+3$，$b=4l+2$ 时，则$\left(\frac{\mathrm{i}}{\pi}\right)_4=\mathrm{i}^{6k+3}$. 故当 $\pi=a+b\mathrm{i}$ 是本原不可分数，$N(\pi)=p\equiv1(\bmod 4)$是素数时，总有

$$\left(\frac{\mathrm{i}}{\pi}\right)_4=\mathrm{i}^{3\cdot\frac{a-1}{2}}.$$

$\left(\dfrac{1+\mathrm{i}}{\pi}\right)_4$ 的计算较繁,可以仿 §5 的证明(留作习题). 为了计算$\left(\dfrac{\pi_j}{\pi}\right)_4$,我们有更一般的四次互反律.

定理 设$(\lambda,\pi)=1$,λ,π 是两个本原数,则

$$\left(\frac{\lambda}{\pi}\right)_4=\left(\frac{\pi}{\lambda}\right)_4(-1)^{\frac{N(\pi)-1}{4}\cdot\frac{N(\lambda)-1}{4}}.$$

我们先来讨论 $\pi=a+b\mathrm{i}$, $N(\pi)=p\equiv 1(\bmod 4)$ 是一个素数的一些性质. 因为 $F_p=D/(\pi)$ 是一个含 p 个元素的有限域. 又因 $\{0,1,\cdots,p-1\}$ 是模 π 的一组完全剩余系,故$\left(\dfrac{\alpha}{\pi}\right)_4$ 是 F_p 上的一个四阶特征,记为χ_π. $\psi=\chi_\pi^2$ 是 F_p 上的勒让德符号. 设 $\eta=\mathrm{e}^{\frac{2\pi\mathrm{i}}{p}}$, $g_1(\chi_\pi)=\sum\limits_{j=0}^{p-1}\left(\dfrac{j}{\pi}\right)_4\eta^j$. 在证明定理之前,先证明下面几个引理.

引理 1

① $J(\chi_\pi,\chi_\pi)=\left(\dfrac{-1}{\pi}\right)_4 J(\chi_\pi,\psi)$;

② $g_1(\chi_\pi)^4=pJ(\chi_\pi,\chi_\pi)^2$.

证 由第八章 §5 的定理 1 的⑤知, $J(\chi_\pi,\chi_\pi)=\dfrac{g_1(\chi_\pi)^2}{g_1(\psi)}$,因此由 $g_1^2(\psi)=p$ 和第八章 §5 的定理 4 知

$$J(\chi_\pi,\chi_\pi)^2=\frac{g_1(\chi_\pi)^4}{g_1(\psi)^2}=\left(\frac{-1}{\pi}\right)_4 J(\chi_\pi,\chi_\pi)J(\chi_\pi,\psi).$$

这便证明了①.

而由

$$g_1(\chi_\pi)^4=g_1(\psi)^2J(\chi_\pi,\chi_\pi)^2=pJ(\chi_\pi,\chi_\pi)^2,$$

便证明了②. 证完

引理 2 设 π 是一个本原不可分数,则

① $-\left(\frac{-1}{\pi}\right)_4 J(\chi_\pi,\chi_\pi)=\pi$；

② $g_1(\chi_\pi)^4=\pi^3\bar{\pi}$.

证 我们有

$$\begin{aligned}J(\chi_\pi,\chi_\pi)&=\sum_{t_1+t_2=1}\left(\frac{t_1}{\pi}\right)_4\left(\frac{t_2}{\pi}\right)_4\\&=\sum_{t=0}^{p-1}\left(\frac{t}{\pi}\right)_4\left(\frac{1-t}{\pi}\right)_4\\&=\sum_{t=2}^{p-1}\left(\frac{t}{\pi}\right)_4\left(\frac{1-t}{\pi}\right)_4\\&=2\sum_{t=2}^{(p-1)/2}\left(\frac{t}{\pi}\right)_4\left(\frac{1-t}{\pi}\right)_4+\left(\frac{\frac{p+1}{2}}{\pi}\right)_4^2.\end{aligned}\tag{1}$$

设 $\varepsilon\in D$，ε 是一个单位数，则有 $\varepsilon\equiv1(\bmod\ (1+\mathrm{i}))$. 显然有 $p\equiv1(\bmod\ (2+2\mathrm{i}))$. 设 $\left(\frac{\frac{p+1}{2}}{\pi}\right)_4^2=s$，则 $\left(\frac{2}{\pi}\right)_4^2 s=\left(\frac{2}{\pi}\right)_4^2\left(\frac{\frac{p+1}{2}}{\pi}\right)_4^2=1$，故 $\left(\frac{2}{\pi}\right)_4^2\cdot\left(\frac{2}{\pi}\right)_4^2 s=\left(\frac{2}{\pi}\right)_4^2$，即 $s=\left(\frac{2}{\pi}\right)_4^2=\left(\frac{-\mathrm{i}(1+\mathrm{i})^2}{\pi}\right)_4^2=\left(\frac{-1}{\pi}\right)_4$.

因为 $\left(\frac{t}{\pi}\right)_4\left(\frac{1-t}{\pi}\right)_4$ 是 D 中的单位数，故 $\left(\frac{t}{\pi}\right)_4\left(\frac{1-t}{\pi}\right)_4\equiv1(\bmod\ (1+\mathrm{i}))$，即得 $2\left(\frac{t}{\pi}\right)_4\left(\frac{1-t}{\pi}\right)_4\equiv2(\bmod\ (2+2\mathrm{i}))$，于是由(1)给出

$$\begin{aligned}J(\chi_\pi,\chi_\pi)&\equiv2\left(\frac{p-3}{2}\right)+\left(\frac{-1}{\pi}\right)_4\\&\equiv-2+\left(\frac{-1}{\pi}\right)_4(\bmod\ (2+2\mathrm{i})).\end{aligned}$$

故得

$$-\left(\frac{-1}{\pi}\right)_4 J(\chi_\pi,\chi_\pi)\equiv2\left(\frac{-1}{\pi}\right)_4-1(\bmod\ (2+2\mathrm{i})).\tag{2}$$

而$\left(\frac{-1}{\pi}\right)_4=\left(\frac{\mathrm{i}}{\pi}\right)_4^2=(-1)^{3\cdot\frac{a-1}{2}}=\pm1$，故(2)式给出

$$-\left(\frac{-1}{\pi}\right)_4 J(\chi_\pi,\chi_\pi)\equiv1(\bmod (2+2\mathrm{i})),$$

即$-\left(\frac{-1}{\pi}\right)_4 J(\chi_\pi,\chi_\pi)$是一个本原数.

设$A=-\left(\frac{-1}{\pi}\right)_4 J(\chi_\pi,\chi_\pi)=c+d\mathrm{i}$，故有$A\bar{A}=c^2+d^2=J(\chi_\pi,\chi_\pi)\overline{J(\chi_\pi,\chi_\pi)}=p$；即知$A$是一个本原不可分数，且$A|p$，与§4的引理证明类似，可证$J(\chi_\pi,\chi_\pi)\equiv0(\bmod \pi)$，故$\pi|A$，$\pi$与$A$相伴，而由§6定理2的②知，在与$\pi$相伴的四个数之中仅有一个本原数，故$\pi=A$，这就证明了①.

因为$g_1(\chi_\pi)^4=pJ(\chi_\pi,\chi_\pi)^2$，$-\left(\frac{-1}{\pi}\right)_4 J(\chi_\pi,\chi_\pi)=\pi$，故

$$g_1(\chi_\pi)^4=p\pi^2=\pi^3\bar{\pi}.$$

这就证明了②. 证完

引理3 设$q\equiv3(\bmod 4)$是一个素数，π是一个本原不可分数，$N(\pi)=p$，则$\left(\frac{-q}{\pi}\right)_4=\left(\frac{\pi}{q}\right)_4$.

证 因为$q\equiv3(\bmod 4)$，故

$$g_1(\chi_\pi)^q\equiv\sum_{j=1}^{p-1}\left(\frac{j}{\pi}\right)_4^q\eta^{qj}\equiv\sum_{j=1}^{p-1}\left(\frac{j}{\pi}\right)_4^3\eta^{qj}$$
$$=g_q(\bar{\chi}_\pi)(\bmod q).$$

又$\left(\frac{q^3}{\pi}\right)_4 g_q(\bar{\chi}_\pi)=g_1(\bar{\chi}_\pi)$，故上式给出

$$(g_1(\chi_\pi)^4)^{\frac{q+1}{4}}=g_1(\chi_\pi)^{q+1}$$
$$\equiv\left(\frac{q}{\pi}\right)_4 g_1(\bar{\chi}_\pi)g_1(\chi_\pi)(\bmod q). \qquad (3)$$

由$q\equiv3(\bmod 4)$，我们有$(a+b\mathrm{i})^q\equiv a^q+b^q(\mathrm{i})^q\equiv a-b\mathrm{i}(\bmod q)$，故

$$g_1(\chi_\pi)^4 = \pi^3\bar{\pi} = \pi^{q+3}\pmod q,$$

再由第八章 §4 的定理 2 的推论知 $g_1(\bar{\chi}_\pi)g_1(\chi_\pi)=\left(\frac{-1}{\pi}\right)_4 p$，代入(3)得

$$\pi^{(q+3)(q+1)/4} \equiv \left(\frac{q}{\pi}\right)_4 \chi_\pi(-1)p$$

$$\equiv \left(\frac{q}{\pi}\right)_4 \left(\frac{-1}{\pi}\right)_4 \pi^{q+1}\pmod q.$$

即得

$$\pi^{(q^2-1)/4} \equiv \left(\frac{-q}{\pi}\right)_4 \pmod q. \tag{4}$$

而 $\pi^{(q^2-1)/4}\equiv\left(\frac{\pi}{q}\right)_4\pmod q$，(4)给出$\left(\frac{\pi}{q}\right)_4=\left(\frac{-q}{\pi}\right)_4$. 证完

因为 $-q$ 是本原不可分数，$\frac{N(-q)-1}{4}=\frac{q^2-1}{4}$是偶数，又

$$\left(\frac{\pi}{q}\right)_4 = \left(\frac{\pi}{-q}\right)_4 = \left(\frac{-q}{\pi}\right)_4 (-1)^{\frac{N(-q)-1}{4}\cdot\frac{N(\pi)-1}{4}},$$

故引理 3 证明了互反律的一个特殊情形.

引理 4 设 π 是本原不可分数，$N(\pi)=p$，$p_1\equiv 1\pmod 4$是一个素数，$p_1\neq p$，则

$$\left(\frac{p_1}{\pi}\right)_4 = \left(\frac{\pi}{p_1}\right)_4.$$

证 因为 $p_1\equiv 1\pmod 4$，

$$g_1(\chi_\pi)^{p_1} \equiv \sum_{j=1}^{p-1}\left(\frac{j}{\pi}\right)_4^{p_1}\eta^{p_1 j} = g_{p_1}(\chi_\pi)$$

$$= \left(\frac{p_1^3}{\pi}\right)_4 g_1(\chi_\pi)\pmod{p_1},$$

因此，

$$g_1(\chi_\pi)^{p_1+3} \equiv \left(\frac{p_1^3}{\pi}\right)_4 g_1(\chi_\pi)^4\pmod{p_1}.$$

将 $g_1(\chi_\pi)^4=\pi^3\bar{\pi}$ 代入上式得

$$(\pi^3\bar{\pi})^{\frac{p_1+3}{4}}\equiv\left(\frac{p_1^3}{\pi}\right)_4\pi^3\bar{\pi}\pmod{p_1},\tag{5}$$

因为 $(p_1,\pi)=(p_1,\bar{\pi})=1$，(5)式给出

$$(\pi^3)^{\frac{p_1-1}{4}}\bar{\pi}^{\frac{p_1-1}{4}}\equiv\left(\frac{p_1^3}{\pi}\right)_4\pmod{p_1}.\tag{6}$$

设 $p_1=\pi_1\bar{\pi}_1$，π_1 是 D 中不可分数，$N(\pi_1)=p_1$，(6)式推出

$$\left(\frac{\pi^3}{\pi_1}\right)_4\left(\frac{\bar{\pi}}{\pi_1}\right)_4\equiv\left(\frac{p_1^3}{\pi}\right)_4\pmod{\pi_1},$$

故得

$$\left(\frac{\pi^3}{\pi_1}\right)_4\left(\frac{\bar{\pi}}{\pi_1}\right)_4=\left(\frac{p_1^3}{\pi}\right)_4,$$

即

$$\left(\frac{p_1}{\pi}\right)_4\left(\frac{\bar{\pi}}{\pi_1}\right)_4=\left(\frac{\pi}{\pi_1}\right)_4,$$

而 $\left(\frac{\bar{\pi}}{\pi_1}\right)_4\left(\frac{\pi}{\bar{\pi}_1}\right)_4=1$，故有

$$\left(\frac{p_1}{\pi}\right)_4=\left(\frac{\pi}{\bar{\pi}_1}\right)_4\left(\frac{\pi}{\pi_1}\right)_4=\left(\frac{\pi}{p_1}\right)_4.$$ 证完

因为 $p_1\equiv1\pmod 4$，p_1 是一个本原数，$\frac{p_1^2-1}{4}\equiv0\pmod 2$，故引理 4 给出了四次互反律又一特殊情形.

引理 5 设 a 是一个有理整数，$a\equiv1\pmod 4$ 且 λ 是一个本原数，$(\lambda,a)=1$，则

$$\left(\frac{\lambda}{a}\right)_4=\left(\frac{a}{\lambda}\right)_4.$$

证 由于 λ 是本原数，由 §6 的定理 2 的③知，λ 可表为本原不可分数的乘积 $\lambda=(-q_1)\cdots(-q_s)\pi_1\cdots\pi_t$，其中 $N(\pi_j)=p_j\equiv1\pmod 4$ 是素数$(j=1,\cdots,t)$，$q_j\equiv3\pmod 4$ 是素数$(j=1,\cdots,s)$，

故

$$\left(\frac{a}{\lambda}\right)_4=\left(\frac{a}{-q_1}\right)_4\cdots\left(\frac{a}{-q_s}\right)_4\left(\frac{a}{\pi_1}\right)_4\cdots\left(\frac{a}{\pi_t}\right)_4. \tag{7}$$

再设 $a=f_1\cdots f_l(-r_1)\cdots(-r_k)$，$f_i\equiv1(\bmod 4)$是素数($i=1,\cdots,l$)，而 $r_i\equiv3(\bmod 4)$是素数($i=1,\cdots,k$)，因$(a,q_j)=1(j=1,\cdots,s)$，由§6 定理 5 的①，我们有$\left(\frac{a}{-q_j}\right)_4=\left(\frac{-q_j}{a}\right)_4=1(j=1,\cdots,s)$，故(7)给出

$$\left(\frac{a}{\lambda}\right)_4=\left(\frac{-q_1}{a}\right)_4\cdots\left(\frac{-q_s}{a}\right)_4\left(\frac{f_1}{\pi_1}\right)_4\cdots\left(\frac{f_l}{\pi_1}\right)_4\left(\frac{-r_1}{\pi_1}\right)_4\cdots$$
$$\left(\frac{-r_k}{\pi_1}\right)_4\cdots\left(\frac{f_1}{\pi_t}\right)_4\cdots\left(\frac{f_l}{\pi_t}\right)_4\left(\frac{-r_1}{\pi_t}\right)_4\cdots\left(\frac{-r_k}{\pi_t}\right)_4. \tag{8}$$

再由引理 3 和引理 4，(8)式给出

$$\begin{aligned}\left(\frac{a}{\lambda}\right)_4&=\left(\frac{(-q_1)\cdots(-q_s)}{a}\right)_4\prod_{i=1}^{t}\left(\frac{\pi_i}{f_1}\right)_4\cdots\cdot\\&\qquad\left(\frac{\pi_i}{f_l}\right)_4\left(\frac{\pi_i}{-r_1}\right)_4\cdots\left(\frac{\pi_i}{-r_k}\right)_4\\&=\left(\frac{(-q_1)\cdots(-q_s)}{a}\right)_4\left(\frac{\pi_1\cdots\pi_t}{f_1}\right)_4\cdots\cdot\\&\qquad\left(\frac{\pi_1\cdots\pi_t}{f_l}\right)_4\left(\frac{\pi_1\cdots\pi_t}{-r_1}\right)_4\cdots\left(\frac{\pi_1\cdots\pi_t}{-r_k}\right)_4\\&=\left(\frac{(-q_1)\cdots(-q_s)}{a}\right)_4\left(\frac{\pi_1\cdots\pi_t}{a}\right)_4\\&=\left(\frac{\lambda}{a}\right)_4.\end{aligned}$$

证完

引理 6　设 $\pi=a+bi$，$\lambda=c+di$，$(\pi,\lambda)=1$，π,λ 均是本原数，$(a,b)=1$，$(c,d)=1$，则

$$\left(\frac{\lambda}{\pi}\right)_4=\left(\frac{\pi}{\lambda}\right)_4(-1)^{\frac{a-1}{2}\cdot\frac{c-1}{2}}.$$

证　因为$(a,b)=(c,d)=1$，故$(a,\pi)=(b,\pi)=(c,\lambda)=$

$(d,\lambda)=1$. 由 $c\pi=ca+cb\mathrm{i}=ca+bd+b(c\mathrm{i}-d)\equiv ca+bd \pmod{\lambda}$,推出$(ac+bd,\lambda)=1$;再由 $a\lambda=a(c+d\mathrm{i})=ac+ad\mathrm{i}+bd-bd=ac+bd+d(a\mathrm{i}-b)$,得 $a\lambda\equiv ac+bd \pmod{\pi}$,推出$(ac+bd,\pi)=1$. 于是有

$$\left(\frac{c}{\lambda}\right)_4\left(\frac{\pi}{\lambda}\right)_4=\left(\frac{c\pi}{\lambda}\right)_4=\left(\frac{ac+bd}{\lambda}\right)_4, \tag{9}$$

$$\left(\frac{a}{\pi}\right)_4\left(\frac{\lambda}{\pi}\right)_4=\left(\frac{a\lambda}{\pi}\right)_4=\left(\frac{ac+bd}{\pi}\right)_4, \tag{10}$$

(10) 式两端取共轭得

$$\left(\frac{a}{\bar{\pi}}\right)_4\overline{\left(\frac{\lambda}{\pi}\right)_4}=\left(\frac{ac+bd}{\bar{\pi}}\right)_4. \tag{11}$$

(11)和(9)两式相乘得

$$\left(\frac{c}{\lambda}\right)_4\left(\frac{a}{\bar{\pi}}\right)_4\left(\frac{\pi}{\lambda}\right)_4\overline{\left(\frac{\lambda}{\pi}\right)_4}=\left(\frac{ac+bd}{\lambda\bar{\pi}}\right)_4.$$

故有

$$\overline{\left(\frac{c}{\lambda}\right)_4}\,\overline{\left(\frac{a}{\bar{\pi}}\right)_4}\left(\frac{c}{\lambda}\right)_4\left(\frac{a}{\bar{\pi}}\right)_4\left(\frac{\pi}{\lambda}\right)_4\overline{\left(\frac{\lambda}{\pi}\right)_4}$$
$$=\overline{\left(\frac{c}{\lambda}\right)_4}\,\overline{\left(\frac{a}{\bar{\pi}}\right)_4}\left(\frac{ac+bd}{\lambda\bar{\pi}}\right)_4,$$

即得

$$\left(\frac{\pi}{\lambda}\right)_4\overline{\left(\frac{\lambda}{\pi}\right)_4}=\left(\frac{c}{\bar{\lambda}}\right)_4\left(\frac{a}{\pi}\right)_4\left(\frac{ac+bd}{\lambda\bar{\pi}}\right)_4. \tag{12}$$

对于一个奇数 n,设 $\varepsilon(n)=(-1)^{\frac{n-1}{2}}$,则 $\varepsilon(n)n\equiv 1 \pmod{4}$,因为 $bd\equiv 0 \pmod{4}$,故 $\dfrac{ac+bd-1}{2}\equiv\dfrac{a-1}{2}+\dfrac{c-1}{2} \pmod{2}$,我们有 $\varepsilon(ac+bd)=\varepsilon(a)\varepsilon(c)$,再由引理 5,(12)式给出

$$\left(\frac{\pi}{\lambda}\right)_4\overline{\left(\frac{\lambda}{\pi}\right)_4}=\left(\frac{\varepsilon(c)}{\bar{\lambda}}\right)_4\left(\frac{\varepsilon(c)c}{\bar{\lambda}}\right)_4\left(\frac{\varepsilon(a)}{\pi}\right)_4\left(\frac{\varepsilon(a)a}{\pi}\right)_4.$$

$$\left(\frac{\varepsilon(ac+bd)}{\lambda\bar{\pi}}\right)_4\left(\frac{\varepsilon(ac+bd)(ac+bd)}{\lambda\bar{\pi}}\right)_4$$

$$=\left(\frac{\varepsilon(c)}{\lambda}\right)_4\left(\frac{\bar{\lambda}}{c}\right)_4\left(\frac{\varepsilon(a)}{\pi}\right)_4\left(\frac{\pi}{a}\right)_4\left(\frac{\varepsilon(a)}{\lambda\bar{\pi}}\right)_4\cdot$$

$$\left(\frac{\varepsilon(c)}{\lambda\bar{\pi}}\right)_4\left(\frac{\lambda\bar{\pi}}{ac+bd}\right)_4$$

$$=\left(\frac{\varepsilon(c)}{\bar{\pi}}\right)_4\left(\frac{\varepsilon(a)}{\lambda}\right)_4\left(\frac{\bar{\lambda}}{c}\right)_4\left(\frac{\pi}{a}\right)_4\left(\frac{\lambda\bar{\pi}}{ac+bd}\right)_4.$$

又因 $\lambda,\bar{\pi}$ 均为本原数，则有 $\left(\frac{\varepsilon(c)}{\bar{\pi}}\right)_4\cdot\left(\frac{\varepsilon(a)}{\lambda}\right)_4=1$，故有

$$\left(\frac{\pi}{\lambda}\right)_4\overline{\left(\frac{\lambda}{\pi}\right)_4}=\left(\frac{\bar{\lambda}}{c}\right)_4\left(\frac{\pi}{a}\right)_4\left(\frac{\lambda\bar{\pi}}{ac+bd}\right)_4.$$

由 §6 的定理 5，我们有

$$\left(\frac{\bar{\lambda}}{c}\right)_4=\left(\frac{c-d\mathrm{i}}{c}\right)_4=\left(\frac{-d\mathrm{i}}{c}\right)_4$$

$$=\left(\frac{-d}{c}\right)_4\left(\frac{\mathrm{i}}{c}\right)_4=\left(\frac{\mathrm{i}}{c}\right)_4,$$

$$\left(\frac{\pi}{a}\right)_4=\left(\frac{a+b\mathrm{i}}{a}\right)_4=\left(\frac{b\mathrm{i}}{a}\right)_4=\left(\frac{b}{a}\right)_4\left(\frac{\mathrm{i}}{a}\right)_4=\left(\frac{\mathrm{i}}{a}\right)_4,$$

$$\left(\frac{\bar{\pi}\lambda}{ac+bd}\right)_4=\left(\frac{(ad-bc)\mathrm{i}}{ac+bd}\right)_4=\left(\frac{ad-bc}{ac+bd}\right)_4\left(\frac{\mathrm{i}}{ac+bd}\right)_4$$

$$=\left(\frac{\mathrm{i}}{ac+bd}\right)_4.$$

故由 $(ac+bd)ac\equiv1\pmod 4$，得

$$\left(\frac{\pi}{\lambda}\right)\overline{\left(\frac{\lambda}{\pi}\right)_4}=\left(\frac{\mathrm{i}}{(ac+bd)ac}\right)_4=(-1)^{\frac{(ac+bd)ac-1}{4}}.$$

又因当 π 和 λ 是本原数时，$(ac+bd)ac-1\equiv(a-1)(c-1)\pmod 8$，故有

$$\left(\frac{\pi}{\lambda}\right)_4\overline{\left(\frac{\lambda}{\pi}\right)_4}=(-1)^{\frac{a-1}{2}\cdot\frac{c-1}{2}},$$

即得

$$\left(\frac{\pi}{\lambda}\right)_4=(-1)^{\frac{a-1}{2}\cdot\frac{c-1}{2}}\left(\frac{\lambda}{\pi}\right)_4.$$

如果 c,a 和 $ac+bd$ 中有单位数时，可类似地证明. 例如 $ac+bd=1$，c 和 a 均不是单位数. 则

$$\left(\frac{\pi}{\lambda}\right)_4\overline{\left(\frac{\lambda}{\pi}\right)_4}=\left(\frac{\varepsilon(c)}{\bar{\lambda}}\right)_4\left(\frac{\varepsilon(c)c}{\bar{\lambda}}\right)_4\left(\frac{\varepsilon(a)}{\pi}\right)_4\left(\frac{\varepsilon(a)a}{\pi}\right)_4$$

$$=\left(\frac{\bar{\lambda}}{c}\right)_4\left(\frac{\pi}{a}\right)_4=\left(\frac{\mathrm{i}}{ac}\right)_4,$$

而 $ac\equiv1(\bmod 4)$，故

$$\left(\frac{\pi}{\lambda}\right)_4\overline{\left(\frac{\lambda}{\pi}\right)_4}=(-1)^{\frac{ac-1}{4}},$$

由于 $ac+bd=1$，可证 $\frac{ac-1}{4}\equiv\frac{(a-1)(c-1)}{4}(\bmod 2)$，故

$$\left(\frac{\pi}{\lambda}\right)_4=\left(\frac{\lambda}{\pi}\right)_4(-1)^{\frac{a-1}{2}\cdot\frac{c-1}{2}}.$$

其余情形，类似可证.　　　　证完

定理的证明

因为 π,λ 是两个本原数，$(\pi,\lambda)=1$，可写 $\pi=m(a+b\mathrm{i})$，$\lambda=n(c+d\mathrm{i})$，$(a,b)=1$，$(c,d)=1$，其中 $m\equiv n\equiv1(\bmod 4)$，且 $a+b\mathrm{i}$，$c+d\mathrm{i}$ 为本原数，$(a+b\mathrm{i},c+d\mathrm{i})=1$，$(m,n)=1$，由引理 5 和引理 6，有

$$\left(\frac{\pi}{\lambda}\right)_4=\left(\frac{m(a+b\mathrm{i})}{\lambda}\right)_4=\left(\frac{m}{\lambda}\right)_4\left(\frac{a+b\mathrm{i}}{\lambda}\right)_4$$

$$=\left(\frac{\lambda}{m}\right)_4\left(\frac{a+b\mathrm{i}}{n}\right)_4\left(\frac{a+b\mathrm{i}}{c+d\mathrm{i}}\right)_4$$

$$=\left(\frac{\lambda}{m}\right)_4\left(\frac{n}{a+b\mathrm{i}}\right)_4\left(\frac{c+d\mathrm{i}}{a+b\mathrm{i}}\right)_4(-1)^{\frac{a-1}{2}\cdot\frac{c-1}{2}}$$

$$=\left(\frac{\lambda}{m}\right)_4\left(\frac{\lambda}{a+b\mathrm{i}}\right)_4(-1)^{\frac{a-1}{2}\cdot\frac{c-1}{2}}$$

$$=\left(\frac{\lambda}{\pi}\right)_4(-1)^{\frac{a-1}{2}\cdot\frac{c-1}{2}}$$

$$=\left(\frac{\lambda}{\pi}\right)_4(-1)^{\frac{N(\pi)-1}{4}\cdot\frac{N(\lambda)-1}{4}}.$$ 证完

显然有

推论 设 $\pi=a+bi,\lambda=c+di$ 均是本原数，且 λ,π 是互素的，则

$$\left(\frac{\pi}{\lambda}\right)_4=\left(\frac{\lambda}{\pi}\right)_4(-1)^{\frac{a-1}{2}\cdot\frac{c-1}{2}}.$$

对于模 p 四次剩余符号，1969 年，Burde 证明了一个重要的定理：设 $p=a^2+b^2,q=c^2+d^2,a\equiv c\equiv 1\pmod 2$，而 $b\equiv d\equiv 0\pmod 2$，$ab>0,cd>0$，p 和 q 是素数，$p\neq q$，且 $\left(\frac{p}{q}\right)=1$，则 $\left(\frac{p}{q}\right)_4\left(\frac{q}{p}\right)_4=(-1)^{\frac{p-1}{4}}\left(\frac{ad-bc}{p}\right)$.

这个定理可以通过 $Z[\mathrm{i}]$ 上的四次剩余特征来表述.

设 π 是 $Z[\mathrm{i}]$ 上的一个不可分数，$N(\pi)=p\equiv 1\pmod 4$，λ 是 $Z[\mathrm{i}]$ 的不可分数，$N(\lambda)=q\equiv 1\pmod 4$. 熟知，$\left(\frac{q}{\pi}\right)_4=1$ 当且仅当 $x^4\equiv q\pmod \pi$ 在 D 中有解. 实际上，可以证明：$\left(\frac{q}{\pi}\right)_4=1$ 当且仅当 $x^4\equiv q\pmod p$ 在 $\mathbf{Z}$ 中有解. 这里因为，如果 $x^4\equiv q\pmod p$ 在 $\mathbf{Z}$ 中有解，可推出 $x^4\equiv q\pmod \pi$ 在 D 中有解. 反之，设 $\left(\frac{q}{\pi}\right)_4=1$，即 $x^4\equiv q\pmod \pi$ 在 D 中有解，因为 $\{0,1,\cdots,p-1\}$ 是模 π 的一组完全剩余系，因此 $x^4\equiv q\pmod \pi$ 在 $\mathbf{Z}$ 中有解. 设 $h\in\mathbf{Z}$，$h^4\equiv q\pmod \pi$，由此推出 $h^4\equiv q\pmod{\bar\pi}$，而 $(\pi,\bar\pi)=1$，故 $p=\pi\bar\pi\mid h^4-q$.

以上的论断说明，$\left(\frac{q}{\pi}\right)_4=1$ 当且仅当模 p 四次剩余符号

$\left(\frac{q}{p}\right)_4 = 1.$

设$\left(\frac{q}{p}\right) = 1$，则 $q^{\frac{p-1}{2}} \equiv 1 \pmod p$，故

$$\left(\frac{q}{\pi}\right)_4^2 \equiv (q^{\frac{p-1}{4}})^2 \equiv q^{\frac{p-1}{2}} \equiv 1 \pmod \pi,$$

即得$\left(\frac{q}{\pi}\right)_4^2 = 1$，$\left(\frac{q}{\pi}\right)_4 = \pm 1$.

另一方面，由 $q^{\frac{p-1}{2}} \equiv 1 \pmod p$，得$(q^{\frac{p-1}{4}})^2 - 1 \equiv 0 \pmod p$，即$(q^{\frac{p-1}{4}} - 1)(q^{\frac{p-1}{4}} + 1) \equiv 0 \pmod p$，故 $q^{\frac{p-1}{4}} \equiv \pm 1 \pmod p$，即得$\left(\frac{q}{p}\right)_4 = \pm 1$，这就证明了，当 $q \equiv p \equiv 1 \pmod 4$，$\pi \mid p$，$\lambda \mid q$，$N(\pi) = p$，$N(\lambda) = q$，$p \neq q$，$\left(\frac{p}{q}\right) = 1$ 时，$\left(\frac{q}{\pi}\right)_4 = \left(\frac{q}{p}\right)_4$，$\left(\frac{p}{\lambda}\right)_4 = \left(\frac{p}{q}\right)_4$，这两式的右端为模 p 的四次剩余符号. 于是，Burde 的结果可写成$\left(\frac{q}{\pi}\right)_4\left(\frac{p}{\lambda}\right)_4 = (-1)^{\frac{p-1}{4}}\left(\frac{ad-bc}{p}\right)$.

利用雅可比和与高斯和，1970 年，Williams 给出了另一个证明.

§8　有限域上的椭圆曲线

设 F_q 是一个 q 元有限域，本节将介绍 F_q 上的二类椭圆曲线及其基本性质，它们在公钥密码体制上有重要应用.

定义 1　设 $q = p^l$，p 是素数，$p > 3$，$a, b \in F_q$，且 $4a^3 + 27b^2 \neq 0$. F_q 上的方程

$$y^2 = x^3 + ax + b$$

的所有解(x, y)，$x, y \in F_q$ 和一个无穷远点 O 组成的点集，称为 F_q 上由 $y^2 = x^3 + ax + b$ 定义的椭圆曲线，记为 $E(F_q)$.

我们在 $E(F_q)$ 上定义下面的加法运算：

① $O+O=O$.

② 对所有的 $(x,y)\in E(F_q)$，$(x,y)+O=O+(x,y)=(x,y)$.

③ 对所有的 $(x,y)\in E(F_q)$，$(x,y)+(x,-y)=O$，即 (x,y) 的负元是 $-(x,y)=(x,-y)$.

④ 设 $P=(x_1,y_1)\in E(F_q)$，$Q=(x_2,y_2)\in E(F_q)$，如果 $Q\neq -P$，则 $P+Q=(x_3,y_3)$，这里

$$x_3=\lambda^2-x_1-x_2,\quad y_3=\lambda(x_1-x_3)-y_1,$$

且

$$\lambda=\begin{cases}\dfrac{y_2-y_1}{x_2-x_1}, & \text{当 } P\neq Q;\\ \dfrac{3x_1^2+a}{2y_1}, & \text{当 } P=Q.\end{cases}$$

我们有下面的定理.

定理 1　在 $E(F_q)$ 上定义加法运算满足①—④，则 $E(F_q)$ 是一个具有恒等元 O 的交换群.

证明 $E(F_q)$ 成群时，大多数是直接的，但结合律的证明是困难的，我们不证明了.

例 1　给出由 $y^2=x^3+1$ 定义的交换群 $E(F_5)$.

由于 $a=0,b=1,5\nmid 4a^3+27b^2=27$，因此，由定理 1 知由 $y^2=x^3+1$ 定义的椭圆曲线 $E(F_5)$ 构成一个交换群. 经计算，它是一个 6 阶群，即

$$E(F_5)=\{(0,1),(0,-1),(2,3),(2,-3),(4,0),O\}.$$

我们有 $(4,0)=-(4,0)$，即 $2(4,0)=O$. 现在，我们计算 $(2,3)+(4,0)$，因为 $(4,0)\neq -(2,3)$，$(4,0)\neq(2,3)$，故 $\lambda=-3\cdot 2^{-1}=1$，$x_3=1-2-4\equiv 0\pmod 5$，$y_3=2-3=-1$，即得 $(2,3)+(4,0)=(0,-1)$；同样，可知 $(2,3)+(2,3)=(0,1)$，$(2,3)+(0,1)=$

(4,0). 设 $P=(2,3)$，易知 $2P=(0,1)$，$3P=(4,0)$，$4P=(0,-1)$，$5P=(2,-3)$，$6P=O$. 故知 $E(F_5)$ 是 P 生成的 6 阶循环群.

设 N_p 表交换群 $E(F_p)$ 的元的个数，即 $E(F_p)$ 的阶，一般来讲，计算 N_p 的精确值是困难，因为没有简明的直接公式来计算 N_p，但是 1985 年，Schoof 提出了一个有效的算法来计算 N_p. 一个著名的不等式是：

$$p+1-2\sqrt{p}\leqslant N_p\leqslant p+1+2\sqrt{p},$$

是由 Hasse 提出的. 另一方面对于少数椭圆曲线，也存在简明的直接公式.

例如我们有下面的定理.

定理 2 设 $p>3$ 是素数，$p\nmid D$，对于由 $y^2=x^3+D$ 定义的椭圆曲线 $E(F_p)$，我们有

$$N_p=\begin{cases}p+1, & \text{如果 } p\equiv 2\pmod 3;\\ p+1+\rho\chi(4D)\pi+\overline{\rho\chi(4D)}\bar{\pi}, & \text{如果 } p\equiv 1\pmod 3,\end{cases}$$

其中 $\rho(a)=\left(\dfrac{a}{p}\right)$ 和 $\chi(a)=\left(\dfrac{a}{\pi}\right)_3$，$a\in F_p$ 分别是 F_p 上的二阶特征和三阶特征，$p=\pi\bar{\pi}$，$\pi\equiv 2\pmod 3$ 是 $Z[\omega]$ 的本原不可分数.

定理 3 设 $p>3$ 是素数，$p\nmid D$，对于由 $y^2=x^3-Dx$ 定义的椭圆曲线 $E(F_p)$，我们有

$$N_p=\begin{cases}p+1, & \text{如果 } p\equiv 3\pmod 4;\\ p+1-\rho\delta(D)\pi-\overline{\rho\delta(D)}\bar{\pi}, & \text{如果 } p\equiv 1\pmod 4,\end{cases}$$

其中 $p=\pi\bar{\pi}$，$\pi\equiv 1\pmod{2+2\mathrm{i}}$ 是 $Z[\mathrm{i}]$ 的本原不可分数，ρ 是 F_p 上的二次特征，δ 是四次剩余特征 $\left(\dfrac{\alpha}{\pi}\right)_4$，$\alpha\in F_p$.

证明定理 2 和定理 3 之前，先证明两个引理.

引理 1 设 p 是一个奇素数，ρ 是 F_p 上的一个二阶特征，β 是 F_p 上的任一个非主特征，则有

$$J(\rho,\beta)=\beta(4)J(\beta,\beta).$$

证

$$\begin{aligned}J(\rho,\beta) &= \sum_{\substack{a+b=1\\a,b\in F_p}}\rho(a)\beta(b) = \sum_{\substack{a+b=1\\a,b\in F_p}}(1+\rho(a))\beta(b)\\&= \sum_{\substack{a+b=1\\a,b\in F_p}}N(t^2=a)\beta(b) = \sum_{t\in F_p}\beta(1-t^2)\\&= \beta(4)\sum_{t\in F_p}\beta\left(\frac{(1-t)}{2}\right)\beta\left(\frac{(1+t)}{2}\right)\\&= \beta(4)J(\beta,\beta),\end{aligned}$$

其中$\frac{1}{2}$表示整数2^*,使得$2\cdot 2^*\equiv 1(\bmod p)$. 证完

引理 2 设$N=N(y^2=x^3-Dx)$和$N'=N(u^2=v^4+4D)$分别表示$y^2=x^3-Dx$和$u^2=v^4+4D$在F_p上解的个数,则

$$N-1=N'.$$

证 设C和C'分别代表曲线$y^2=x^3-Dx$和$u^2=v^4+4D$. 定义映射T:

$$T(u,v)=\left(\frac{1}{2}(u+v^2),\frac{1}{2}v(u+v^2)\right),$$

由$u^2=v^4+4D$,可知$\left(\frac{1}{2}(u+v^2),\frac{1}{2}v(u+v^2)\right)$是$y^2=x^3-Dx$的一组解,故$T$是$C'$到$C$的映射. 设$u_1^2=v_1^4+4D$,$(u_1,v_1)\neq(u,v)$,易知$T(u_1,v_1)\neq T(u,v)$. 由于$4D=u^2-v^4=(u+v^2)(u-v^2)$,故$u+v^2\neq 0$,这表明对于映射$T$,$C$中的点$(0,0)$在$C'$中没有原像.

反之,定义映射S:

$$S(x,y)=(2x-\frac{y^2}{x^2},\frac{y}{x}),x\in F_p^*.$$

易证,对于$y^2=x^3-Dx$,$x\in F_p^*$,$\left(2x-\frac{y^2}{x^2},\frac{y}{x}\right)$是$u^2=v^4+4D$的一组解,且$T\left(2x-\frac{y^2}{x^2},\frac{y}{x}\right)=(x,y)$,即$\left(2x-\frac{y^2}{x^2},\frac{y}{x}\right)$是$(x,y)$的原像.

这就证明了 T 是 C' 和 $C-(0,0)$ 间的一一映射，故 $N-1=N'$.

证完

定理 2 的证明

设 $p\equiv 2(\bmod 3)$，由 $\left(\frac{-3}{p}\right)=-1$，可知映射 $G:G(x)=x^3$ 是 F_p^* 的一个自同构. 故 $N_p=N(y^2=x^3+D)+1=N(y^2=x+D)+1=p+1$.

现设 $p\equiv 1(\bmod 3)$，χ 和 ρ 分别是 F_p 上的三阶特征和二阶特征. 我们有

$$\begin{aligned}N(y^2=x^3+D)&=\sum_{\substack{a+b=D\\a\in F_p,b\in F_p}}N(y^2=a)N(x^3=-b)\\&=\sum_{\substack{a+b=D\\a\in F_p,b\in F_p}}(1+\rho(a))(1+\chi(-b)+\chi^2(-b))\\&=p+\sum_{\substack{a+b=D\\a\in F_p,b\in F_p}}\rho(a)\chi(b)+\sum_{\substack{a+b=D\\a\in F_p,b\in F_p}}\rho(a)\chi^2(b).\end{aligned}$$

令 $a=a'D,b=b'D$，代入上式，我们有

$$\begin{aligned}N_p&=1+N(y^2=x^3+D)\\&=p+1+\rho\chi(D)J(\rho,\chi)+\overline{\rho\chi(D)}\ \overline{J(\rho,\chi)},\end{aligned}\tag{1}$$

由引理 1，(1) 给出

$$N_p=p+1+\rho\chi(4D)J(\chi,\chi)+\overline{\rho\chi(4D)J(\chi,\chi)}.\tag{2}$$

由于 $\chi=\chi_\pi$ 为三次剩余特征 $\left(\frac{\alpha}{\pi}\right)_3$，$\alpha\in F_p$，由本章 §4 的引理知 $J(x_\pi,x_\pi)=\pi$，这里 $p=\pi\bar{\pi}$，$\pi\equiv 2(\bmod 3)$，于是 (2) 给出

$$N_p=p+1+\rho\chi(4D)\pi+\overline{\rho\chi(4D)\pi}.$$

证完

定理 3 的证明

由 $p\equiv 3(\bmod 4)$，则 $\left(\frac{-1}{p}\right)=-1$，可知 F_p 的每一个元有形状 $\pm w^2$. 因此在 F_p 中每个平方元也是一个四次幂. 我们有

$$N'=N(u^2=v^4+4D)=N(u^2=v^2+4D)=p-1,$$

再由引理2,便有 $N_p=1+N=2+N'=p+1$.

现在假设 $p\equiv 1\pmod 4$,δ 是 F_p 的一个四阶特征,$\rho=\delta^2$,则有

$$\begin{aligned}N(u^2=v^4+4D)&=\sum_{\substack{r+s=4D\\ r\in F_p,s\in F_p}}N(u^2=r)N(v^4=-s)\\&=\sum_{\substack{r+s=4D\\ r\in F_p,s\in F_p}}(1+\rho(r))(1+\delta(-s)+\delta^2(-s)+\delta^3(-s))\\&=p+\sum_{\substack{r+s=4D\\ r\in F_p,s\in F_p}}\rho(r)\delta(-s)+\sum_{\substack{r+s=4D\\ r\in F_p,s\in F_p}}\rho(r)\rho(-s)+\\&\quad\sum_{\substack{r+s=4D\\ r\in F_p,s\in F_p}}\rho(r)\delta^3(-s).\end{aligned}$$

令 $r=4Dr',s=4Ds'$代入上式,再由 $\rho(-1)=1$,和第八章 §5 的定理 1 知 $p\equiv 1\pmod 4$时,$J(\rho,\rho)=-1$,因此,上式给出

$$\begin{aligned}N(u^2=v^4+4D)&=p-1+\rho\delta(-4D)J(\rho,\delta)\\&\quad+\overline{\rho\delta(-4D)}\,\overline{J(\rho,\delta)}.\end{aligned}\tag{3}$$

由引理 1 知,$J(\rho,\delta)=\delta(4)J(\delta,\delta)$,因此,

$$\begin{aligned}\rho\delta(-4D)J(\rho,\delta)&=\rho(-4D)\delta(-4D)\delta(4)J(\delta,\delta)\\&=\delta(-1)\rho\delta(D)J(\delta,\delta).\end{aligned}$$

因为 $p\equiv 1\pmod 4$,在 $Z[\mathrm{i}]$ 中 $p=\pi\bar{\pi}$,π 是本原不可分数,即 $\pi\equiv 1\pmod{2+2\mathrm{i}}$,由于 ρ 是四次剩余特征 $\left(\dfrac{\alpha}{\pi}\right)_4$,由 §7 引理 2 知 $-\delta(-1)J(\delta,\delta)=\pi$,于是(3)给出

$$N_p=N(u^2=v^4+4D)+2=p+1-\rho\delta(D)\pi-\overline{\rho\delta(D)}\bar{\pi}.$$ 证完

例 2　设由 $y^2=x^3+1$ 定义的椭圆曲线 $E(F_{13})$,求 N_{13}.

由于 $13=(-1+3w)(-1+3w^2)$,$\pi=-1+3\omega\equiv 2\pmod 3$,

$\left(\frac{4}{13}\right)=1,\left(\frac{4}{\pi}\right)_3=\left(\frac{2}{\pi}\right)_3^2$，而$\left(\frac{2}{\pi}\right)_3\equiv 2^{\frac{13-1}{3}}=2^4\equiv 3\equiv\omega^2\pmod{\pi}$，故

$\left(\frac{2}{\pi}\right)_3=\omega^2,\left(\frac{4}{\pi}\right)_4=\omega^4=\omega$，于是

$$\begin{aligned}N_{13}&=13+1+\omega(-1+3\omega)+\omega^2(-1+3\omega^2)\\&=14+2(\omega^2+\omega)=12.\end{aligned}$$

例 3　设由 $y^2=x^3-x$ 定义的椭圆曲线 $E(F_{29})$，求 N_{29}.

$29=(-5+2i)(-5-2i),\ -5-2i\equiv 1(\bmod 2(1+i))$，

由定理 3，我们有

$$N_{29}=30-(-5+2i)-(-5-2i)=40.$$

如果把 F_p 换为 F_q，这里 $q=p^l$，$p>3$ 是素数，$p\nmid 4a^3+27b^2$，以上有关 $E(F_p)$ 的结果，均可推广到 $E(F_q)$ 的情形.

下面我们介绍有限域 F_{2^m} 上的一类椭圆曲线.

定义 2　设 $q=2^m$，$a,b\in F_q$，$b\neq 0$. F_q 上的方程

$$y^2+xy=x^3+ax^2+b$$

的所有解 (x,y)，$x,y\in F_q$ 和一个无穷远点 O 组成的点集，称为 F_q 上由 $y^2+xy=x^3+ax^2+b$ 定义的椭圆曲线，记为 $E_1(F_{2^m})$.

我们在 $E_1(F_{2^m})$ 上定义下面的加法运算：

① $O+O=O$，

② 对所有的 $(x,y)\in E_1(F_{2^m})$，$(x,y)+O=O+(x,y)=(x,y)$.

③ 对所有的 $(x,y)\in E_1(F_{2^m})$，$(x,y)+(x,x+y)=O$，即 (x,y) 的负元是

$$-(x,y)=(x,x+y).$$

④ 设 $P=(x_1,y_1)\in E_1(F_{2^m})$，$Q=(x_2,y_2)\in E_1(F_{2^m})$，如果 $Q\neq -P$，则 $P+Q=(x_3,y_3)$，这里

$$x_3=\begin{cases}\left(\dfrac{y_1+y_2}{x_1+x_2}\right)^2+\dfrac{y_1+y_2}{x_1+x_2}+x_1+x_2+a, & P\neq Q;\\[2ex] x_1^2+\dfrac{b}{x_1^2}, & P=Q;\end{cases}$$

$$y_3=\begin{cases}\left(\dfrac{y_1+y_2}{x_1+x_2}\right)(x_1+x_3)+x_3+y_1, & P\neq Q;\\[2ex] x_1^2+\left(x_1+\dfrac{y_1}{x_1}\right)x_3+x_3, & P=Q.\end{cases}$$

同样有下面的定理.

定理 4 在 $E_1(F_{2^m})$ 上定义加法运算满足①—④,则$E_1(F_{2^m})$是一个具有恒等元 O 的交换群.

例 4 x^4+x+1 是 F_2 上的四次不可约多项式,沿用第 7 章的记号,记 x^4+x+1 为 10011,有限域 F_{2^4}上 16 个元为:

0000 1000 0100 1100 0010
1010 0110 1110 0001 1001
0101 1101 0011 1011 0111
1111,

由 $y^2+xy=x^3+0011x^2+0001$ 定义的交换群 $E(F_{16})$ 由以下 16 个点组成:

(0000,0001),(0001,1100),(0001,1101),
(1000,0101),(1000,1101),(0110,1000),
(0110,1110),(1100,0101),(1100,1001),
(1010,0111),(1010,1101),(0111,0010),
(0111,0101),(1111,0000),(1111,1111),O.

设 $P=(1100,0101)$,$Q=(1000,1101)$,则 $-P=(1100,1001)$,$P+Q=(0001,1101)$,由于$\dfrac{1}{(1100)^2}=1000$,$\dfrac{1}{1100}=1010$,故 $2P=(0111,0101)$.

上面两类 F_q 上的椭圆曲线,常常用来构作椭圆曲线公钥密码体制. 当 F_q 上的椭圆曲线 $E(F_q)$ 是循环群或 $E(F_q)$ 存在一个循环子群,当循环群的阶足够大、且满足某些条件时,其离散对数的计算是十分困难的,因此可以利用它们构作公钥密码体制.

第九章习题

1. 设 $\alpha,\beta\in Z[\mathrm{i}]$, α,β 不同时为 0,定义 α,β 的所有公因数 d 中, $N(d)$ 最大的叫 α,β 的最大公因数,记为 (α,β). 证明:存在复整数 u,v 使 $u\alpha+v\beta=(\alpha,\beta)$.

2. 设 $\alpha\beta\gamma\neq 0$, $\alpha,\beta,\gamma\in Z[\mathrm{i}]$,证明:不定方程

$$\alpha x+\beta y=\gamma$$

有解的充分必要条件是 $(\alpha,\beta)\mid\gamma$.

3. 证明:若 x_0,y_0 是方程

$$\alpha x+\beta y=1 \tag{1}$$

的一组解,则(1)的全部解为

$$x=x_0+t\beta, y=y_0-t\alpha, t\in Z[\mathrm{i}].$$

4. 设 n 是正整数, $q\equiv 3\pmod 4$, $p\equiv 1\pmod 4$ 是素数. $\pi\mid p$, π 是 $D=Z[\mathrm{i}]$ 中的不可分数,证明:

① $\{a, 0\leqslant a\leqslant p^n-1\}$ 是 $D/(\pi^n)$ 的一组完全剩余系;

② $\{a+b\mathrm{i}, 0\leqslant a\leqslant q^n-1, 0\leqslant b\leqslant q^n-1\}$ 是 $D/(q^n)$ 的一组完全剩余系.

5. 证明:设 $\beta\in Z[\mathrm{i}]$, $\beta\neq 0$,则 $\dfrac{Z[\mathrm{i}]}{(\beta)}$ 有 $N(\beta)$ 个元.

6. 沿用 4 题的符号, γ 所在的剩余类用 $[\gamma]$ 表示,定义 $[\gamma]$ 是环 $D/(\beta)$ 中的单位是指 $[\gamma][\delta]=[1]$ 在 $D/(\beta)$ 中成立. 证明:

① 若 $[a]\in D/(\pi^n)$,则 $[a]$ 是环 $D/(\pi^n)$ 中的单位当且仅当 $(p,a)=1$;

② $[a+b\mathrm{i}]\in D/(q^n)$,则 $[a+b\mathrm{i}]$ 是环 $D/(q^n)$ 中的单位当且仅当 a 和 b 中至少有一个与 q 互素.

7. 设 $D=Z[\mathrm{i}]$, $\beta\in D$,则环 $D/(\beta)$ 的所有单位对 $D/(\beta)$ 中的乘法运算 $\odot$ 组成一个群,记为 $\Phi_D(\beta)$,其阶记为 $\varphi_D(\beta)$.

8. 设 $\pi=1+2\mathrm{i}$,证明:

① $\mathrm{i}\equiv 7\pmod{\pi^2}$;

② 2 是 $\Phi_D((1+2\mathrm{i})^2)$ 的一个原根.

9. 设 $D=Z[\mathrm{i}]$,求 $\Phi_D(9)$ 和 $\varphi_D(9)$.

10. 证明 $\Phi_D(9)$ 不是循环群.

11. 证明:设 $D=Z[\omega]$,π 是 D 中的不可分数,$N(\pi)\neq 3$,则 $1,\omega,\omega^2$ 对模 π 两两不同余.

12. 证明:设 $D=Z[\omega]$,π 是 D 中的本原不可分数,则另外五个与 π 相伴的数都不是本原的.

13. 证明:设 $\pi=a+b\omega$ 是一个本原不可分数,$a=3m-1,b=3n$,则有

① $\left(\dfrac{\omega}{\pi}\right)_3=\omega^{m+n}$;

② $\left(\dfrac{3}{\pi}\right)_3=\omega^{2n}$.

14. 分别求出与 $1-2\omega$, $-7-3\omega$ 和 $3-\omega$ 相伴的本原不可分数.

15. 证明:若 $\gamma\in D=Z[\omega]$,$\gamma\equiv 2(\bmod 3)$,则

$$\gamma=\pm\gamma_1\cdots\gamma_t,$$

这里诸 γ_j 是本原不可分数.

16. 证明:若 $\gamma\equiv 2(\bmod 3)$,$\gamma=A+B\omega$,且 $A=3M-1,B=3N$,则 $\left(\dfrac{1-\omega}{\gamma}\right)_3=\omega^{2M}$.

17. 设 $p\equiv 1(\bmod 3)$,且 $p=\pi\bar{\pi}$,这里 π 是 $D=Z[\omega]$ 中的本原不可分数.证明 $x^3\equiv a(\bmod p)$ 有有理整数解的充分必要条件是 $\left(\dfrac{a}{\pi}\right)_3=1$,这里 a 是一个有理整数.

18. 证明:若素数 $p\equiv 1(\bmod 3)$,则 $x^3\equiv 3(\bmod p)$ 有有理整数解的充分必要条件是 $4p=C^2+243B^2$.

19. 设 $\pi=a+b\mathrm{i}$ 是 $Z[\mathrm{i}]$ 中一个本原不可分数,且 $b\neq 0$,证明:

① $a\equiv(-1)^{\frac{p-1}{4}}(\bmod 4)$,$p=N(\pi)$;

② $\left(\dfrac{a(-1)^{\frac{p-1}{4}}}{\pi}\right)_4=(-1)^{\frac{a^2-1}{8}}$;

③ $\left(\dfrac{\bar{\pi}}{\pi}\right)_4=\left(\dfrac{2}{\pi}\right)_4\left(\dfrac{a}{\pi}\right)_4$;

④ $\left(\dfrac{\bar{\pi}}{\pi}\right)_4=\left(\dfrac{-2}{\pi}\right)_4(-1)^{\frac{a^2-1}{8}}$.

20. 设 p 是一个素数，$p\equiv 1(\bmod 4)$，$p=\pi\bar{\pi}$，$\pi\in Z[\mathrm{i}]$，证明

$$\left(\frac{1+\mathrm{i}}{p}\right)_4=\mathrm{i}^{\frac{p-1}{4}}.$$

21. 证明：若 $q\equiv 3(\bmod 4)$ 是一个素数，则 $\left(\frac{1+\mathrm{i}}{q}\right)_4=\mathrm{i}^{\frac{q+1}{4}}$.

*22. 证明：若 $\pi=a+b\mathrm{i}$ 是 $Z[\mathrm{i}]$ 中一个本原不可分数，则

$$\left(\frac{1+\mathrm{i}}{\pi}\right)_4=\mathrm{i}^{\frac{a-b-b^2-1}{4}}.$$

23. 求由 $y^2=x^3+1$ 定义的椭圆曲线 $E(F_{13})$ 的所有有理点.

24. 证明：由 $y^2=x^3-4x-3$ 定义的椭圆曲线 $E(F_7)$ 是一个 10 阶循环群，有理点 $(-2,2)$ 是它的一个生成元.

25. 设由 F_2 上不可约多项式 x^3+x+1 定义的 8 元有限域为 F_8，求由 $y^2+xy=x^3+1$ 定义的椭圆曲线 $E_1(F_8)$.

第十章　不定逼近

如何用有理数去逼近一个实数,是数论中的一个重要研究课题. 有理逼近的研究与不定方程有密切的关系,所以有理逼近又叫不定逼近或丢番图逼近. 本章将介绍丢番图逼近的一些基本结果及其在不定方程上的应用. 本章还将介绍复数的逼近问题等等.

§1　有理逼近与 Pell 方程

定义　设 D 是正整数,且不是一个完全平方,形如

$$x^2 - Dy^2 = 1 \tag{1}$$

的不定方程叫 **Pell 方程**.

利用有理逼近的一个结果,可以证明(1)至少有一组解 $x,y \neq 0$,从而完全解决了 Pell 方程(1).

定理 1　设 θ 是一个无理数,则有无穷多对整数 $x,y > 0$ 适合不等式

$$| x - y\theta | < \frac{1}{y}. \tag{2}$$

证　设 $q > 1$ 是任给的一个整数,$L = x - y\theta$. 首先,我们证明:存在整数 x,y,使得

$$| L | < \frac{1}{q}, 0 < y \leqslant q. \tag{3}$$

取 y 等于 $0,1,\cdots,q$ 诸值,均存在整数 x,使得 $y\theta \leqslant x < y\theta + 1$,即 $0 \leqslant L < 1$,故以上 $q+1$ 对值 $(x_1,y_1),\cdots,(x_{q+1},y_{q+1})$ 代入 L 后得出 $q+1$ 个 L 的值 $L_1,\cdots,L_{q+1}$,且 $0 \leqslant L_j < 1, j = 1,\cdots,q+1$. 于是对下面 q 个区间

$$\left[\frac{r}{q},\frac{r+1}{q}\right),r = 0,1,\cdots,q-1$$

来说,至少有一个区间落入两个 L 的值,不失一般,可设为 $L_1 = x_1 - y_1\theta, L_2 = x_2 - y_2\theta$ 落入同一区间,故有

$$|x_1 - x_2 - (y_1 - y_2)\theta| < \frac{1}{q},$$

令 $x = x_1 - x_2, y = y_1 - y_2$,且 $0 < y \leqslant q$,故(3)式成立. 由(3)便知有整数 $x_1, y_1 > 0$ 适合不等式(2). 取整数 $q_1 > 1$ 使

$$\frac{1}{q_1} < |x_1 - y_1\theta| < \frac{1}{y_1}.$$

故由前面已经证明的结果可知,有整数对 $x_2, y_2 > 0$ 适合

$$|x_2 - y_2\theta| < \frac{1}{q_1} \leqslant \frac{1}{y_2}.$$

再取 $q_2 > 1$,使

$$\frac{1}{q_2} < |x_2 - y_2\theta|.$$

同理,存在整数对 x_3, y_3 适合

$$|x_3 - y_3\theta| < \frac{1}{q_2} \leqslant \frac{1}{y_3}.$$

如此作下去,因为

$$|x_1 - y_1\theta| > |x_2 - y_2\theta| > |x_3 - y_3\theta| > \cdots,$$

故 $x_i, y_i (i = 1,2,\cdots)$ 是不同的整数对,即知有无穷多对整数 $x_i, y_i (i = 1,2,\cdots)$ 适合(2)式. 证完

推论 设 D 是非完全平方的正整数,则存在无穷多对整数 x, y 使得

$$|x^2 - Dy^2| < 1 + 2\sqrt{D}.$$

证 在(2)中取 $\theta = \sqrt{D}$. 由定理 1 知存在无穷多对整数 $x, y > 0$,使得下式满足:

$$|x - y\theta| < \frac{1}{y}.$$

又因

$$|x+y\theta| = |x-y\theta+2y\theta| \leqslant |x-y\theta| + 2y\theta$$
$$< \frac{1}{y} + 2y\sqrt{D},$$

故

$$|x+y\theta||x-y\theta| < \frac{1}{y}\left(\frac{1}{y}+2y\sqrt{D}\right) = \frac{1}{y^2} + 2\sqrt{D}$$
$$\leqslant 1 + 2\sqrt{D},$$

即有无穷多对整数 $x, y > 0$，满足

$$|x^2 - Dy^2| < 2\sqrt{D} + 1.$$

证完

由定理 1 的推论可得以下定理.

定理 2 设 D 是非完全平方的正整数，则存在整数 k，$0 < |k| < 1 + 2\sqrt{D}$，使得方程

$$x^2 - Dy^2 = k \tag{4}$$

有无穷多组整数解.

证 因为绝对值小于 $1+2\sqrt{D}$ 的整数只有有限个，而定理 1 的推论告诉我们有无限多对整数 x, y 满足 $|x^2 - Dy^2| < 1 + 2\sqrt{D}$，因此有整数 k，$|k| < 1 + 2\sqrt{D}$，使得(4) 有无穷多组整数解. 又因 D 不是平方数，故 $x^2 - Dy^2 \neq 0$，即 $|k| > 0$. 证完

因为在 $x = 0$ 或 $y = 0$ 时适合(4) 的解只有有限组，故有下面的推论.

推论 设 D 是非完全平方的正整数，则存在整数 k，$0 < |k| < 1 + 2\sqrt{D}$，使得(4) 有无穷多组整数解 $x > 0, y > 0$.

定理 3 Pell 方程(1)有无限多组整数解 x, y. 设 $x_0^2 - Dy_0^2 = 1$，$x_0 > 0$，$y_0 > 0$ 是所有 $x > 0, y > 0$ 的解中使 $x + y\sqrt{D}$ 最小的那组解(称 (x_0, y_0) 为(1) 的**基本解**)，则(1) 的全部解 x, y，由

$$x + y\sqrt{D} = \pm(x_0 + y_0\sqrt{D})^n, \tag{5}$$

表出，其中 n 是任意整数.

证 首先证明(1)至少有一组解 $x,y(y\neq 0)$. 定理2的推论告诉我们,(4)的 $x>0,y>0$ 的解有无穷多组,因而其中至少存在两组不同的解 $(x_1,y_1)\neq(x_2,y_2)$, $x_1>0,y_1>0,x_2>0,y_2>0$,且满足

$$x_1\equiv x_2\ (\mathrm{mod}\,|k|),\ y_1\equiv y_2\ (\mathrm{mod}\,|k|),\tag{6}$$

于是有

$$\begin{aligned}(x_1^2-Dy_1^2)(x_2^2-Dy_2^2)&=(x_1x_2-Dy_1y_2)^2-D(x_1y_2-x_2y_1)^2\\&=k^2.\end{aligned}\tag{7}$$

由于

$$x_1x_2-Dy_1y_2\equiv x_1^2-Dy_1^2=k\equiv 0\ (\mathrm{mod}\,|k|),$$
$$x_1y_2-x_2y_1\equiv x_2y_2-x_2y_2=0\ (\mathrm{mod}\,|k|),$$

故存在整数 X,Y 使得 $x_1x_2-Dy_1y_2=Xk$, $x_1y_2-x_2y_1=Yk$,且 $Y\neq 0$. 否则,由 $x_1y_2=x_2y_1$,可设 $\frac{x_1}{x_2}=\frac{y_1}{y_2}=t>0$,将 $x_1=x_2t$, $y_1=y_2t$ 代入(4)得

$$k=t^2(x_2^2-Dy_2^2)=t^2k,$$

因此, $t=1$,与 $(x_1,y_1)\neq(x_2,y_2)$ 矛盾. 故由(7)得出

$$X^2-DY^2=1,$$

且 $Y\neq 0$. 不失一般,可设 $X>0,Y>0$.

设 x_0,y_0 是(1)的基本解,记 $\varepsilon=x_0+y_0\sqrt{D}$, $\bar{\varepsilon}=x_0-y_0\sqrt{D}$. 对于任给的 $n>0$,设 $\varepsilon^n=x+y\sqrt{D}$,故 $\bar{\varepsilon}^n=x-y\sqrt{D}$. 于是有 $x^2-Dy^2=(\varepsilon\bar{\varepsilon})^n=1$,故给出(1)的一组解 $x>0,y>0$. 又因 $\varepsilon>1$,所以不同的 n 给出的解也不同,即知 ε^n 给出无穷多组解 $x>0,y>0$. 反之,(1)的任一组解 $x>0,y>0$ 可表为 ε^n 的形状. 否则,因为 $x+y\sqrt{D}>x_0+y_0\sqrt{D}$,故必存在某个整数 $n>0$,使得

$$\varepsilon^n<x+y\sqrt{D}<\varepsilon^{n+1}.$$

上式两端乘以 $\bar{\varepsilon}^n$ 得

$$1 < (x + y\sqrt{D})\bar{\varepsilon}^n < \varepsilon.$$

设$(x + y\sqrt{D})\bar{\varepsilon}^n = u + v\sqrt{D}$,显然 u,v 是(1) 的一组解. 由于 $u + v\sqrt{D} > 1, 0 < u - v\sqrt{D} = \dfrac{1}{u + v\sqrt{D}} < 1$,所以两式相加得出 $2u > 1, u > 0$,又两式相减得 $2v\sqrt{D} = u + v\sqrt{D} - (u - v\sqrt{D}) > 1 - 1 = 0$,故 $v > 0$. 而 $u + v\sqrt{D} < \varepsilon$,此与 ε 的选择矛盾. 这就证明了(1) 的 $x > 0, y > 0$ 的解都可表为 $\varepsilon^n, n > 0$. 用这个结果,(1) 的全体 $x < 0, y < 0$ 的解可表为

$$x + y\sqrt{D} = -\varepsilon^n, n > 0.$$

(1) 的全体 $x < 0, y > 0$ 的解可表为

$$x + y\sqrt{D} = -\varepsilon^{-n}, n > 0.$$

(1) 的全体 $x > 0, y < 0$ 的解可表为

$$x + y\sqrt{D} = \varepsilon^{-n}, n > 0.$$

而(1) 的平凡解为 $x = \pm 1, y = 0$,它可表示为 $\pm\varepsilon^0$. 这就证明了(1) 的全体整数解可表示为(5). 证完

设 x_0, y_0 是(1) 的一组基本解,$x_1 > 0, y_1 > 0$ 是(1) 的任一组解,则有 $x_0 \leqslant x_1, y_0 \leqslant y_1$. 先证 $x_0 \leqslant x_1$,否则有 $x_0 > x_1$,由 $x_0^2 = Dy_0^2 + 1, x_1^2 = Dy_1^2 + 1$,可得 $Dy_0^2 + 1 > Dy_1^2 + 1$,即得 $y_0 > y_1$,于是 $x_1 + y_1\sqrt{D} < \varepsilon = x_0 + y_0\sqrt{D}$,与 ε 的定义矛盾,故 $x_0 \leqslant x_1$. 同理可证 $y_0 \leqslant y_1$. 所以(1) 的基本解也可定义为(1) 的解 $x > 0, y > 0$ 中使 x 最小或使 y 最小的解.

因此,寻找(1) 的基本解,可以用试验的方法,令 $y = 1,2,3,4,\cdots$ 计算 $1 + Dy^2$,直到得到一个完全平方,即可求出基本解. 然而,这种方法,有时计算十分冗长. 例如,$x^2 - 94y^2 = 1$ 的基本解 $x_0 = 2\ 143\ 295, y_0 = 221\ 064$. Pell 方程的基本解极不规律,例如 $x^2 - 1\ 620y^2 = 1$ 的基本解 $x_0 = 161, y_0 = 4$,而 $x^2 - 1\ 621y^2 = 1$ 的

基本解 x_0 和 y_0 分别是 76 位数和 75 位数.

形如 $x^2-Dy^2=-1$ 的方程也叫 Pell 方程,我们有下面的定理.

定理 4 设 D 是非完全平方的正整数,如果方程

$$x^2-Dy^2=-1 \tag{8}$$

有解,且设 $a^2-Db^2=-1, a>0, b>0$,是所有 $x>0, y>0$ 的解中使 $x+y\sqrt{D}$ 最小的那组解((a,b) 叫做(8)的**基本解**),则(8)的全部解 x,y 由

$$x+y\sqrt{D}=\pm(a+b\sqrt{D})^{2n+1} \tag{9}$$

表出,其中 n 是任意整数,且

$$\varepsilon=x_0+y_0\sqrt{D}=(a+b\sqrt{D})^2, \tag{10}$$

其中(x_0,y_0)是 $x^2-Dy^2=1$ 的基本解.

证 设$(a+b\sqrt{D})^2=u+v\sqrt{D}$,由$(a-b\sqrt{D})^2=u-v\sqrt{D}$,可得 $u^2-Dv^2=(a^2-Db^2)^2=(-1)^2=1$,故 u,v 是 $x^2-Dy^2=1$ 的一组解. 如果(10)不成立,则有

$$1<x_0+y_0\sqrt{D}<(a+b\sqrt{D})^2. \tag{11}$$

由 $\dfrac{1}{a+b\sqrt{D}}=-a+b\sqrt{D}>0$ 和(11)得

$$-a+b\sqrt{D}<(x_0+y_0\sqrt{D})(-a+b\sqrt{D})<a+b\sqrt{D}, \tag{12}$$

令$(x_0+y_0\sqrt{D})(-a+b\sqrt{D})=a'+b'\sqrt{D}$,其中 $a'=-x_0a+y_0bD, b'=x_0b-y_0a$,于是 $a'-b'\sqrt{D}=(x_0-y_0\sqrt{D})(-a-b\sqrt{D})$,得

$$a'^2-b'^2D=(x_0^2-y_0^2D)(a^2-b^2D)=-1.$$

于是,(12)可写为

$$0<-a+b\sqrt{D}<a'+b'\sqrt{D}<a+b\sqrt{D}, b'\neq 0. \tag{13}$$

显然，$a'+b'\sqrt{D}\neq 1$. 如果 $a'+b'\sqrt{D}>1$，则有

$$1<a'+b'\sqrt{D}<a+b\sqrt{D}, \tag{14}$$

故有

$$0<\frac{1}{a'+b'\sqrt{D}}=-a'+b'\sqrt{D}<1. \tag{15}$$

由(14)和(15)可得 $b'>0$ 和 $2a'=a'+b'\sqrt{D}-(-a'+b'\sqrt{D})>1-1=0$，即 $a'>0$，此与 $a+b\sqrt{D}$ 的定义矛盾.

如果 $a'+b'\sqrt{D}<1$，则由(13)有

$$0<-a'+b'\sqrt{D}<a+b\sqrt{D}$$

和

$$0<a'+b'\sqrt{D}<1,$$

得 $b'>0$ 和 $-2a'=(-a'+b'\sqrt{D})-(a'+b'\sqrt{D})>0-1=-1$，即 $-2a'\geqslant 0$，而 $a'\neq 0$，$(-a')^2-Db'^2=-1$，此与 $a+b\sqrt{D}$ 的选择矛盾. 这就证明了(10)成立.

对于任意给定的 n，(9)式给出的 x,y，显然是(8)的一组解. 反之，设 x,y 是(8)的任一组解，设

$$(x+y\sqrt{D})(-a+b\sqrt{D})=x'+y'\sqrt{D}, \tag{16}$$

易知 x',y' 是 $x^2-Dy^2=1$ 的一组解，故由定理 3 知 x',y' 可表为

$$x'+y'\sqrt{D}=\pm(x_0+y_0\sqrt{D})^n, n \text{ 为整数}.$$

由(16)和(10)得

$$x+y\sqrt{D}=\pm(a+b\sqrt{D})^{2n+1}, n \text{ 为整数},$$

这就证明了(8)的全部整数解可表为(9)式. 证完

定理 5　设 $p\equiv 1 \pmod 4$ 是素数，则方程

$$x^2-py^2=-1 \tag{17}$$

有整数解 x,y.

证　设 x_0,y_0 是 $x^2-py^2=1$ 的基本解，显然 x_0,y_0 是一奇一偶. 如果 $x_0\equiv 0 \pmod 2$，$y_0\equiv 1 \pmod 2$，则由 $x_0^2-py_0^2=1$ 得矛盾

结果 $-1 \equiv 1 \pmod 4$. 因此, 只能有 $x_0 \equiv 1 \pmod 2$, $y_0 \equiv 0 \pmod 2$, 且有 $\left(\frac{x_0+1}{2}, \frac{x_0-1}{2}\right) = 1$. 又

$$\frac{x_0-1}{2} \cdot \frac{x_0+1}{2} = \frac{x_0^2-1}{4} = p\left(\frac{y_0}{2}\right)^2,$$

故得

$$\frac{x_0-1}{2} = pu^2, \quad \frac{x_0+1}{2} = v^2, \quad y_0 = 2uv, u > 0, v > 0, \tag{18}$$

或

$$\frac{x_0-1}{2} = u^2, \quad \frac{x_0+1}{2} = pv^2, \quad y_0 = 2uv, u > 0, v > 0. \tag{19}$$

(18) 给出 $v^2 - pu^2 = 1$, 而 $u = \frac{y_0}{2v} < y_0$, 与 x_0, y_0 是基本解矛盾; (19) 给出 $u^2 - pv^2 = -1$, 故(17) 有整数解 $x = u, y = v$. 证完

§2 不定方程 $kx^2 - ly^2 = 1$

本节研究不定方程

$kx^2 - ly^2 = 1, k > 1, l > 1$ 为给定的整数, $(k,l) = 1$, kl 非平方数. (1)

和上节 Pell 方程(1)不同的是, 它可以无整数解, 也可以有整数解. 例如, $2x^2 - 3y^2 = 1$ 无整数解, 而 $3x^2 - 2y^2 = 1$ 有整数解. 而且可以证明, 如果(1) 有整数解, 则有无穷多组整数解.

我们有下面的定理.

定理 1 如果不定方程(1) 有正整数解, 并设 $kx_1^2 - ly_1^2 = 1$, $x_1 > 0, y_1 > 0$ 是(1) 的所有解 $x > 0, y > 0$ 中使 $x\sqrt{k} + y\sqrt{l}$ 最小的那组解(称(x_1, y_1) 为(1) 的最小解), 则(1) 的全部正整数解 x, y,

可由下式给出：

$$x\sqrt{k}+y\sqrt{l}=(x_1\sqrt{k}+y_1\sqrt{l})^n,n>0,2\nmid n. \qquad (2)$$

证 设 $\varepsilon_1=x_1\sqrt{k}+y_1\sqrt{l},\delta=x\sqrt{k}+y\sqrt{l},\eta=a+b\sqrt{kl}$ 是 Pell 方程 $x^2-kly^2=1$ 的基本解，容易验证 $\varepsilon_1^2,\varepsilon_1\delta$ 均为 Pell 方程 $x^2-kly^2=1$ 的解，于是有正整数 $t_1,t_2,t_1\geqslant t_2$，使 $\varepsilon_1\delta=\eta^{t_1},\varepsilon_1^2=\eta^{t_2}$，故 $\varepsilon_1^2\delta=\eta^{t_1}\varepsilon_1=\eta^{t_2}\delta$，从而有

$$\delta=\eta^{t_1-t_2}\varepsilon_1. \qquad (3)$$

现在，我们来证明 $\eta=\varepsilon_1^2$，否则有 $1<\eta<\varepsilon_1^2$，则 $\bar{\varepsilon}_1<\eta\bar{\varepsilon}_1<\varepsilon_1$，其中 $\varepsilon_1\bar{\varepsilon}_1=kx_1^2-ly_1^2=1$，由此可得

$$0<x_1\sqrt{k}-y_1\sqrt{l}<X\sqrt{k}+Y\sqrt{l}<x_1\sqrt{k}+y_1\sqrt{l}, \qquad (4)$$

其中 $X=ax_1-by_1l,Y=bx_1k-ay_1$，易知 X,Y 是方程(1) 的一组解.

如果 $1<X\sqrt{k}+Y\sqrt{l}<x_1\sqrt{k}+y_1\sqrt{l}$，由

$$(X\sqrt{k}+Y\sqrt{l})(X\sqrt{k}-Y\sqrt{l})=1$$

知，$0<X\sqrt{k}-Y\sqrt{l}<1$，于是 $2X\sqrt{k}>0$ 推出 $X>0$，以及

$$2Y\sqrt{l}=(X\sqrt{k}+Y\sqrt{l})-(X\sqrt{k}-Y\sqrt{l})>1-1=0$$

知 $Y>0$，由(4)，此与 (x_1,y_1) 是(1) 的最小解矛盾.

如果 $0<X\sqrt{k}+Y\sqrt{l}<1$，则有 $X\sqrt{k}-Y\sqrt{l}>1$，又由

$$0<x_1\sqrt{k}-y_1\sqrt{l}<X\sqrt{k}+Y\sqrt{l},$$

故

$$1<X\sqrt{k}-Y\sqrt{l}<x_1\sqrt{k}+y_1\sqrt{l}, \qquad (5)$$

于是可得 $2X\sqrt{k}>0$，推出 $X>0$ 以及 $-2Y\sqrt{l}=(X\sqrt{k}-Y\sqrt{l})-(X\sqrt{k}+Y\sqrt{l})>1-1=0$ 知 $-Y>0$，由(5)，此与 (x_1,y_1) 是(1) 的最小解矛盾. 这便证明了 $\eta=\varepsilon_1^2$. 代入(3) 便得 $\delta=\varepsilon_1^{2(t_1-t_2)+1}$，即(2) 成立. 反之，任给奇数 $n>0$，(2) 给出(1) 的一组解 x,y.

证完

对于不定方程(1),也有与本章习题 3 之②类似的结果. Walker(1967)和孙琦、袁平之(1989)先后独立地发现了下面的定理.

定理 2 设正整数 x,y 满足不定方程(1). 我们有

① 如果 x 的每一个素因子整除 k,则 $x\sqrt{k}+y\sqrt{l}=\varepsilon_1=x_1\sqrt{k}+y_1\sqrt{l}$ 或 $x=3^s x_1, 3\nmid x_1$,且 $4kx_1^2=3^s+3$,其中 ε_1 表示方程(1)的最小解,s 为正整数.

② 如果 y 的每一个素因子整除 l,则 $x\sqrt{k}+y\sqrt{l}=\varepsilon_1$,或 $y=3^{s_1}y_1, 3\nmid y_1, 4ly_1^2=3^{s_1}-3$,其中 $\varepsilon_1=x_1\sqrt{k}+y_1\sqrt{l}$ 是方程(1)的最小解,s_1 为正整数.

证 设 $x_t\sqrt{k}+y_t\sqrt{l}=(x_1\sqrt{k}+y_1\sqrt{l})^t, t>0, 2\nmid t$,并设所给(1)的解 x,y 满足 $x\sqrt{k}+y\sqrt{l}=x_n\sqrt{k}+y_n\sqrt{l}=(x_1\sqrt{k}+y_1\sqrt{l})^n$, $2\nmid n$,如果 $r\mid n$,由(2)易知 $x_r\mid x_n$. 因此,如果 x_n 满足定理 2 中①的条件,那么 x_r 也满足同样的条件.

如果 $x_n\sqrt{k}+y_n\sqrt{l}$ 不是最小解,则有 $n>1$,且存在奇素数 $p, p\mid n$, x_p 的每一个素因子均整除 k,这里 x_p 适合

$$x_p\sqrt{k}+y_p\sqrt{l}=(x_1\sqrt{k}+y_1\sqrt{l})^p,$$

故

$$\frac{x_p}{x_1}=\sum_{j=0}^{\frac{p-1}{2}}\binom{p}{2j}(x_1^2k)^{\frac{p-2j-1}{2}}(ly_1^2)^j. \tag{6}$$

由于 $x_p>x_1$,故 $\frac{x_p}{x_1}>1$. 设 $q\mid\frac{x_p}{x_1}$,q 为 $\frac{x_p}{x_1}$ 任一给定的素因子,由定理 2① 部分所设的条件知,$q\mid k$,由(6)给出 $q\mid p(ly_1^2)^{\frac{p-1}{2}}$,而 $(q,ly_1)=1$,于是得 $q\mid p, q=p$. 现在,我们进一步指出,当 $p>3$ 时,$\frac{x_p}{x_1}$ 无平方因子,否则,可设 $p^2\mid\frac{x_p}{x_1}$,由(6)给出 $p^2\mid p(ly_1^2)^{\frac{p-1}{2}}$. 因

此，在 $p>3$ 时，我们推出 $\frac{x_p}{x_1}=p$，另一方面，在 $p>3$ 时(6) 式给出 $\frac{x_p}{x_1}>p$，这一矛盾结果表明，当 $n>1$ 时，n 不含大于3 的素因子. 现设 $n=3^f,f\geqslant 1$，此时 $x_3\mid x_n$，而(6) 给出

$$\frac{x_3}{x_1}=x_1^2k+3ly_1^2=x_1^2k+3(kx_1^2-1)=4kx_1^2-3.\tag{7}$$

由于 $\frac{x_3}{x_1}$ 的每一个素因子整除 k，由(7) 给出 $\frac{x_3}{x_1}=3^s,3^s+3=4kx_1^2$，显然 $s>1$，且 $3\nmid x_1$，如果 $n=3$，则定理2 的 ① 已得证. 当 $n=3^f$，$f>1$ 时，则有 $x_3\mid x_9,x_9\mid x_n$，我们有 $x_9\sqrt{k}+y_9\sqrt{l}=(x_1\sqrt{k}+y_1\sqrt{l})^9=(x_3\sqrt{k}+y_3\sqrt{l})^3$ 推出

$$\frac{x_9}{x_3}=x_3^2k+3y_3^2l.\tag{8}$$

由于 $kx_3^2-ly_3^2=1$，故 $(kx_3,ly_3)=1$，再由 $\frac{x_9}{x_3}$ 的每一素因子整除 k，(8) 推出 $\frac{x_9}{x_3}=3^{f_1},f_1\geqslant 1$，代入(8) 得

$$3^{f_1}=x_3^2k+3y_3^2l.\tag{9}$$

显然 $f_1>1$，再由前面的讨论知 $3\mid x_3$，(9) 给出 $9\mid y_3^2l$，而 $3\nmid y_3^2l$，这一矛盾结果证明了 $n>1$ 时必有 $n=3$. 这就证明了定理2 的 ①.

类似可证定理2 的 ②.　　　　证完

下面，我们用定理2 推出一个高次不定方程的结果.

定理3　设 a 为给定的正整数，不定方程

$$\frac{ax^n-1}{ax-1}=y^2,\quad 2\nmid n\tag{10}$$

有正整数解 $n>1,x>1,y>0$，则 $x=3$，且 $n=2m+1,4a-1=3^{m-1}$，其中 $m>1$ 为某个正整数.

证　设 $n>1,x>1,y>0$ 是不定方程(10) 的一组正整数

解,由(10)得

$$ax(x^{\frac{n-1}{2}})^2-(ax-1)y^2=1,$$

这表明形如(1)的不定方程

$$axu^2-(ax-1)v^2=1 \tag{11}$$

有正整数解 $u=x^{\frac{n-1}{2}},v=y$. 另一方面,方程(11)的最小解为 $\sqrt{ax}+\sqrt{ax-1}$,设 $a>1$ 或 $a=1,x>2$(因为 $a=1,x=2$ 时,方程(10)显然无整数解),则 $ax>1,ax-1>1,(ax,ax-1)=1,ax(ax-1)$ 非平方数,而 $x^{\frac{n-1}{2}}$ 的所有素因子均整除 ax. 由定理 2 的①知,$x^{\frac{n-1}{2}}=1$(这显然不可能),或 $x^{\frac{n-1}{2}}=3^s$,且 $3^s+3=4ax$,此时显然 $s>1$,即得 $x=3,n=2s+1,4a-1=3^{s-1}$. 证完

推论 不定方程

$$\frac{x^n-1}{x-1}=y^2,\quad 2\nmid n,n>1$$

仅有正整数解 $n=5,x=3,y=11$.

证 $x>2$ 时,由定理 3 给出 $x=3,3^{s-1}=3,n=2s+1$,由此推出 $n=5,x=3,y=11$. 证完

推论中的结果,是挪威数学家 Ljunggren 在 20 世纪 40 年代证明的一个著名结果,用到较深的代数数论知识. 这里给出的证明是十分初等的.

§3 Farey 序列和 Hurwitz 定理

§1 的定理 1 证明了:对任给的一个无理数 θ,存在无限多个有理数 $\frac{x}{y}$,这里 $x,y>0$ 是整数,使得

$$\left|\theta-\frac{x}{y}\right|<\frac{1}{y^2}. \tag{1}$$

我们要问,(1) 中的不等式是否还能够改进?本节将证明,(1) 中的$\frac{1}{y^2}$能够换成$\frac{1}{\sqrt{5}y^2}$,而常数$\sqrt{5}$是最好的了,可以用 Farey 序列来证明这个定理.

定义 设 $n>0$,n 级 Farey **序列** F_n 是指 0 与 1 之间的诸既约分数,其分母 $\leqslant n$,且按值的大小从 0 排到 1.

显然,F_n 中共有 $1+\sum_{m=1}^{n}\varphi(m)$ 个数.

例如 F_7:

$\frac{0}{1},\frac{1}{7},\frac{1}{6},\frac{1}{5},\frac{1}{4},\frac{2}{7},\frac{1}{3},\frac{2}{5},\frac{3}{7},\frac{1}{2},\frac{4}{7},\frac{3}{5},\frac{2}{3},$

$\frac{5}{7},\frac{3}{4},\frac{4}{5},\frac{5}{6},\frac{6}{7},\frac{1}{1}.$

定理 1 设$\frac{a}{b}$和$\frac{c}{d}$是 F_n 中的相邻项,且$\frac{a}{b}<\frac{c}{d}$,则

$$b+d\geqslant n+1 \tag{2}$$

和

$$bc-ad=1. \tag{3}$$

证 首先证明(2) 成立. 否则,$b+d\leqslant n$,令$\frac{a+c}{b+d}=\frac{s}{t}$,$(s,t)=1$,$\frac{s}{t}\in F_n$,而

$$\frac{a}{b}<\frac{a+c}{b+d}=\frac{s}{t}<\frac{c}{d},$$

这与$\frac{a}{b}$,$\frac{c}{d}$是 F_n 的一对相邻项矛盾,故(2) 成立.

现在我们对 n 施行归纳法来证明(3) 成立. $n=1$ 时,$a=0$,$b=1$,$c=d=1$,(3) 式显然成立. 现在设(3) 式对 $F_n(n\geqslant 1)$ 成立,我们来证(3) 式对 F_{n+1} 也成立. 显然,$\frac{a}{b}\in F_{n+1}$,$\frac{c}{d}\in F_{n+1}$,如

果$\frac{a}{b}$和$\frac{c}{d}$也是F_{n+1}的相邻项,则由归纳假设,(3) 式成立. 如果$\frac{a}{b}$和$\frac{c}{d}$不是F_{n+1}的相邻项,则有有理数$\frac{k}{n+1}$,$(k,n+1)=1$,满足

$$\frac{a}{b}<\frac{k}{n+1}<\frac{c}{d}.$$

我们写

$$\frac{1}{bd}=\frac{c}{d}-\frac{a}{b}=\frac{c}{d}-\frac{k}{n+1}+\frac{k}{n+1}-\frac{a}{b}$$

$$=\frac{u}{d(n+1)}+\frac{v}{b(n+1)},$$

这里$u=c(n+1)-dk\geqslant 1$,$v=kb-a(n+1)\geqslant 1$,我们来证明$u=1$,$v=1$,否则有

$$\frac{1}{bd}>\frac{1}{d(n+1)}+\frac{1}{b(n+1)},$$

推出$b+d<n+1$,与(2) 矛盾. 故有

$$\frac{c}{d}-\frac{k}{n+1}=\frac{1}{d(n+1)},\frac{k}{n+1}-\frac{a}{b}=\frac{1}{b(n+1)}.$$

现在我们来证明,在F_{n+1}中至多只有一个分数在$\frac{a}{b}$和$\frac{c}{d}$之间. 如果在$\frac{a}{b}$和$\frac{c}{d}$中除去$\frac{k}{n+1}$外,还有一个有理数,设为$\frac{h}{n+1}$,$(h,n+1)=1$,经同样的讨论,可以得出

$$\frac{h}{n+1}-\frac{a}{b}=\frac{1}{b(n+1)},$$

因此,

$$\frac{k}{n+1}-\frac{a}{b}=\frac{h}{n+1}-\frac{a}{b},$$

推出$h=k$. 这就证明了我们的定理. 证完

定理 2 任给一个无理数θ,$0<\theta<1$,设r是任给一个正整数,则存在正整数n,使得F_n中有两个相邻有理数$\frac{a}{b}$,$\frac{c}{d}$满足

$$\frac{a}{b} < \theta < \frac{c}{d},\quad b > r, d > r.$$

证 设 $m_1, m_2, \cdots, m_r$ 分别表示最接近 $\theta, 2\theta, \cdots, r\theta$ 的整数，选择 n 充分大，使得

$$\left|\theta - \frac{m_j}{j}\right| > \frac{1}{n}, j = 1, \cdots, r.$$

设 q 是任给的一个整数，则有

$$| j\theta - m_j | \leqslant | j\theta - q |.$$

即得

$$\left|\theta - \frac{q}{j}\right| > \frac{1}{n}, j = 1, \cdots, r. \tag{4}$$

因为 F_n 中的任意两个相邻有理数 $\frac{a}{b}, \frac{c}{d}\left(\frac{a}{b} < \frac{c}{d}\right)$ 的差

$$\frac{c}{d} - \frac{a}{b} \leqslant \frac{1}{n},$$

故有

$$\left|\theta - \frac{a}{b}\right| < \frac{c}{d} - \frac{a}{b} \leqslant \frac{1}{n}, \tag{5}$$

$$\left|\theta - \frac{c}{d}\right| < \frac{c}{d} - \frac{a}{b} \leqslant \frac{1}{n}, \tag{6}$$

由(4),(5) 和(6) 分别给出 $b > r, d > r$. 证完

证明 Hurwitz 定理之前，先证明一个引理.

引理 不存在整数 x 和 y，同时满足

$$\frac{1}{xy} \geqslant \frac{1}{\sqrt{5}}\left(\frac{1}{x^2} + \frac{1}{y^2}\right) \tag{7}$$

和

$$\frac{1}{x(x + y)} \geqslant \frac{1}{\sqrt{5}}\left(\frac{1}{x^2} + \frac{1}{(x + y)^2}\right). \tag{8}$$

证 如果存在整数 x, y，同时满足(7) 和(8)，则有

$$0 \geqslant x^2 + y^2 - \sqrt{5}xy$$

和

$$0 \geqslant (2-\sqrt{5})(x^2+xy)+y^2.$$

以上两不等式相加,得出

$$0 \geqslant \frac{1}{2}((\sqrt{5}-1)x-2y)^2,$$

此与$\frac{x}{y}$是有理数矛盾.　　证完

定理 3(**Hurwitz**)　任给无理数 θ,存在无穷多个既约的有理数$\frac{h}{k}$,满足

$$\left|\theta-\frac{h}{k}\right|<\frac{1}{\sqrt{5}k^2}. \tag{9}$$

证　不失一般性,可设$0<\theta<1$,F_n 中有相邻两个数$\frac{a}{b}<\frac{c}{d}$满足

$$\frac{a}{b}<\theta<\frac{c}{d}.$$

因为

$$\frac{a}{b}<\frac{a+c}{b+d}<\frac{c}{d},$$

我们分两种情形来讨论. 如果 $\theta>\frac{a+c}{b+d}$,我们将证明下面三个不等式至少有一个不成立:

$$\theta-\frac{a}{b} \geqslant \frac{1}{\sqrt{5}b^2}, \tag{10}$$

$$\theta-\frac{a+c}{b+d} \geqslant \frac{1}{\sqrt{5}(b+d)^2}, \tag{11}$$

$$\frac{c}{d}-\theta \geqslant \frac{1}{\sqrt{5}d^2}. \tag{12}$$

否则,设(10),(11),(12)都成立,由(10)和(12)得

$$\frac{1}{bd}=\frac{c}{d}-\frac{a}{b}\geqslant\frac{1}{\sqrt{5}}\left(\frac{1}{b^2}+\frac{1}{d^2}\right),$$

由(11)和(12)得

$$\frac{1}{d(b+d)}=\frac{c}{d}-\frac{a+c}{b+d}\geqslant\frac{1}{\sqrt{5}}\left(\frac{1}{d^2}+\frac{1}{(b+d)^2}\right),$$

由引理知,此不可能.

设 $\theta<\frac{a+c}{b+d}$,类似可证以下三式不能同时成立:

$$\theta-\frac{a}{b}\geqslant\frac{1}{\sqrt{5}b^2},$$

$$\frac{a+c}{b+d}-\theta\geqslant\frac{1}{\sqrt{5}(b+d)^2},$$

$$\frac{c}{d}-\theta\geqslant\frac{1}{\sqrt{5}d^2}.$$

这就证明了,存在既约分数 $\frac{h}{k}$ 满足(9)式,这里 $\frac{h}{k}=\frac{a}{b},\frac{c}{d}$ 或 $\frac{a+c}{b+d}$,后者是既约分数是因为

$$c(b+d)-d(a+c)=cb-ad=1.$$

现在我们来证明,这样的 $\frac{h}{k}$ 有无限多个.否则,这样的有理数只有有限多个,我们可设这样的有理数中,最大的分母为 r,由定理 2 知存在 n,使 F_n 中有相邻既约分数 $\frac{a}{b},\frac{c}{d}$ 同时满足

$$\frac{a}{b}<\theta<\frac{c}{d},b>r,d>r,$$

因此有 $\frac{h}{k}=\frac{a}{b}$,或 $\frac{c}{d}$ 或 $\frac{a+c}{b+d}$ 满足(9)式,此时,这三个有理数的分母均大于 r,与所设 r 最大矛盾.　证完

推论　任给一组实数 a_1,a_2,b_1,b_2,设 $\Delta=|a_1b_2-a_2b_1|$,且

$\Delta \neq 0$，ε 是任给的一个正数，则有无穷多对整数 h,k，使得

$$|a_1k+b_1h||a_2k+b_2h|<\frac{\Delta}{\sqrt{5}}+\varepsilon. \tag{13}$$

证　如果 a_1,b_1,a_2,b_2 的任一个是零，或$\frac{a_1}{b_1}$是有理数或$\frac{a_2}{b_2}$是有理数，定理显然成立. 现设$\frac{a_1}{b_1}$是一个无理数，设 $\theta=-\frac{a_1}{b_1}$，由定理 3 知，对满足定理 3 的任一$\frac{h}{k}$，均存在 δ，使得

$$\frac{h}{k}+\frac{a_1}{b_1}=\frac{\delta}{k^2},\ |\delta|<\frac{1}{\sqrt{5}},$$

故有 $a_1k+hb_1=\frac{\delta b_1}{k}$，且

$$\begin{aligned}|a_1k+b_1h|\cdot|a_2k+b_2h| &= |\delta|\left|a_2b_1-a_1b_2+\frac{b_1b_2\delta}{k^2}\right| \\ &\leqslant |\delta||a_2b_1-a_1b_2|+|\delta|\left|\frac{b_1b_2\delta}{k^2}\right| \\ &< \frac{\Delta}{\sqrt{5}}+\left|\frac{b_1b_2}{5k^2}\right|,\end{aligned}$$

因为 k 可以取到充分大，故$\left|\frac{b_1b_2}{5k^2}\right|<\varepsilon$，即(13)式成立，而这样的$\frac{h}{k}$有无穷多个.　　证完

下面我们来证明，定理 3 中的常数$\sqrt{5}$是最好的结果.

定理 4　设 $c>\sqrt{5}$，$\theta=\frac{\sqrt{5}-1}{2}$，则

$$\left|\theta-\frac{x}{y}\right|<\frac{1}{cy^2} \tag{14}$$

不能有无穷多个解 $x,y(y>0)$.

证　设

$$\frac{1}{2}(\sqrt{5}-1)=\frac{x}{y}+\frac{\delta}{y^2},\ |\delta|<\frac{1}{c}<\frac{1}{\sqrt{5}},$$

则

$$\frac{\delta}{y}-\frac{\sqrt{5}}{2}y=-\frac{1}{2}y-x.$$

两端平方可得

$$\frac{\delta^2}{y^2}-\sqrt{5}\delta=xy-y^2+x^2.$$

如果有无穷多对整数 $x,y(y>0)$，适合(14)式，则 $y\to\infty$. 因 $\sqrt{5}|\delta|<1$，故有 $\varepsilon>0$，$\sqrt{5}|\delta|+\varepsilon<1$，对充分大的 y，有 $\frac{\delta^2}{y^2}<\varepsilon$，故

$$\left|\frac{\delta^2}{y^2}-\sqrt{5}\delta\right|<\frac{\delta^2}{y^2}+\sqrt{5}|\delta|<\varepsilon+\sqrt{5}|\delta|<1.$$

故整数

$$xy-y^2+x^2=0,$$

即

$$(2x+y)^2=5y^2,$$

此不可能. 证完

§4 代数数的有理逼近

设 $\alpha=\frac{\sqrt{5}-1}{2}$，§3 的定理 4 告诉我们，除开满足(14)的有限多个解 $(x_i,y_i)(y_i>0,i=1,\cdots,s)$ 外，对所有的有理数 $\frac{x}{y}$，$y>0$，均有 $\left|\alpha-\frac{x}{y}\right|\geqslant\frac{1}{cy^2}$. 再设 $\left|\alpha-\frac{x_i}{y_i}\right|>\frac{1}{c_iy_i^2}$，故存在与 α 有关的常数 $b>0$，使得对所有的有理数 $\frac{x}{y}$ 均有 $\left|\alpha-\frac{x}{y}\right|>\frac{b}{y^2}(y>0)$.

$\alpha = \dfrac{\sqrt{5}-1}{2}$ 是 **Q** 上二次不可约多项式 x^2+x-1 的根，这个结果，对于一般的 n 次代数数也是对的.

关于代数数，我们已在第八章 §1 给出定义，为方便起见，这儿再提一下.

定义　设 $n>0$，如果复数 α 是一个系数为有理数的 n 次不可约多项式的根，则称 α 为 n 次**代数数**. 如果 α 不是代数数，则称 α 为超越数.

我们有以下的定理.

定理 1　对于任给的一个 $n(n>1)$ 次代数数 α，存在一个仅与 α 有关的常数 $b>0$，使得对所有的有理数 $\dfrac{p}{q}$，$q>0$，均有

$$\left|\alpha-\frac{p}{q}\right|>\frac{b}{q^n}. \tag{1}$$

证　如果 α 不是实数，设 $\alpha=e+fi$，$f\neq 0$. 对任意的有理数 $\dfrac{p}{q}(q>0)$，有

$$\left|\alpha-\frac{p}{q}\right|=\left|e+if-\frac{p}{q}\right|=\sqrt{\left(e-\frac{p}{q}\right)^2+f^2}\geqslant|f|>\frac{b}{q^n},$$

其中取 $b<|f|$，故定理真.

现在设 α 是一个 n 次实代数数，设 $P(x)$ 为 α 所适合的 n 次不可约多项式. 对于任一个有理数 $\dfrac{p}{q}(q>0)$，由中值定理，对于 $\dfrac{p}{q}$ 和 α 间的某个 ξ 有

$$-P\left(\frac{p}{q}\right)=P(\alpha)-P\left(\frac{p}{q}\right)=\left(\alpha-\frac{p}{q}\right)P'(\xi). \tag{2}$$

如果 $\left|\alpha-\dfrac{p}{q}\right|\geqslant 1$，则有 $\left|\alpha-\dfrac{p}{q}\right|\geqslant\dfrac{1}{q^n}$，故可设 $\left|\alpha-\dfrac{p}{q}\right|<1$，于是 $|\alpha-\xi|<1$，由此推出

$$|\xi|<|\alpha|+1. \tag{3}$$

设 $P(x)=a_nx^n+\cdots+a_1x+a_0$，故 $P'(x)=na_nx^{n-1}+\cdots+a_1$，由(3)得

$$\begin{aligned}|P'(\xi)| &\leqslant n|a_n||\xi^{n-1}|+\cdots+|a_1|\\ &\leqslant nH(|\xi|^{n-1}+\cdots+|\xi|+1)\\ &< n^2H(|\alpha|+1)^{n-1},\end{aligned}$$

其中 $H=\max(|a_0|,\cdots,|a_n|)$，叫 α 的高或多项式 $P(x)$ 的高.

取 $c^{-1}=n^2H(|\alpha|+1)^{n-1}$，因为 $P(x)$ 是 $\mathbf{Q}$ 上不可约的，故 $P\left(\frac{p}{q}\right)\neq 0$，$\left|q^nP\left(\frac{p}{q}\right)\right|\geqslant 1$，于是由(2)给出

$$\left|P\left(\frac{p}{q}\right)\right|=\left|\alpha-\frac{p}{q}\right||P'(\xi)|<\frac{1}{c}\left|\alpha-\frac{p}{q}\right|,$$

$$\left|\alpha-\frac{p}{q}\right|>c\left|P\left(\frac{p}{q}\right)\right|\geqslant\frac{c}{q^n}.$$ 证完

由定理可得一重要推论.

推论 设 α 是任一 n 次$(n>1)$代数数，则对任一 $\varepsilon>0$，和 $A>0$，适合不等式

$$\left|\alpha-\frac{p}{q}\right|<\frac{A}{q^{n+\varepsilon}} \tag{4}$$

的有理数 $\frac{p}{q}(q>0)$ 只有有限个.

如有无限个，由定理1，由有充分大的 q，满足

$$\frac{c}{q^n}<\left|\alpha-\frac{p}{q}\right|<\frac{A}{q^{n+\varepsilon}},$$

即得

$$q^{\varepsilon}<\frac{A}{c}.$$

但对于充分大的 q，上式不能成立. 证完

上面的定理是 Liouville 于 1844 年证明的，这也是超越数理论的开创工作，因为他运用这个定理，首次构造出一类超越数. 例如，有下面的结果.

定理 2

$$\xi = \sum_{m=1}^{\infty} 10^{-m!}$$

是一个超越数.

证 设

$$p_j = 10^{j!}\sum_{m=1}^{j} 10^{-m!}, q_j = 10^{j!}(j = 1,2,\cdots), \text{则有}(p_j, q_j) = 1(j = 1,2,\cdots).$$

$$\left|\xi - \frac{p_j}{q_j}\right| = \sum_{m=j+1}^{\infty} 10^{-m!}$$
$$= \frac{1}{10^{(j+1)!}}\left(1 + \frac{1}{10^{j+2}} + \frac{1}{10^{(j+3)(j+2)}} + \cdots\right)$$
$$< \frac{1}{10^{(j+1)!}}\left(1 + \frac{1}{10} + \frac{1}{10^2} + \cdots\right)$$
$$= q_j^{-j-1}\frac{10}{9} < \frac{1}{q_j^j}.$$

如果 ξ 是 n 次代数数,$n > 1$,则由定理 1 得

$$\frac{c}{q_j^n} < \left|\xi - \frac{p_j}{q_j}\right| < \frac{1}{q_j^j}.$$

故 $$c < q_j^{n-j}.$$ 证完

在 j 大时上式不可能成立. 又,ξ 显然不能是有理数(留作习题).

Liouville 定理也常以其推论的形式出现. 如何使 Liouville 定理精密化,是有理逼近论中的重要研究课题. 20 世纪初 Thue 证明了:设 ξ 为任一 $n(n > 1)$ 次实代数数,任给 $\varepsilon > 0$,则仅有有限对整数 $p, q(q > 0)$,适合 $\left|\varepsilon - \frac{p}{q}\right| < \frac{1}{q^{\frac{1}{2}n+1+\varepsilon}}$. 后来,Siegel 和 Dyson 又分别作了改进,直到 1955 年,由 Roth 得到最好的结果,Roth 证明了:设 ξ 是一个 $n(n > 1)$ 次代数数,对于任给的 $\varepsilon > 0$,仅有有限组整数对 $p, q(q > 0)$ 适合 $\left|\xi - \frac{p}{q}\right| < \frac{1}{q^{2+\varepsilon}}$. 当 ξ 是无理数时,则有无穷

多对整数 $p,q(q>0)$ 适合 $\left|\xi-\frac{p}{q}\right|<\frac{1}{q^2}$，故 Roth 的结果已不能再予改进. 以上定理的证明都很长，本书不介绍了. 关于 Roth 定理有兴趣的读者可在参考书[1]中查到它们的证明. 作为代数数的有理逼近的一个直接应用，可以用来证明某些丢番图方程仅有有限组解.

例如，应用 Thue 的结果，可以证明以下定理.

定理 3 设 $n\geqslant 3$，整系数多项式 $f(z)=a_nz^n+a_{n-1}z^{n-1}+\cdots+a_1z+a_0(a_n\neq 0)$ 在 $\mathbf{Q}$ 上不可约，则丢番图方程

$$H(x,y)=a_nx^n+a_{n-1}x^{n-1}y+\cdots+a_1xy^{n-1}+a_0y^n=c \quad (5)$$

仅有有限多组整数解 x,y，其中 c 是任给的常数.

证 设 $c=0$，$H(x,y)=0$ 只有整数 $x=y=0$. 因为，如果 $y=0$，则推出 $x=0$. 如果 $H(x,y)=0$ 有一组解 $x',y'(y'\neq 0)$，则 $\frac{x'}{y'}$ 是 $f(z)$ 的一个解，于是 $f(z)$ 将有因子 $z-\frac{x'}{y'}$，与 $f(z)$ 不可约矛盾.

现设 $c\neq 0$，我们首先证明方程(5)只有有限多个解 $x,y(y>0)$. 否则，设(5)有无限多解 $x,y(y>0)$，那么 $y\to\infty$，再设 $\theta_1,\cdots,\theta_n$ 是 $f(z)$ 的 n 个根，则有

$$H(x,y)=a_n(x-\theta_1y)\cdots(x-\theta_ny)=c,y>0.$$

由上式得

$$|a_n||x-\theta_1y|\cdots|x-\theta_ny|=|c|,y>0. \quad (6)$$

由(6)式知，至少存在一个 $k(1\leqslant k\leqslant n)$，使得

$$|x-\theta_ky|\leqslant c_1,c_1^n=\left|\frac{c}{a_n}\right|.$$

因为 $f(z)$ 是不可约的，所以 $\theta_1,\cdots,\theta_n$ 是两两不同的(第七章习题). 因此，对每一个 $j\neq k,0<j\leqslant n$，有 $|\theta_k-\theta_j|>c_2>0$，$c_2$ 是一个常数，且当 $y>2\frac{c_1}{c_2}$ 时，有

$$|x-\theta_jy|=|(\theta_k-\theta_j)y+(x-\theta_ky)|>c_2y-c_1$$

$$> \frac{1}{2}c_2 y.$$

由此得

$$\prod_{1 \leqslant j \neq k \leqslant n} | x - \theta_j | > \left(\frac{1}{2}c_2 y\right)^{n-1}.$$

因此,(6) 式给出

$$| x - \theta_k y | = \frac{| c |}{| a_n | \prod\limits_{1 \leqslant j \neq k \leqslant n} | x - \theta_j y |} < \frac{c_3}{y^{n-1}},$$

$$c_3 = \frac{| c |}{| a_n | \left(\frac{1}{2}c_2\right)^{n-1}}.$$

因为 $n \geqslant 3$,取 $\varepsilon < 3/2$,故 y 充分大时,得

$$\left| \theta_k - \frac{x}{y} \right| < \frac{c_3}{y^n} < \frac{1}{y^{\frac{1}{2}n+1+\varepsilon}} \quad (y > 0),$$

即得有无限多对整数 $x, y (y > 0)$ 使上式成立,这与 Thue 的结果矛盾.

由这个结果,很容易推出(5)仅具有有限多组解 $x, y (y < 0)$. 设 $y = -Y, Y > 0$,代入方程(5)得

$$c = H(x, -Y) = a_n x^n - a_{n-1} x^{n-1} Y + \cdots + (-1)^n a_0 Y^n.$$

设 $H_1(x, Y) = H(x, -Y)$,因为 $H(x, 1)$ 不可约,故 $H_1(x, 1) = H(x, -1) = (-1)^n H(-x, 1)$ 也不可约,故 $H_1(x, Y)$ 仅有有限组整数解 $x, Y (Y > 0)$,即 $H(x, y)$ 仅有有限组解 $x, y (y < 0)$. 至于 $y = 0$ 的情形,显然(5)只有有限组整数解 $x, y (y = 0)$.

证完

前面我们提到,利用定理 1 可以构造超越数. 近几十年来,对于超越数的研究,一直是数论中重要课题之一. 1900 年,希尔伯特提出的数学中的 23 个问题,其中第七问题是问:"α 是一个代数数,$\alpha \neq 0, 1$,β 是一个非有理数的代数数,问 α^β 是不是超越数?" 1934 年和 1935 年,гелbфонд 和 Schneider 分别独立地解决了这个

问题. 他们证明了 α^{β} 是超越数. 这一结果可等价地叙述为: 设 α,β 是非零代数数, 如果 $\log\alpha$ 和 $\log\beta$ 在有理数域 $\mathbf{Q}$ 上线性无关, 那么在由全体代数数组成的域上也线性无关. 1966 年, Baker 把上述结果推广到了任意多个给定的非零代数数的情形. 同时, 他还进一步得到著名的"有效方法", 用它可以定出许多不定方程整数解的绝对值的上界. 例如, Baker 对于方程(5)(不妨设 $c>0$), 证明了其解满足

$$\max(|x|,|y|)<e^{(nh)^{(10n)^2}+(\log c)^{2n+2}},$$

其中 h 是 $f(z)$ 的高. 这个上界还可以改进为 $\max(|x|,|y|)<ac^{b}$, 其中 a,b 是仅依赖于 $H(x,y)$ 的可计算的常数.

从解的个数有限到定出解的绝对值的上界, 这无疑是一个重大的进展. 关于超越数的研究已经形成了数论中的一个专门分支——超越数论, 它在数论的其余分支中, 特别在丢番图方程中有重要的应用.

*§5 复数的有理逼近

本节推广前面关于实数的有理逼近的结果, 介绍复数的有理逼近问题.

在第九章 §1 我们已定义过 $Z(\mathrm{i})=\{a+b\mathrm{i}\mid a,b\in\mathbf{Z}\}$. 下面我们进一步给出

定义 一个复数如果能表成两个复整数的商, 叫做**复有理数**, 全体复有理数记为 $Q(\mathrm{i})=\left\{\dfrac{a+b\mathrm{i}}{c+d\mathrm{i}}, a+b\mathrm{i}\in Z(\mathrm{i}), c+d\mathrm{i}\neq 0\in Z(\mathrm{i})\right\}$.

不是复有理数的复数, 叫做**复无理数**.

易知, $Q(\mathrm{i})=\{a+b\mathrm{i}, a,b\in\mathbf{Q}\}$.

定理 1 任给一个复无理数 α, 存在无限多个复有理数 $\dfrac{u}{v}$, $(u,v)=1$, 使得下式成立:

$$\left|\alpha - \frac{u}{v}\right| < \frac{2}{|v|^2}. \tag{1}$$

证 考虑由 $(n+1)^2$ 个复整数组成的集

$$I = \{v = a + bi \mid 0 \leqslant a \leqslant n, 0 \leqslant b \leqslant n\},$$

对 I 中每一个复整数 v,设 $\alpha v = t + si$,则复整数 $u = [t] + [s]i$,满足

$$\alpha v - u = x + yi, 0 \leqslant x < 1, 0 \leqslant y < 1.$$

考虑由 $(n+1)^2$ 个复数组成的集

$$I_1 = \{\alpha v - u = x + yi \mid v \in I\},$$

由于 $\alpha \notin Q(i)$,故 I_1 中没有两个复数相同. 把复平面上的边长为1的正方形(四个顶点在 $0,1,1+i,i$ 处)划分为边长为 $\frac{1}{n}$ 的 n^2 个子正方形,那么 I_1 中 $(n+1)^2$ 个复数所表示的点均包含在上述边长为1的正方形中. 由抽屉原理,I_1 中至少有两个复数所表示的点在某一个子正方形中,且不同时在对角顶点上,即有 I_1 中的复数 $\alpha v_1 - u_1, \alpha v_2 - u_2$ 满足

$$|(\alpha v_1 - u_1) - (\alpha v_2 - u_2)| < \frac{\sqrt{2}}{n}. \tag{2}$$

设 $v_1 = a_1 + b_1 i, v_2 = a_2 + b_2 i, v_1 \neq v_2$,故

$$|v_1 - v_2| = \sqrt{(a_1 - a_2)^2 + (b_1 - b_2)^2} \leqslant n\sqrt{2},$$

因此,由(2)得

$$\left|\alpha - \frac{u_1 - u_2}{v_1 - v_2}\right| < \frac{\sqrt{2}}{n|v_1 - v_2|} \leqslant \frac{2}{|v_1 - v_2|^2}. \tag{3}$$

设 $v = v_1 - v_2, u = u_1 - u_2$,代入(3)式,便得(1).

现在,我们来证明有无限多对复整数 u,v 满足(1)式. 如果满足(1)式的 u,v 只有有限对,设为 $u_1, v_1, \cdots, u_k, v_k$,设

$$\min_{1 \leqslant j \leqslant k} |\alpha v_j - u_j| = f.$$

取 n 充分大,使得

$$\frac{\sqrt{2}}{n} < f.$$

于是由前面的讨论知，有复整数 u,v 满足

$$|\alpha v-u|<\frac{\sqrt{2}}{n}<f,$$

故这一对复整数不是前面的 k 对复整数中任何一对，且

$$\left|\alpha-\frac{u}{v}\right|<\frac{\sqrt{2}}{n|v|}\leqslant\frac{2}{|v|^2}.$$

这与所设矛盾，于是证明了有无限多对复整数 u,v 满足(1)式.

证完

定理 2 任给一个复无理数 α，存在无限多个复有理数 $\frac{u}{v}$，$(u,v)=1$，使得下式成立：

$$\left|\alpha-\frac{u}{v}\right|<\frac{1}{\sqrt{3}|v|^2}. \tag{4}$$

(4) 中的 $\sqrt{3}$ 如换成常数 $c, c>\sqrt{3}$，则定理不成立.

这一结果相当于§3 的 Hurwitz 定理，是 Ford 于 1925 年给出的.

证明定理 2 之前，我们先证明一个引理.

引理 设 α 是任给的一个复数，对于任一个复数 z_1，存在一个复数 z，使得 $z-z_1$ 是一个复整数，且

$$|z^2-\alpha|^2\leqslant\frac{7}{16}+|\alpha|^2, \tag{5}$$

其中等式仅在以下两个情形发生：$\alpha=\frac{3}{4}, z=\frac{i}{2}$ 和 $\alpha=-\frac{3}{4}, z=\frac{1}{2}$.

证 设 $\alpha=a+bi$，先证 $\alpha\geqslant 0$ 的情形. 对任一个复数 $z_1=s+ti$，取

$$z=\begin{cases}e+\{s\}+\{t\}i, 若\{t\}\leqslant\frac{1}{2};\\ e+\{s\}+(\{t\}-1)i, 若\{t\}>\frac{1}{2},\end{cases}$$

其中 e 为任给的整数，$\{x\}=x-[x]$. 于是有无限多个 $z=x+yi$，使得 $z-z_1$ 是复整数，且 $-\frac{1}{2}<y\leqslant\frac{1}{2}, x=e+\{s\}$. 因而有整数 e 满足

$$-\{s\}-\frac{1}{2}+\left(\frac{1}{4}-y^2\right)^{1/2}<e\leqslant\frac{1}{2}+\left(\frac{1}{4}-y^2\right)^{1/2}-\{s\},$$

即有 x 满足

$$-\frac{1}{2}+\left(\frac{1}{4}-y^2\right)^{1/2}<x\leqslant\frac{1}{2}+\left(\frac{1}{4}-y^2\right)^{1/2}. \qquad (6)$$

设 $P=|z^2-\alpha|^2-|\alpha|^2, Q=|(z-1)^2-\alpha|^2-|\alpha|^2, R=|(z+1)^2-\alpha|^2-|\alpha|^2$. 现在我们来证明 P,Q,R 中至少有一个小于 $\frac{7}{16}$，除开 $\alpha=\frac{3}{4}, z=\frac{i}{2}$. 对于后者，$P=Q=R=\frac{7}{16}$.

由复数模的定义，P 给出

$$\begin{aligned}P&=((x+yi)^2-(a+bi))((x-yi)^2-(a-bi))-\\&\quad(a+bi)(a-bi)\\&=x^4+2x^2y^2+y^4-2(x^2-y^2)a-4xyb. \qquad (7)\end{aligned}$$

把(7)中的 x 换成 $x-1$ 和 $x+1$ 就分别得到 Q 和 R 的展式.

不难计算，设 $u=x-x^2, v=y^2$，则有

$$(1-x)P+xQ=u-3u^2+2uv+v^2+2(v-u)a \qquad (8)$$

和

$$\begin{aligned}&(1-x^2-y^2)P+\frac{1}{2}(x^2+y^2+x)Q+\frac{1}{2}(x^2+y^2-x)R\\&\qquad=y^2-3x^2+3y^4+6x^2y^2+3x^4. \qquad (9)\end{aligned}$$

把区间(6)分成两部分：

$$\frac{1}{2}-\left(\frac{1}{4}-y^2\right)^{1/2}<x\leqslant\frac{1}{2}+\left(\frac{1}{4}-y^2\right)^{1/2} \qquad (10)$$

和

$$-\frac{1}{2}+\left(\frac{1}{4}-y^2\right)^{1/2}<x\leqslant\frac{1}{2}-\left(\frac{1}{4}-y^2\right)^{1/2}, \qquad (11)$$

由(10)推出，$0<x\leqslant 1$，再由 $0<x<\frac{1}{2}$ 或 $\frac{1}{2}\leqslant x\leqslant 1$，分别用(10)的右端或左端得

$$0\leqslant\left(x-\frac{1}{2}\right)^2\leqslant\frac{1}{4}-y^2,$$

而
$$x-x^2\leqslant\frac{1}{4},$$

故
$$0\leqslant y^2\leqslant x-x^2\leqslant\frac{1}{4},0\leqslant v\leqslant u\leqslant\frac{1}{4}.$$

(8)中 P、Q 的系数是非负的，故由(8)和 $a\geqslant 0$ 得

$$\begin{aligned}\min(P,Q)&\leqslant(1-x)P+xQ\\&=u-3u^2+2uv+v^2+2(v-u)a\\&\leqslant u-3u^2+2u^2+u^2=u\leqslant\frac{1}{4}<\frac{7}{16}.\end{aligned}$$

由(11)，$|x|\leqslant\frac{1}{2}$，且

$$\left(\frac{1}{2}\pm x\right)^2\geqslant\frac{1}{4}-y^2,x^2+y^2\pm x\geqslant 0.$$

因为 $|x|\leqslant\frac{1}{2}$，$|y|\leqslant\frac{1}{2}$，故有 $1-x^2-y^2\geqslant 0$.(9)中 P,Q,R 的系数是非负的，故由(9)给出：

$$\begin{aligned}\min(P,Q,R)&\leqslant(1-x^2-y^2)P+\frac{1}{2}(x^2+y^2+x)Q+\\&\qquad\frac{1}{2}(x^2+y^2-x)R\\&=y^2-3x^2+3y^4+6x^2y^2+3x^4\\&\leqslant\frac{1}{4}-3x^2+\frac{3}{16}+\frac{3}{2}x^2+3x^4\\&=\frac{7}{16}-\frac{3}{2}x^2+3x^4=\frac{7}{16}-\frac{3}{2}x^2(1-2x^2).\end{aligned}$$

因为 $1-2x^2>0$，故上式除开 $x=0,y=\frac{1}{2},z=x+\mathrm{i}y=\frac{\mathrm{i}}{2}$ 这一

情形$\left(\text{此时} \min(P,Q,R)=\dfrac{7}{16}\right)$外，有

$$\min(P,Q,R)<\frac{7}{16};$$

而 $x=0, y=\dfrac{1}{2}$ 时，(9) 成为

$$\frac{3}{4}P+\frac{1}{8}Q+\frac{1}{8}R=\frac{7}{16}.$$

故 $z=\dfrac{i}{2}$ 时，$\min(P,Q,R)=\dfrac{7}{16}$ 的充分必要条件是 $P=Q=R$. 即得，$z=\dfrac{i}{2}$ 时，

$$\left|\left(\frac{i}{2}\right)^2-\alpha\right|=\left|\left(\frac{i}{2}-1\right)^2-\alpha\right|=\left|\left(\frac{i}{2}+1\right)^2-\alpha\right|.$$

以上等式意味着，复平面上点 α 到点 $-\dfrac{1}{4}, \dfrac{3}{4}-i, \dfrac{3}{4}+i$ 的距离均相等，故 $\alpha=\dfrac{3}{4}$，这就证明了 $\alpha\geqslant 0$ 的情形.

对于$\alpha<0$的情形，利用已经证明了$\alpha\geqslant 0$的情形. 对于$-\alpha$和复数 iz_1，有一个复整数 z_0，使得 z_0-iz_1 是复整数，且

$$|z_0^2+\alpha|^2\leqslant\frac{7}{16}+|-\alpha|^2=\frac{7}{16}+|\alpha|^2.$$

取 $z=iz_0$，则 $z-z_1$ 是复整数，且

$$|z^2-\alpha|^2=|(-iz_0)^2-\alpha|^2=|z_0^2+\alpha|^2\leqslant\frac{7}{16}+|\alpha|^2.$$

等式成立，仅当 $-\alpha=\dfrac{3}{4}, z_0=\dfrac{i}{2}$，即 $\alpha=-\dfrac{3}{4}, z=-\dfrac{1}{2}$. 证完

有了上面的引理，现在，我们可以证明定理 2 了.

定理 2 的证明

设复有理数$\dfrac{u}{v}$，$(u,v)=1$，$|v|>1$. 再设

$$\alpha - \frac{u}{v} = \frac{\delta}{v^2},$$

由于 α 是复无理数，故 δ 也是复无理数. 对于每一对 $u,v,(u,v)=1$，存在无限多对复整数 u_1,v_1，满足

$$uv_1 - vu_1 = 1. \tag{12}$$

实际上，与有理整数的情形类似，设 $u_1=\theta, v_1=\rho$ 是(12)的一组解，那么(1)的全体解为：$u_1=\theta+tu, v_1=\rho+tv$，这里 t 为任意的复整数.

设 $a=\frac{1}{4\delta^2}, z_1=\frac{\rho}{v}+\frac{1}{2\delta}$，由引理，存在复数 z，使得 $z-z_1$ 为复整数，且

$$\left|z^2-\frac{1}{4\delta^2}\right| \leqslant \sqrt{\frac{7}{16}+\frac{1}{16|\delta|^4}}. \tag{13}$$

设 $z-z_1=t$，t 是某个复整数，故

$$z=\frac{\rho+vt}{v}+\frac{1}{2\delta}=\frac{v_1}{v}+\frac{1}{2\delta}.$$

因为 δ 是复无理数，z 不可能取 $\frac{i}{2}$ 或 $\frac{1}{2}$，故(13)给出

$$\left|\left(\frac{v_1}{v}+\frac{1}{2\delta}\right)^2-\frac{1}{4\delta^2}\right| < \sqrt{\frac{7}{16}+\frac{1}{16|\delta|^4}}. \tag{14}$$

设

$$\alpha-\frac{u_1}{v_1}=\frac{\delta_1}{v_1^2},$$

我们有

$$\alpha=\frac{u_1}{v_1}+\frac{\delta_1}{v_1^2}=\frac{u}{v}+\frac{\delta}{v^2},$$

$$\delta_1=v_1^2\left(\frac{u}{v}-\frac{u_1}{v_1}+\frac{\delta}{v^2}\right)=\delta\left(\left(\frac{v_1}{v}+\frac{1}{2\delta}\right)^2-\frac{1}{4\delta^2}\right),$$

由(14)，我们有

$$|\delta_1|^2 = |\delta|^2 \left| \left(\frac{v_1}{v} + \frac{1}{2\delta} \right)^2 - \frac{1}{4\delta^2} \right|^2 < \frac{7}{16} |\delta|^2 + \frac{1}{16 |\delta|^2}. \tag{15}$$

因为 $|v| = 1$ 的复整数只有有限个,故由定理 1,存在无限多个复有理数 $\frac{u}{v}$, $(u,v) = 1$, $|v| > 1$,使得 $|\delta| < 2$.

由于

$$\frac{\delta_1}{v_1^2} = \frac{u}{v} - \frac{u_1}{v_1} + \frac{\delta}{v^2} = \frac{1}{vv_1} + \frac{\delta}{v^2},$$

$$\left| \frac{\delta}{v_1^2} \right| = \left| \frac{1}{vv_1} + \frac{\delta}{v^2} \right| \leqslant \left| \frac{1}{vv_1} \right| + \left| \frac{\delta}{v^2} \right|,$$

故当 $|v| \to \infty$ 时,$\frac{1}{|vv_1|}$, $\left| \frac{\delta}{v^2} \right|$ 均任意变小. 这就说明,不可能有无限多个 $\frac{u}{v}$,对应于同一个 $\frac{u_1}{v_1}$,也就是说,对于无限多个复有理数 $\frac{u}{v}$,通过前述做法,产生无限多个复有理数 $\frac{u_1}{v_1}$.

设 $2 \leqslant |\delta|^2$,故有 $2 \leqslant |\delta|^2 < 4$,于是由(15)得

$$|\delta_1|^2 < \frac{7}{16} |\delta|^2 + \frac{1}{16 |\delta|^2} \leqslant \max_{2 \leqslant x \leqslant 4} \left(\frac{7}{16} x + \frac{1}{16x} \right)$$
$$= \frac{7}{16} \cdot 4 + \frac{1}{16 \cdot 4} < 2.$$

因此,由任一个 $\frac{u}{v}$,且 $2 \leqslant |\delta|^2 < 4$,我们得到 $\frac{u_1}{v_1}$,且 $|\delta_1|^2 < 2$. 总之,有 $|\delta_1|^2 < 2$ 或 $|\delta|^2 < 2$. 如果把 δ_1 也记为 δ,我们证明了,有无限多个 $\frac{u}{v}$,使得 $|\delta|^2 < 2$. 再设 $1 \leqslant |\delta|^2 < 2$,由(15)得

$$|\delta_1|^2 < \frac{7}{16} |\delta|^2 + \frac{1}{16 |\delta|^2} \leqslant \max_{1 \leqslant x \leqslant 2} \left(\frac{7}{16} x + \frac{1}{16x} \right)$$
$$= \frac{7}{16} \cdot 2 + \frac{1}{16 \cdot 2} < 1.$$

于是存在无限多个$\frac{u}{v}$,使得$|\delta|^2<1$. 类似的,应用(15),对于任意一个δ满足$\frac{1}{2}\leqslant|\delta|^2<1$,我们有

$$|\delta_1|^2<\max_{1/2\leqslant x\leqslant 1}\left(\frac{7}{16}x+\frac{1}{16x}\right)$$

$$=\frac{7}{16}+\frac{1}{16}=\frac{1}{2}.$$

其次,再设$\frac{3}{7}\leqslant|\delta|^2<\frac{1}{2}$,由(15),我们有

$$|\delta_1|^2<\max_{3/7\leqslant x\leqslant \frac{1}{2}}\left(\frac{7}{16}x+\frac{1}{16x}\right)$$

$$=\frac{7}{16}\cdot\frac{1}{2}+\frac{1}{8}<\frac{3}{7}.$$

最后,设$\frac{1}{3}\leqslant|\delta|^2<\frac{3}{7}$,由(15),我们有

$$|\delta_1|^2<\max_{1/3\leqslant x\leqslant 3/7}\left(\frac{7}{16}x+\frac{1}{16x}\right)$$

$$=\max\left(\frac{7}{16}\cdot\frac{1}{3}+\frac{3}{16},\frac{7}{16}\cdot\frac{3}{7}+\frac{7}{16\cdot 3}\right)$$

$$=\max\left(\frac{1}{3},\frac{1}{3}\right)=\frac{1}{3}.$$

这样,我们便证明了有无限多个$\frac{u}{v}$,使得

$$|\delta|<\frac{1}{\sqrt{3}},$$

这就证明了定理的第一部分.

现在,我们来证明$\sqrt{3}$是最好的结果,取$\alpha=\frac{1+\sqrt{3}\mathrm{i}}{2}$,故

$$\frac{1+\sqrt{3}\mathrm{i}}{2}-\frac{u}{v}=\frac{\delta}{v^2},$$

$$\frac{\sqrt{3}\mathrm{i}}{2}v - \frac{\delta}{v} = u - \frac{v}{2}.$$

将上式两端平方得

$$\frac{\delta^2}{v^2} - \mathrm{i}\delta\sqrt{3} = u^2 - uv + v^2.$$

因为 $u^2 - uv + v^2 = 0$，推出 $\frac{u}{v} = \frac{1 \pm \mathrm{i}\sqrt{3}}{2}$，与 $\frac{u}{v}$ 是复有理数矛盾，故 $u^2 - uv + v^2 \neq 0$，$|u^2 - uv + v^2| \geqslant 1$，且

$$\left|\frac{\delta^2}{v^2}\right| + |\mathrm{i}\delta\sqrt{3}| \geqslant \left|\frac{\delta^2}{v^2} - \mathrm{i}\delta\sqrt{3}\right| \geqslant 1. \tag{16}$$

对于 $\alpha = \frac{1 + \mathrm{i}\sqrt{3}}{2}$，现在假设，如果有无限多个有理数 $\frac{u}{v}$ 满足 $|\delta| < \frac{1}{c}$，其中 c 是固定的常数，$c > \sqrt{3}$，于是，由(16)便有

$$\frac{1}{c^2}\frac{1}{|v|^2} + \frac{\sqrt{3}}{c} > 1,$$

$$\frac{1}{c^2|v|^2} > \frac{c - \sqrt{3}}{c},$$

$$|v|^2 < \frac{1}{c(c - \sqrt{3})}. \tag{17}$$

而(17)式指出，仅有有限个 v，与所设矛盾. 证完

第十章习题

1. 求以下 Pell 方程的全部解：

① $x^2 - 2y^2 = 1$；

② $x^2 - 5y^2 = -1$.

2. 给出 Pell 方程 $x^2 - Dy^2 = \pm 4$ 的全部解.

3. 设 $x = \xi, y = \eta$ 是满足 Pell 方程 $x^2 - Dy^2 = 1$ 的两个正整数，证明：

① $\xi > \frac{1}{2}\eta^2 - 1$，则 $\xi + \eta\sqrt{D}$ 是它的基本解；

② 如果 η 的所有素因子整除 D,则 $\xi+\eta\sqrt{D}$ 是它的基本解.

4. 证明:设方程 $x^2-dy^2=n$ 有一个解 $xy\neq 0$,则方程有无穷多个解.

5. 证明 Farey 序列中二邻项之分母不同.

6. 繁分数

$$a_1+\cfrac{1}{a_2+\cfrac{1}{\ddots+\cfrac{1}{a_n}}} \tag{1}$$

叫做**有限连分数**,简记为$[a_1,\cdots,a_n]$,当 a_1 是整数,$a_2,\cdots,a_n$ 是正整数时,则称**有限简单连分数**,而$[a_1,\cdots,a_k]=\frac{p_k}{q_k}(1\leqslant k\leqslant n)$ 叫做(1)的第 k 个**渐近分数**.证明:

① $p_1=a_1,p_2=a_2a_1+1,p_k=a_kp_{k-1}+p_{k-2},q_1=1,q_2=a_2,q_k=a_kq_{k-1}+q_{k-2}(k\geqslant 3)$;

② $p_kq_{k-1}-p_{k-1}q_k=(-1)^k(k\geqslant 2)$;

③ $p_kq_{k-2}-p_{k-2}q_k=(-1)^{k-1}a_k(k\geqslant 3)$;

④ $(p_k,q_k)=1,k=1,\cdots,n$;

⑤ $k\geqslant 3,q_k\geqslant q_{k-1}+1$;

⑥ $\frac{p_{2(k-1)}}{q_{2(k-1)}}>\frac{p_{2k}}{q_{2k}},\frac{p_{2k-1}}{q_{2k-1}}>\frac{p_{2k-3}}{q_{2k-3}},\frac{p_{2k}}{q_{2k}}>\frac{p_{2k-1}}{q_{2k-1}}$.

7. 若$[a_1,\cdots,a_n]$中 n 为无限,则称$[a_1,a_2,\cdots]$为**无限简单连分数**.证明:

① 用辗转相除法可将有理数$\frac{a}{b}(b>0)$展成有限简单连分数,即$\frac{a}{b}=[a_1,\cdots,a_N]$,其中 $a_1,\cdots,a_N$ 是辗转相除法中依此得到的不完全商;

② 在①中若规定 $a_N>1$,则表法惟一;

③ 若 α 是一个实无理数,则 α 可展成无限简单连分数,且表法惟一;

④ 一有限连分数表示一有理数,一无限连分数表示一无理数.

8. 证明:若 α 是任一实数,$\frac{p_k}{q_k}$是 α 的第 k 个渐近分数,$0<q<q_k$,则

$$\left|\alpha-\frac{p_k}{q_k}\right|\leqslant\left|\alpha-\frac{p}{q}\right|,\text{其中 } p \text{ 是正整数.}$$

9. 证明:实数 α 的两个连续渐近分数中至少有一个$\frac{p}{q}$满足

$$\left|\alpha-\frac{p}{q}\right|<\frac{1}{2q^2}.$$

10. 证明:实数 α 的三个连续渐近分数中至少有一个$\frac{p}{q}$满足

$$\left|\alpha-\frac{p}{q}\right|<\frac{1}{\sqrt{5}q^2}.$$

(这里用渐近分数的性质再一次证明了 Hurwitz 定理.)

11. 求出$\sqrt{2}$和$\frac{\sqrt{5}+1}{2}$的连分数表示.

12. 证明:$\xi=\sum_{n=1}^{\infty}10^{-n!}$不是有理数.

13. 证明:$\xi=\sum_{n=1}^{\infty}a^{-n!}$是一个超越数,其中整数 $a>1$.

14. 证明:$\xi=[0,a_1,a_2,a_3,\cdots]$是一个超越数,其中 $a_j=10^{j!}$,$j=1,2,\cdots$.

15. 设 α,β 是两个实数,任给正整数 N 和 $\varepsilon>0$,则一定存在整数 $n>N$,以及 q 和 r 使得

$$|n\alpha-q|<\varepsilon,\ |n\beta-r|<\varepsilon.$$

*16. 证明:任给 $\varepsilon>0$ 和复数 $\alpha_1,\alpha_2,\beta_1,\beta_2$,且 $\Delta=|\alpha_1\beta_2-\alpha_2\beta_1|$,则存在无限多对复整数 h,k,满足

$$|\alpha_1k+\beta_1h||\alpha_2k+\beta_2h|<\frac{\Delta}{\sqrt{3}}+\varepsilon.$$

17. 证明:

① 不定方程 $3x^2-11y^2=1$ 有无穷多组整数解;

② 不定方程 $5x^2-14y^2=1$ 无整数解.

18. 证明:不定方程$\frac{x^n+1}{x+1}=y^2$,$2\nmid n$,$n>1$,无 $x>1$ 的正整数解.

第十一章 代数数论

代数数论研究的主要对象是代数数域，特别是研究一个给定的代数数域中代数整数的算术性质．本章将介绍代数数论的基本知识．

§1 迹、范数和共轭数

在第八章中我们已经定义了 n 次代数数域．

设 $Q(\theta)$ 为一 n 次代数数域，记 $\theta = \theta^{(1)}$，并以 $\theta^{(2)}, \cdots, \theta^{(n)}$ 表示 θ 所适合的 n 次不可约多项式的其它 $n-1$ 个根．

已知 $Q(\theta)$ 中任一数 α 可表示成

$$\alpha = a(\theta) = a_0 + a_1\theta + \cdots + a_{n-1}\theta^{n-1}, a_i \in \mathbf{Q}, i = 0,1,\cdots,n-1.$$

定义 令 $\alpha^{(1)} = \alpha$，称 $\alpha^{(k)} = a(\theta^{(k)})(k = 2,\cdots,n)$ 为 α 的**共轭数**，$\alpha^{(1)},\cdots,\alpha^{(n)}$ 是 $\mathbf{Q}$ 上的**共轭数**．又称 $T(\alpha) = \alpha^{(1)} + \alpha^{(2)} + \cdots + \alpha^{(n)}$，$N(\alpha) = \alpha^{(1)}\alpha^{(2)}\cdots\alpha^{(n)}$ 分别为 α 的**迹**与**范数**．

我们有 $T(\alpha+\beta) = T(\alpha) + T(\beta)$，$N(\alpha\beta) = N(\alpha)N(\beta)$，且易知 $T(\alpha)$ 和 $N(\alpha)$ 均为 $\theta^{(1)},\cdots,\theta^{(n)}$ 的对称多项式，故由对称多项式的性质，知道 $T(\alpha)$ 和 $N(\alpha)$ 均为有理数．并且不难验证下面的定理．

定理 1 若 α 为代数整数，则 $T(\alpha)$ 和 $N(\alpha)$ 均为有理整数．

定理 2 代数整数 α 为单位数的充分必要条件是

$$N(\alpha) = \pm 1.$$

证 若 α 为单位数，由定义，α^{-1} 为代数整数，所以由 $N(\alpha\alpha^{-1}) = N(\alpha)N(\alpha^{-1}) = 1$，得 $N(\alpha) = \pm 1$．反之，$N(\alpha) = \pm 1$，则有 $\alpha^{-1} = \pm\alpha^{(2)}\cdots\alpha^{(n)}$，所以 α^{-1} 为代数整数． 证完

设F是任一数域，则类似于有理数域$\mathbf{Q}$上的情况，我们可以定义F上的n次代数数θ，单扩张$F(\theta)$以及共轭数$\alpha^{(1)},\cdots,\alpha^{(n)}$等概念. 把基域$\mathbf{Q}$换成$F$后，以上相应的定理也都成立，这里就不再一一列出了.

下面我们就一般的数域F给出几个定理，它自然对于有理数域$\mathbf{Q}$也是成立的.

设θ是F上的一个n次代数数，扩域$F(\theta)$的每一个数α可表示成$\alpha = a(\theta)$，$a(x)$是$F[x]$中一个次数低于n的多项式.

定理 3 设$\theta = \theta^{(1)}$，而$\theta^{(2)},\cdots,\theta^{(n)}$为$\theta$的共轭数，$\alpha = a(\theta)$是$F$上的一个$m$次代数数，又设$\alpha$所适合的$F$上的不可约多项式是$h(x)$，$\partial^\circ h(x) = m$. 如令

$$g(x) = \prod_{i=1}^{n}(x - \alpha^{(i)}),$$

则$g(x)$为系数在F上的多项式，且$m \mid n$，

$$g(x) = c(h(x))^{n/m}, c \in F.$$

证 由对称多项式基本定理，立刻得$g(x) \in F[x]$，因为

$$h(\alpha) = h(a(\theta)) = 0,$$

所以

$$h(\alpha^{(i)}) = h(a(\theta^{(i)})) = 0 \quad (i = 1,2,\cdots,n),$$

即$g(x) = 0$的每一个根也是$h(x) = 0$的根，因$h(x)$不可约，故$h(x) \mid g(x)$. 设$g(x) = h(x)g_1(x)$，若$g_1(x)$为F中的一常数，则定理已证，否则因$g_1(x) = 0$的根皆为$h(x) = 0$的根，又有$h(x) \mid g_1(x)$. 设$g_1(x) = h(x)g_2(x)$，继续进行下去，有限步后可得

$$g(x) = c(h(x))^{n/m}, m \mid n, c \in F.$$ 证完

由定理可知，如果α是m次代数数，则在$\alpha^{(1)},\cdots,\alpha^{(n)}$中出现$m$个不同的数，设为$\alpha^{(i_1)},\cdots,\alpha^{(i_m)}$，$1 = i_1 < i_2 < \cdots < i_m \leqslant n$，且每个数各出现$\dfrac{n}{m}$次，而$\alpha^{(i_1)},\cdots,\alpha^{(i_m)}$恰好是$h(x)$的全部根.

定义 $h(x)$ 称为 α 在 F 上的**定义多项式**.

推论 $F(\theta)$ 中的任一个数在 F 上的次数至多是 n,次数比 n 小的数,不能生成 $F(\theta)$.

定义 任一个域 F' 包含一个给定的域 F,则叫 F' 是 F 的一个**扩张**,如果 F' 的每一个元在 F 上是代数的(即为系数在 F 上的多项式的根),则叫 F' 是 F 的**代数扩张**,否则叫**超越扩张**.

定义 F' 的元 $\omega_1,\omega_2,\cdots,\omega_n$ 在 F 上是**线性无关**的,如果由 $a_1\omega_1+a_2\omega_2+\cdots+a_n\omega_n=0, a_i\in F(i=1,\cdots,n)$ 可推出 $a_1=0, a_2=0,\cdots,a_n=0$.

一个 F 的扩张 F' 称为 F 的**有限扩张**,如果存在有限个 $\omega_1,\cdots,\omega_n$ 使得 F' 的每一个元 α 都表示成

$$\alpha=a_1\omega_1+\cdots+a_n\omega_n,\quad a_i\in F(i=1,\cdots,n),$$

而称 $\omega_1,\cdots,\omega_n$ 是 F' 在 F 上的一组**生成系**,如果同时 $\omega_1,\cdots,\omega_n$ 在 F 上又是线性无关的,那么称 $\omega_1,\cdots,\omega_n$ 是 F' 在 F 上的一组**基底**.

定理4 每一个有限扩张 $F'\supseteq F$ 有一组 F' 在 F 上的基底,如基底由 n 个元组成,则

①F' 的任意 $n+1$ 个元在 F 上线性相关;

② 任一组基底均有 n 个元;

③ 任意 n 个无关的元组成一组基底.

这是代数中熟知的定理,在下节里,我们对 F 是有理数域的情形给出证明.

定理5 每一个有限扩张 $F'\supseteq F$ 在 F 上是代数的(即 F' 的每一元在 F 上是代数的).

这也是代数中熟知的结果.

定理4告诉我们,F' 在 F 上的基底中含有 n 个元与基底的选择无关,故有下述定义.

定义 设 $\omega_1,\cdots,\omega_n$ 是 F' 在 F 上的一组基底,称 n 是 F' 在 F 上的**次数**,记为 $(F'\mid F)=n$(这与前面定义 $Q(\theta)$ 的次数是一致

的).

设 $\beta \in F(\theta)$, $\beta = \beta^{(1)}, \beta^{(2)}, \cdots, \beta^{(n)}$ 是 F 上的共轭数,我们有:

定义　$F(\beta^{(i)})$ 和 $F(\beta^{(j)})$ 称为 F 上的**共轭域**,如果有 $F(\beta) = F(\beta^{(j)})$ $(j = 1,2,\cdots,n)$,则称 $F(\beta)$ 在 F 上是**正规**的.

定理 6　设 $F'' \supseteq F' \supseteq F$, $(F'' \mid F') = q$, $(F' \mid F) = m$, $(F'' \mid F) = n$. $F'' = F(\xi)$, $\xi^{(1)}, \cdots, \xi^{(n)}$ 是 F 上的共轭数, $F' = F(\theta)$, $\theta^{(1)}, \cdots, \theta^{(m)}$ 是 F 上的共轭数,则

① $qm = n$;

② 可以将 $\xi^{(1)}, \cdots, \xi^{(n)}$ 分成 m 组数,每组含 q 个数,使得每组的 q 个数恰分别为域 $F(\theta^{(i)})$ 上的共轭数 $(i = 1,\cdots,m)$.

证　① 是代数中熟知的结果,这里略去不证. 现证 ②. 由于 $(F'' \mid F') = q$,故 ξ 满足系数在 F' 上的 q 次不可约多项式,设为 $f(x)$,再设 $f^{(1)}(x) = f(x)$, $f^{(i)}(x)$ $(i = 2,\cdots,m)$ 表示把 $f(x)$ 的每一个系数分别换成它们在 F 上的第 i 个共轭数,而令 $\varphi(x) = \prod_{i=1}^{m} f^{(i)}(x)$, $\varphi(x)$ 的系数是 $\theta^{(1)}, \cdots, \theta^{(m)}$ 的对称多项式(系数在 F 中),故 $\varphi(x)$ 的系数在 F 中,而 $\varphi(\xi) = 0$, $\partial^{\circ}\varphi(x) = n$,因此 $\xi^{(1)}, \cdots, \xi^{(n)}$ 恰为 $\varphi(x)$ 的全部根. 又因共轭域是彼此同构的. 所以 $f^{(i)}(x)$ 在域 $F(\theta^{(i)})$ 上不可约.　　证完

下节开始,如无特别声明,均考虑有理数域 Q 的代数扩张.

§2　代数数域 $Q(\theta)$ 的整底

仍考虑 n 次域 $Q(\theta)$,即 θ 是一个 n 次代数数. 易知 $1, \theta, \cdots, \theta^{n-1}$ 为 $Q(\theta)$ 的一组基底,我们有

定理 1　$Q(\theta)$ 的任一基底中所含数的个数都等于 n.

证　设 $\alpha_1, \cdots, \alpha_m$ 和 $\beta_1, \cdots, \beta_{m'}$ 为 $Q(\theta)$ 的任意两组基,只需证明 $m = m'$. 否则,可设 $m > m'$,故有有理数 a_{ij} 及 b_{ij} 使

$$\begin{pmatrix}\alpha_1\\ \vdots\\ \alpha_m\end{pmatrix}=\begin{pmatrix}a_{11} & \cdots & a_{1m'} & 0 & \cdots & 0\\ a_{21} & \cdots & a_{2m'} & 0 & \cdots & 0\\ \vdots & & \vdots & \vdots & & \vdots\\ a_{m1} & \cdots & a_{mm'} & 0 & \cdots & 0\end{pmatrix}\begin{pmatrix}\beta_1\\ \vdots\\ \beta_{m'}\\ 0\\ \vdots\\ 0\end{pmatrix}$$

和

$$\begin{pmatrix}\beta_1\\ \vdots\\ \beta_{m'}\\ 0\\ \vdots\\ 0\end{pmatrix}=\begin{pmatrix}b_{11} & \cdots & b_{1m}\\ b_{21} & \cdots & b_{2m}\\ \vdots & & \vdots\\ b_{m'1} & \cdots & b_{m'm}\\ 0 & \cdots & 0\\ \vdots & & \vdots\\ 0 & \cdots & 0\end{pmatrix}\begin{pmatrix}\alpha_1\\ \vdots\\ \alpha_m\end{pmatrix},$$

此处(a_{ij})和(b_{ij})都是 m 阶方阵，于是得

$$\begin{pmatrix}\alpha_1\\ \vdots\\ \alpha_m\end{pmatrix}=(a_{ij})(b_{ij})\begin{pmatrix}\alpha_1\\ \vdots\\ \alpha_m\end{pmatrix}.$$

因 $\alpha_1,\cdots,\alpha_m$ 是线性无关的，故必须有$(a_{ij})(b_{ij})=1$，而行列式 $\det(a_{ij})=\det(b_{ij})=0$，这是矛盾结果.　　证完

若 $\alpha_1,\cdots,\alpha_n$ 及 $\beta_1,\cdots,\beta_n$ 为 $Q(\theta)$ 的两组基底，则由定义，易知有有理数 $a_{jk}(1\leqslant j,k\leqslant n)$ 使

$$\alpha_j=\sum_{k=1}^{n}a_{jk}\beta_k\quad(1\leqslant j\leqslant n),$$

且行列式

$$\det(a_{jk})=\begin{vmatrix}a_{11} & \cdots & a_{1n}\\ \vdots & & \vdots\\ a_{n1} & \cdots & a_{nn}\end{vmatrix}\neq 0.$$

定义 设 $\alpha_1,\cdots,\alpha_n$ 是 $Q(\theta)$ 中任意 n 个数,称

$$\Delta(\alpha_1,\cdots,\alpha_n)=\begin{vmatrix}\alpha_1^{(1)} & \cdots & \alpha_n^{(1)}\\ \vdots & & \vdots\\ \alpha_1^{(n)} & \cdots & \alpha_n^{(n)}\end{vmatrix}^2$$

为 $\alpha_1,\cdots,\alpha_n$ 的**判别式**.

定理 2 判别式有下列性质:

① $\Delta(\alpha_1,\cdots,\alpha_n)$ 为有理数,特别地,如果 $\alpha_1,\cdots,\alpha_n$ 为代数整数,则 $\Delta(\alpha_1,\cdots,\alpha_n)$ 为有理整数;

② 如果 $\alpha_1,\cdots,\alpha_n$ 和 $\beta_1,\cdots,\beta_n$ 为 $Q(\theta)$ 的两组基,适合

$$\alpha_j=\sum_{k=1}^{n}a_{jk}\beta_k\quad(1\leqslant j\leqslant n),$$

则

$$\Delta(\alpha_1,\cdots,\alpha_n)=\det(a_{jk})^2\Delta(\beta_1,\cdots,\beta_n);$$

③ $\alpha_1,\cdots,\alpha_n$ 为 $Q(\theta)$ 的一组基底的充分必要条件是

$$\Delta(\alpha_1,\cdots,\alpha_n)\neq 0.$$

证 ① 因为 $\Delta(\alpha_1,\cdots,\alpha_n)$ 可表示成 $\theta^{(1)},\cdots,\theta^{(n)}$ 的对称多项式,故结果可由对称多项式基本定理推出.

② 设 $\alpha_j=\sum\limits_{k=1}^{n}h_{jk}\theta^{k-1},\beta_j=\sum\limits_{k=1}^{n}b_{jk}\theta^{k-1}(1\leqslant j\leqslant n)$,则由 $(h_{jk})=(a_{jk})(b_{jk})$ 知

$$\alpha_j^{(l)}=\sum_{k=1}^{n}a_{jk}\beta_k^{(l)}\quad(1\leqslant j,l\leqslant n),$$

故

$$\Delta(\alpha_1,\cdots,\alpha_n)=\det(a_{jk})^2\begin{vmatrix}\beta_1^{(1)} & \cdots & \beta_n^{(1)}\\ \vdots & & \vdots\\ \beta_1^{(n)} & \cdots & \beta_n^{(n)}\end{vmatrix}^2$$

$$=\det(a_{jk})^2\Delta(\beta_1,\cdots,\beta_n).$$

这便证明了②.

③ 因为

$$\Delta(1,\theta,\cdots,\theta^{n-1}) = \prod_{1\leqslant j<k\leqslant n}(\theta^{(j)}-\theta^{(k)})^2 \neq 0,$$

由 ② 可知,对 $Q(\theta)$ 的任一组基底 $\alpha_1,\cdots,\alpha_n$ 有 $\Delta(\alpha_1,\cdots,\alpha_n)\neq 0$.

反之,若 $\Delta(\alpha_1,\cdots,\alpha_n)\neq 0$,设

$$\alpha_j = \sum_{k=1}^{n} b_{jk}\theta^{k-1} \quad (1\leqslant j\leqslant n),$$

则

$$\Delta(\alpha_1,\cdots,\alpha_n) = \det(b_{jk})^2\Delta(1,\theta,\cdots,\theta^{n-1}).$$

所以 $\det(b_{jk})\neq 0$,故能以 $\alpha_1,\cdots,\alpha_n$ 表出 $1,\theta,\cdots,\theta^{n-1}$,即知 $Q(\theta)$ 中任一数可经 $\alpha_1,\cdots,\alpha_n$ 惟一表示出,且 $\alpha_1,\cdots,\alpha_n$ 在 **Q** 上线性无关,故 $\alpha_1,\cdots,\alpha_n$ 是 $Q(\theta)$ 的一组基底.　　证完

为方便起见,在本章中我们把代数整数简称为整数.

定义　设 $\omega_1,\cdots,\omega_m$ 为 $Q(\theta)$ 中的 m 个整数,若 $Q(\theta)$ 中任一整数都能惟一地表示为如下形状

$$a_1\omega_1 + \cdots + a_m\omega_m,$$

其中 $a_1,\cdots,a_m$ 是有理整数,则称 $\omega_1,\cdots,\omega_m$ 为 $Q(\theta)$ 中的一组**整底**. 下面的定理说明了 $Q(\theta)$ 中整底的存在.

定理 3　$Q(\theta)$ 的基底

$$\omega_1,\cdots,\omega_n$$

中,使 $\omega_j(1\leqslant j\leqslant n)$ 均为整数,且 $|\Delta(\omega_1,\cdots,\omega_n)|$ 之值最小的那组,是一组整底.

证　易知存在有理整数 $q\neq 0$ 使 $q\theta$ 为整数,则 $1,q\theta,\cdots,(q\theta)^{n-1}$ 全为整数,由 $\Delta(1,q\theta,\cdots,(q\theta)^{n-1})\neq 0$,故知有全为整数的基底存在. 今证使 $|\Delta(\omega_1,\cdots,\omega_n)|$ 之值最小的基底 $\omega_1,\cdots,\omega_n$ 为 $Q(\theta)$ 的整底. 否则,有整数 ω 存在,使

$$\omega = a_1\omega_1 + \cdots + a_n\omega_n,$$

其中 a_j 不全为有理整数. 不妨设 a_1 非有理整数,设 $a_1 = g + t$,g 为

有理整数，而 $0 < t < 1$，则

$$\omega'_1 = \omega - g\omega_1 = t\omega_1 + a_2\omega_2 + \cdots + a_n\omega_n$$

也为整数，且

$$\Delta(\omega'_1, \omega_2, \cdots, \omega_n) = t^2\Delta(\omega_1, \cdots, \omega_n) \neq 0,$$

故 $\omega'_1, \omega_2, \cdots, \omega_n$ 也是 $Q(\theta)$ 的一组由整数构成的基底，但

$$|\Delta(\omega'_1, \omega_2, \cdots, \omega_n)| < |\Delta(\omega_1, \cdots, \omega_n)|,$$

这与 $|\Delta(\omega_1, \cdots, \omega_n)|$ 取最小值矛盾.　　证完

由此定理可知整底也是基底，故整底中所含元素的个数也为 n.

定理 4　整底的判别式相等.

证　设 $\omega_1, \cdots, \omega_n$ 及 $\omega'_1, \cdots, \omega'_n$ 均为整底，故有

$$\omega_j = \sum_{k=1}^{n} a_{jk}\omega'_k, \omega'_j = \sum_{k=1}^{n} b_{jk}\omega_k \quad (1 \leqslant j \leqslant n),$$

其中 a_{jk} 及 b_{jk} 均为有理整数，由此可得 $\det(a_{jk})\det(b_{jk}) = 1$，即得 $\det(a_{jk}) = \det(b_{jk}) = \pm 1$，故由定理 2 的 ② 得证.　　证完

定义　$Q(\theta)$ 的整底的判别式称为 $Q(\theta)$ 的**基数**，常以 Δ 表示之.

设 $\eta_1, \cdots, \eta_n$ 是任意 n 个整数，它们在整底 $\omega_1, \cdots, \omega_n$ 上的表达式为

$$\eta_i = \sum_{k=1}^{n} c_{ik}\omega_k \quad (i = 1, \cdots, n),$$

c_{ik} 是有理整数，因此

$$\Delta(\eta_1, \cdots, \eta_n) = \det(c_{ik})^2\Delta,$$

有理整数 $\det(c_{ik})^2$ 叫 $\eta_1, \cdots, \eta_n$ 的**指标**. 又当 η 是一个 n 次代数整数时，我们称 $1, \eta, \cdots, \eta^{n-1}$ 的指标为 η 的指标，记为 index η.

定理 5　设 $\eta_1, \cdots, \eta_n$ 是 $Q(\theta)$ 在 $\mathbf{Q}$ 上的一组基底，且 $\eta_1, \cdots, \eta_n$ 都是整数，则 $Q(\theta)$ 中任一个整数 α 可写成如下的形状：

$$\alpha = \sum_{i=1}^{n} \frac{x_i\eta_i}{\Delta(\eta_1, \cdots, \eta_n)},$$

这里 $x_i(i=1,\cdots,n)$ 是有理整数.

证 因为 $\eta_1,\cdots,\eta_n$ 是一组基底,我们有

$$\alpha=\sum_{i=1}^{n} y_i\eta_i,\quad y_i\in\mathbf{Q}(i=1,\cdots,n),$$

且

$$\alpha^{(k)}=\sum_{i=1}^{n} y_i\eta_i^{(k)}\quad(k=1,\cdots,n),$$

故

$$y_i=\frac{\pm\begin{vmatrix}\eta_1^{(1)} & \cdots & \eta_{i-1}^{(1)} & \alpha^{(1)} & \eta_{i+1}^{(1)} & \cdots & \eta_n^{(1)}\\ \cdots & \cdots & \cdots & \cdots & \cdots & \cdots & \cdots\\ \eta_1^{(n)} & \cdots & \eta_{i-1}^{(n)} & \alpha^{(n)} & \eta_{i+1}^{(n)} & \cdots & \eta_n^{(n)}\end{vmatrix}}{\sqrt{\Delta(\eta_1,\cdots,\eta_n)}}.\qquad(1)$$

由(1)式和定理2的①知 $y_i^2\Delta(\eta_1,\cdots,\eta_n)$ 是一个整数,故必是有理整数,而设 $x_i=y_i\Delta(\eta_1,\cdots,\eta_n)$,则由 $y_i^2\Delta(\eta_1,\cdots,\eta_n)$ 是有理整数知 x_i 也是有理整数. 证完

§3 整除性和不可分数

在第九章中,我们已经讨论过环 $Z[\mathrm{i}]$ 和环 $Z[\omega]$ 中的整除性和不可分数. 本节给出一般的定义.

定义 设 $\alpha,\beta\neq 0$ 为二整数,若存在一整数 γ 使 $\alpha=\beta\gamma$,则称 β 可整除 α,记为 $\beta\mid\alpha$,否则称 β 不能整除 α,记为 $\beta\nmid\alpha$. 当 $\beta\mid\alpha$ 时,称 α 是 β 的倍数,β 是 α 的因子.

由整除性,会联想到代数整数的因子分解问题,以后我们仅讨论在某一代数数域 $Q(\theta)$ 内的整数分解的问题. 但因在 $Q(\theta)$ 中单位数 ε 可能有无穷多个,例如在 $Q(\sqrt{3})$ 中,$(2\pm\sqrt{3})^n(n=0,\pm1,\pm2,\cdots)$ 都是单位数,这样,任一整数 α 可表示为 $\alpha=\varepsilon\varepsilon^{-1}\alpha$,故其分解法就有无穷多种,为了除去这种平凡的因子分解,我们引进相

伴的定义.

定义 若两个整数α,β仅相差一单位数因子,则称α与β为**相伴**的或**相结合**的.

显然有:①α与α相伴;②若α与β相伴,则β与α相伴;③若α与β相伴,β与γ相伴,则α与γ相伴.

定义 对于非单位数的整数α,若有$Q(\theta)$中的均非单位数的整数β,γ,使$\alpha=\beta\gamma$,则称α在$Q(\theta)$中**可分解**,否则称α为$Q(\theta)$中的**不可分数**或**素数**.

定理 $Q(\theta)$中任一非单位数的整数可分解为不可分数的乘积.

证 若α是不可分数,自不需证明.如果$\alpha=\beta\gamma$,而β、γ均非单位数,则得

$$|N(\alpha)|=|N(\beta)|\cdot|N(\gamma)|.$$

由于β、γ均为非单位数,故自然数$|N(\beta)|$和$|N(\gamma)|$均为$|N(\alpha)|$的真因数,即

$$|N(\alpha)|>|N(\beta)|>1,|N(\alpha)|>|N(\gamma)|>1.$$

故可以对$|N(\alpha)|$用归纳法证明之. 证完

如果相伴的因数看成相同的,那么整数的分解是否惟一呢?下面的例子告诉我们,即使在二次域里,惟一分解定理也不普遍成立.

例 在$Q(\sqrt{-5})$中惟一分解定理不成立.由于有

$$6=2\cdot3=(1+\sqrt{-5})(1-\sqrt{-5}),$$

这里$2,3,1+\sqrt{-5},1-\sqrt{-5}$显然都是整数,在§6中将看到它们都是$Q(\sqrt{-5})$中的不可分数.且因$|N(2)|=4,|N(3)|=9$,$|N(1\pm\sqrt{-5})|=6$,故$2,3$不与$1+\sqrt{-5}$或$1-\sqrt{-5}$相伴,可知在$Q(\sqrt{-5})$中惟一分解定理不成立.

§4　理想数的惟一分解定理及其应用

为了弥补一般代数数域中整数的惟一分解不成立，一种方法是扩大因子的范围. 例如在前一节 $Q(\sqrt{-5})$ 中的例子，如能定义某些"素数"A,B,C,D，使 $2 = AB, 3 = CD, 1+\sqrt{-5} = AC, 1-\sqrt{-5} = BD$. 则 $6 = (AB)(CD) = (AC)(BD) = ABCD$，6 的分解便惟一了. 为此，Kummer 引入了理想数的概念.（Ideal 通常译为理想，这里沿用文献[1]的译法.）

定义　设 $Q(\theta)$ 为一 n 次代数数域，$\alpha_1,\cdots,\alpha_q$ 为 $Q(\theta)$ 内任意给定的 q 个整数，称所有形为

$$\eta_1\alpha_1+\cdots+\eta_q\alpha_q \quad (\eta_1,\cdots,\eta_q \text{ 为 } Q(\theta) \text{ 中的整数})$$

的整数所成的集合为由 $\alpha_1,\cdots,\alpha_q$ 生成的**理想数**，并以 $[\alpha_1,\cdots,\alpha_q]$ 记之，以后常用大写字母 $A,B,C,\cdots$ 来表示理想数，由一个整数 α 所生成的理想数 $[\alpha]$，称之为**主理想数**.

由 0 生成的理想数 $[0]$ 叫作**零理想数**，以后讨论的理想数都假定是非零理想数.

主理想数 $[1]$ 实际上就是 $Q(\theta)$ 中全体整数的集合，称为**单位理想数**，并以 E 表示之.

以下，我们给出有关理想数的相等、相乘、因数、素理想等种种定义，并给出类似有理整数情形的若干定理，最后得到重要的理想数的惟一分解定理.

定义　$A = [\alpha_1,\cdots,\alpha_q]$ 及 $B = [\beta_1,\cdots,\beta_r]$ 为 $Q(\theta)$ 上的二理想数，如果 A 中每一整数均在 B 中，而 B 中每一整数也均在 A 中时，则称它们**相等**，并记为 $A = B$.

定义　设 $A = [\alpha_1,\cdots,\alpha_q], B = [\beta_1,\cdots,\beta_r]$，我们称理想数 $[\alpha_1\beta_1,\cdots,\alpha_1\beta_r,\alpha_2\beta_1,\cdots,\alpha_2\beta_r,\cdots,\alpha_q\beta_1,\cdots,\alpha_q\beta_r]$ 为 A 和 B 的**乘积**，记为 AB.

容易验证,乘积 AB 不依赖于 A 和 B 的表示法,即如果

$$A=[\alpha_1,\cdots,\alpha_q]=[\alpha'_1,\cdots,\alpha'_s],$$
$$B=[\beta_1,\cdots,\beta_r]=[\beta'_1,\cdots,\beta'_t],$$

则有

$$[\alpha_1\beta_1,\cdots,\alpha_1\beta_r,\cdots,\alpha_q\beta_1,\cdots,\alpha_q\beta_r]$$
$$=[\alpha'_1\beta'_1,\cdots,\alpha'_1\beta'_t,\cdots,\alpha'_s\beta'_1,\cdots,\alpha'_s\beta'_t].$$

理想数的乘法满足交换律和结合律也不难验证.

由于 $EA=AE=A$,故单位理想数 E 起着类似有理整数 1 的作用.

定义 设 A,B 是两个理想数,如果存在理想数 C 使得 $A=BC$,则称 B **整除** A,记为 $B\mid A$,并称 B 为 A 的**因子**.

为了证明理想数的惟一分解定理,需要先证明几个定理.

定理 1 设

$$A(x)=\alpha_l x^l+\cdots+\alpha_0,B(x)=\beta_m x^m+\cdots+\beta_0,\alpha_l\beta_m\neq 0,$$

这里 $\alpha_j(j=0,1,\cdots,l)$ 和 $\beta_j(j=0,1,\cdots,m)$ 均为整数,又设

$$C(x)=A(x)B(x)=c_{l+m}x^{l+m}+\cdots+c_1x+c_0.$$

若有一整数 δ 满足

$$\delta\mid c_j\quad(j=0,1,\cdots,l+m),$$

则

$$\delta\mid \alpha_k\beta_j\quad(k=0,1,\cdots,l;j=0,1,\cdots,m).$$

证明定理 1 之前,先证一个引理.

引理 设

$$f(x)=\delta_n x^n+\cdots+\delta_1 x+\delta_0,\quad \delta_n\neq 0,\tag{1}$$

$\delta_j(j=0,1,\cdots,n)$ 是整数,我们有

① 如果 $f(\rho)=0$,则 $\dfrac{f(x)}{x-\rho}$ 的系数是整数;

② 如果 $f(x)=\delta_n(x-\rho_1)\cdots(x-\rho_n)$,则 $\delta_n\rho_{i_1}\cdots\rho_{i_t}$ 是整数,这里 $1\leqslant i_1<i_2<\cdots<i_t\leqslant n$.

证 对于①,可用归纳法证明. 设 $n=1$,(1) 给出 $f(x)=\delta_1 x+\delta_0$,且

$$\frac{f(x)}{x-\rho}=\frac{\delta_1 x+\delta_0}{x+\dfrac{\delta_0}{\delta_1}}=\delta_1$$

是一个整数. 现设①对所有次数小于 n 的多项式真,则多项式

$$F(x)=f(x)-\delta_n x^{n-1}(x-\rho)$$

(由第八章习题4知,$\delta_n\rho$ 是一个整数)的次数小于 n,且 $F(\rho)=0$,由归纳法假设,知

$$\frac{F(x)}{x-\rho}=\frac{f(x)}{x-\rho}-\delta_n x^{n-1}$$

的系数是整数,即知 $\dfrac{f(x)}{x-\rho}$ 的系数是整数,这就证明了①.

现在来证明②. 不失一般性,设 $i_j=j(j=1,\cdots,t)$,由 $f(x)=\delta_n(x-\rho_1)(x-\rho_2)\cdots(x-\rho_n)$,用引理的①知诸多项式

$$\frac{f(x)}{x-\rho_n},\frac{f(x)}{(x-\rho_n)(x-\rho_{n-1})},\cdots,$$

$$\frac{f(x)}{(x-\rho_n)(x-\rho_{n-1})\cdots(x-\rho_{t+1})}=\delta_n\prod_{i=1}^{t}(x-\rho_i)$$

的系数均为整数,故 $\delta_n\rho_1\cdots\rho_t$ 是整数. 证完

定理1的证明

$$A(x)=\alpha_l(x-\rho_1)\cdots(x-\rho_l),$$
$$B(x)=\beta_m(x-\sigma_1)\cdots(x-\sigma_m),$$

由假设

$$\frac{C(x)}{\delta}=\frac{\alpha_l\beta_m}{\delta}(x-\rho_1)\cdots(x-\rho_l)(x-\sigma_1)\cdots(x-\sigma_m)$$

的系数为整数. 于是,用引理的②知

$$\frac{\alpha_l\beta_m}{\delta}\rho_{u_1}\cdots\rho_{u_t}\sigma_{v_1}\cdots\sigma_{v_s}(1\leqslant u_1<\cdots<u_t\leqslant l,$$
$$1\leqslant v_1<\cdots<v_s\leqslant m)\qquad(2)$$

是一个整数. 因为$\frac{\alpha_k}{\alpha_l}, \frac{\beta_j}{\beta_m}$分别是诸$\rho$和诸$\sigma$的初等对称函数,所以,数

$$\frac{\alpha_k\beta_j}{\delta} = \frac{\alpha_l\beta_m}{\delta} \cdot \frac{\alpha_k}{\alpha_l} \cdot \frac{\beta_j}{\beta_m} \quad (k = 0,1,\cdots,l; j = 0,1,\cdots,m)$$

是形如(2) 的诸项的和,即知$\frac{\alpha_k\beta_j}{\delta}$是一个整数. 证完

定理 2 对于 $Q(\theta)$ 上任一个理想数 A,一定能找到 $Q(\theta)$ 上一个理想数 B,使 $AB = [a]$,这里 a 是一个正有理整数.

证 如果 A 为一个主理想,设为 $A = [\alpha], \alpha \neq 0 \in Q(\theta)$,则 B 可取主理想$[\alpha^{(2)}\cdots\alpha^{(n)}]$,这里 $\alpha^{(2)},\cdots,\alpha^{(n)}$ 为 α 的共轭数,且 $\alpha^{(2)}\cdots\alpha^{(n)} \in Q(\theta)$,于是取 $a = |N(\alpha)|$,立得

$$AB = [\alpha \cdot \alpha^{(2)}\cdots\alpha^{(n)}] = [a].$$

如果 A 非主理想数,设 $A = [\alpha_l,\cdots,\alpha_0], \alpha_j \neq 0 \in Q(\theta), j = 0,1,\cdots,l, f(x) = \alpha_l x^l + \cdots + \alpha_1 x + \alpha_0$,又设$\alpha_i$的共轭数为$\alpha_i^{(j)}, j = 2,\cdots,n$,定义

$$g(x) = \prod_{j=2}^{n} (\alpha_l^{(j)} x^l + \cdots + \alpha_0^{(j)}) = \beta_m x^m + \cdots + \beta_0,$$

$$f(x)g(x) = c_{l+m}x^{l+m} + \cdots + c_0,$$

其中 $c_j(j = 0,1,\cdots,l+m)$ 均为有理整数,又因$\beta_0,\cdots,\beta_m$显然为整数,$\alpha_0\beta_0 = c_0$,故$\beta_0 \in Q(\theta)$,而$c_0\beta_1 + \alpha_1\beta_0 = c_1$,故$\beta_1 \in Q(\theta),\cdots$,类似可证诸$\beta$均为$Q(\theta)$ 的整数. 设$B = [\beta_m,\cdots,\beta_0], (c_0,\cdots,c_{l+m}) = a$,我们来证明

$$AB = [a]. \tag{3}$$

由 $a \mid c_j(j = 0,1,\cdots,l+m)$ 和定理 1 知

$$a \mid \alpha_k\beta_j \quad (k = 0,1,\cdots,l; j = 0,1,\cdots,m),$$

所以$AB \subseteq [a]$. 又因 $a = (c_0,\cdots,c_{l+m})$,故 a 能表成 $c_0,\cdots,c_{l+m}$ 的有理整系数的线性型,而诸 $c_j \in AB(j = 0,1,\cdots,l+m)$,所以,$a \in AB$,即知$[a] \subseteq AB$. 于是(3) 成立. 证完

在理想数理论中，定理 2 起着重要作用.

定理 3 若 $AC = BC$，则 $A = B$.

证 设 D 是一个理想数，使 $CD = [a]$，a 是一个正有理整数，则有 $ACD = BCD$，即

$$A[a] = B[a].$$

上式推出 $A = B$. 证完

定理 4 $A \mid C$ 的充分必要条件是 $C \subseteq A$.

证 设 $C = AB$，$A = [\alpha_l, \cdots, \alpha_0]$，$B = [\beta_m, \cdots, \beta_0]$，则

$$C = [\cdots, \alpha_i\beta_j, \cdots],$$

所以 C 的每一个元都在 A 中，即 $C \subseteq A$.

反之，设 $C \subseteq A$，取理想数 B 和正有理整数 a，使 $AB = [a]$. 设 $CB = [\sigma_1, \cdots, \sigma_t]$，则 $\sigma_j = a\lambda_j (j = 1, \cdots, t)$，即

$$CB = [a][\lambda_1, \cdots, \lambda_t] = AB[\lambda_1, \cdots, \lambda_t],$$

由定理 3 得

$$C = A[\lambda_1, \cdots, \lambda_t],$$

这就证明了 $A \mid C$. 证完

定义 如果一个理想数的因子只有 E 和本身，则称为**素理想数**，常用 P 表示.

定理 5 任给二理想数 $A = [\alpha_1, \cdots, \alpha_q]$ 和 $B = [\beta_1, \cdots, \beta_r]$，则存在惟一的理想数 D，具有性质：

① $D \mid A, D \mid B$；

② 若 $D_1 \mid A, D_1 \mid B$，则 $D_1 \mid D$；

③ D 中任一数均能写成 $\alpha + \beta$ 形式，$\alpha \in A, \beta \in B$.

证 设 $D = [\alpha_1, \cdots, \alpha_q, \beta_1, \cdots, \beta_r]$，不难验证它满足性质①、②和③. 再证 D 的惟一性. 若另有一理想数 D'，满足性质①和②，则有

$$D \mid D', D' \mid D,$$

则 $D' \subseteq D, D \subseteq D'$，所以 $D = D'$. 证完

定义 D 称为 A 和 B 的**最大公因数**，记为 $(A,B) = D$，如果 $(A,B) = E$，则称 A、B **互素**. 一般地，还可定义 $(A_1,\cdots,A_m) = ((A_1,\cdots,A_{m-1}),A_m)$.

定理 6 如果 P 为一素理想数，且 $P \mid AB, P \nmid A$，则 $P \mid B$.

证 由于 $P \nmid A$ 知 $(P,A) = E$，可选取 $\alpha \in A, \gamma \in P$，使 $\alpha + \gamma = 1$. 任取 $\beta \in B$，则有

$$\alpha\beta + \gamma\beta = \beta. \tag{4}$$

因为 $\alpha\beta \in AB, P \mid AB$，所以，$\alpha\beta \in P$. 又 $\gamma\beta \in P$，(4) 给出 $\beta \in P$，于是有 $B \subseteq P$. 证完

定理 7 任何理想数只有有限个因子.

证 设 A 为一任给的理想数，由定理 2 知，存在一理想数 B 和正有理整数 a，使

$$AB = [a],$$

所以，A 的任一因子均包含 a. 因此，只需证明包含一给定正有理整数的理想数只有有限个. 设 $C = [\alpha_1,\cdots,\alpha_l]$ 是一个包含给定正有理整数 a 的理想数，$\omega_1,\cdots,\omega_n$ 为 $Q(\theta)$ 的一组整底，因此，诸 α_j 能表成

$$\alpha_j = h_{j1}\omega_1 + \cdots + h_{jn}\omega_n, j = 1,\cdots,l,$$

其中 h_{jk} 均为有理整数. 再设

$$h_{jk} = aq_{jk} + r_{jk}, 0 \leqslant r_{jk} < a,$$

$$\beta_j = \sum_{k=1}^{n} q_{jk}\omega_k, \gamma_j = \sum_{k=1}^{n} r_{jk}\omega_k,$$

于是有

$$\alpha_j = a\beta_j + \gamma_j.$$

又因 $a \in C$，所以

$$\begin{aligned} C &= [\alpha_1,\cdots,\alpha_l] = [\alpha_1,\cdots,\alpha_l,a] \\ &= [a\beta_1 + \gamma_1,\cdots,a\beta_l + \gamma_l,a] = [\gamma_1,\cdots,\gamma_l,a], \end{aligned}$$

而 $\gamma_1,\cdots,\gamma_l$ 只有有限组,这就证明了包含 a 的理想数只有有限多个. 证完

定理 8(理想数的惟一分解定理) 任一不为 E 的理想数 A 可以分解为素理想数的乘积,如果不计其排列的次序,则分解法惟一.

证 由定理 7 知 A 的因子只能有有限个,所以,可以对 A 的因子个数施行归纳法.

分解的可能性是显然的. 现证分解的惟一性. 设

$$A = P_1\cdots P_l = P'_1\cdots P'_m, m \geqslant 1, l \geqslant 1, \tag{5}$$

其中诸 P_j 与诸 P'_j 均为素理想数. 若 A 为素理想数,则 $l = m = 1$,定理成立. 现设 $l > 1, m > 1$,因

$$P_1 \mid P'_1\cdots P'_m,$$

所以有一个 $P'_j(1 \leqslant j \leqslant m)$ 使 $P_1 = P'_j$,不妨设 $j = 1$,于是(5)给出

$$P_2\cdots P_l = P'_2\cdots P'_m.$$

由归纳法假设,定理得证. 证完

我们知道,对于主理想 $[\alpha],[\beta],[\alpha] \mid [\beta]$ 的充分必要条件是 $\alpha \mid \beta$. 用理想数的惟一分解定理可给出一个新方法来决定是否有 α 整除 β. 可将 $[\alpha]$ 和 $[\beta]$ 分解为

$$\begin{aligned}[\alpha] &= P_1^{a_1}\cdots P_k^{a_k}, a_i \geqslant 0,\\ [\beta] &= P_1^{b_1}\cdots P_k^{b_k}, b_i \geqslant 0\end{aligned} \quad (i = 1,\cdots,k),$$

其中 $P_1,\cdots,P_k$ 是不同的素理想数,a_i, b_i 为有理整数. 由惟一分解定理,显然有,$[\alpha] \mid [\beta]$ 的充分必要条件是 $b_i - a_i \geqslant 0, i = 1, 2,\cdots,k$.

最后,我们用惟一分解定理证明两个定理.

定理 9 在 $Q(\theta)$ 上有无限多个素理想数.

证 设有理素数 p、q, $p \neq q$,则在 $Q(\theta)$ 上理想数 $[p],[q]$,适合 $([p],[q]) = E$. 因此,由惟一分解定理,存在 $[p]$ 的素因子

P_1 和 $[q]$ 的素因子 P_2，适合 $P_1 \neq P_2$. 因为有无限多个有理素数，它们生成的主理想的素因子皆不同，所以，有无限多个素理想数.

证完

定理 10 若 A 和 B 是不同的理想数，则存在整数 α，使得 $([\alpha], AB) = A$.

证 设 $AB = P_1^{a_1}\cdots P_l^{a_l}, a_j \geqslant 1, j = 1, \cdots, l,$

$$A = P_1^{e_1}\cdots P_l^{e_l}, e_j \geqslant 0, j = 1, \cdots, l,$$

其中 $P_1, \cdots, P_l$ 是不同的素理想数. 令

$$D_i = \prod_{\substack{1 \leqslant j \leqslant l \\ j \neq i}} P_j^{e_j+1}, i = 1, \cdots, l.$$

因为 $(D_1, \cdots, D_l) = E$，所以有 $\delta_i \in D_i, i = 1, \cdots, l$ 使得

$$\delta_1 + \cdots + \delta_l = 1.$$

于是 $D_i \mid [\delta_i]$，$k \neq i$ 时，$P_k \mid [\delta_i]$，且 $P_i \nmid [\delta_i]$. 因为 $P_i^{e_i+1} \subset P_i^{e_i}$，所以，存在整数 $\alpha_i \in P_i^{e_i}$，但 $\alpha_i \notin P_i^{e_i+1}$. 且设

$$\alpha = \alpha_1\delta_1 + \cdots + \alpha_l\delta_l,$$

显然 $P_i^{e_i} \mid [\alpha]$，但 $P_i^{e_i+1} \nmid [\alpha], i = 1, \cdots, l$，所以 $A \mid [\alpha]$，而

$$\left(\frac{[\alpha]}{A}, B\right) = E,$$

于是得出 $([\alpha], AB) = A$. 证完

§5 同余和模理想数的剩余类

和有理整数类似，我们将讨论理想数的同余关系. 在讨论同余之前，先讨论理想数的基底.

设 A 是 n 次代数数域 $Q(\theta)$ 的一个理想数，我们有

定理 1 存在 A 中的 n 个数 $\alpha_1, \cdots, \alpha_n$，使得 A 的每一个数能够惟一地表示成

$$k_1\alpha_1 + \cdots + k_n\alpha_n, \tag{1}$$

这里 $k_1,\cdots,k_n$ 是有理整数. 且称此 $\alpha_1,\cdots,\alpha_n$ 为 A 的**基底**.

证　由于存在正有理数 a 和理想数 B,使

$$AB = [a],$$

因此 $a\omega_1,\cdots,a\omega_n$ 都在 A 中,这里 $\omega_1,\cdots,\omega_n$ 是 $Q(\theta)$ 的一组整底,设 a_{11} 是最小的正有理整数,使得

$$\alpha_1 = a_{11}\omega_1$$

在 A 中. 因为 A 包含 $a_{11}\omega_1$ 和 $a\omega_2$,则包含 $k_1a_{11}\omega_1 + k_2a\omega_2$, k_1,k_2 是任给的有理整数. 设 a_{22} 是最小的正有理整数,使得

$$\alpha_2 = a_{21}\omega_1 + a_{22}\omega_2$$

在 A 中,其中 a_{21} 是有理整数. 同样地对于 $i = 3,\cdots,n$,设

$$\alpha_i = a_{i1}\omega_1 + \cdots + a_{ii}\omega_i,$$

这里 $a_{i1},\cdots,a_{ii}$ 是有理整数,且 a_{ii} 是最小的正有理整数使得 α_i 在 A 中,下面证明 $\alpha_1,\cdots,\alpha_n$ 就是所要求的 A 的一组基底.

设 $\alpha \in A$,故有有理整数 $c_1,\cdots,c_n$ 使

$$\alpha = c_1\omega_1 + \cdots + c_n\omega_n,$$

于是对任意的整数 c, $\alpha - c\alpha_n$ 在 A 中. 用带余除法得

$$0 \leqslant c_n - a_{nn}\cdot\left[\frac{c_n}{a_{nn}}\right] < a_{nn},$$

故 $\alpha - \left[\frac{c_n}{a_{nn}}\right]\alpha_n$ 经 $\omega_1,\cdots,\omega_n$ 表示出时, ω_n 的系数是零,即有

$$\alpha - \left[\frac{c_n}{a_{nn}}\right]\alpha_n = d_1\omega_1 + \cdots + d_{n-1}\omega_{n-1}.$$

继续讨论下去可得

$$\alpha = \left[\frac{c_n}{a_{nn}}\right]\alpha_n + \left[\frac{d_{n-1}}{a_{n-1,n-1}}\right]\alpha_{n-1} + \cdots + \left[\frac{t_1}{a_{11}}\right]\alpha_1.$$

这就证明了 A 中任一 α 可表示为(1) 的形状. 其表示法的惟一性,是因为

$$\Delta(\alpha_1,\cdots,\alpha_n) = a_{11}^2a_{22}^2\cdots a_{nn}^2\Delta(\omega_1,\cdots,\omega_n) \neq 0.$$

从而可知 $\alpha_1,\cdots,\alpha_n$ 实际上也是 $Q(\theta)$ 的一组基底. 证完

由这个定理的证明可知,存在 $Q(\theta)$ 的一组基底,它同时也是 A 的基底,由此可知 A 的任何一组基底一定也是 $Q(\theta)$ 的一组基底. 而且不难验证,A 的任何两组基底的判别式必相等. 今后以 $\Delta(A)$ 表示理想数 A 的基底的判别式.

这个定理的证明还告诉我们存在 A 的一组基底 $\alpha_1,\cdots,\alpha_n$ 具有如下形状:

$$\begin{aligned}\alpha_1 &= a_{11}\omega_1,\\ \alpha_2 &= a_{21}\omega_1 + a_{22}\omega_2,\\ &\cdots\cdots\\ \alpha_n &= a_{n1}\omega_1 + a_{n2}\omega_2 + \cdots + a_{nn}\omega_n.\end{aligned} \tag{2}$$

进一步有如下定理:

定理 2 $Q(\theta)$ 上的任一个理想数 A 存在一组形状如(2)的基底 $\alpha_1,\cdots,\alpha_n$,且可要求有理整数 a_{ij} 满足

$$0 \leqslant a_{ij} < a_{jj} \quad (1 \leqslant j < i \leqslant n).$$

证 显然对于 $j \neq i$ 和任意有理整数 k,

$$\alpha_1,\cdots,\alpha_{i-1},\alpha_i - k\alpha_j,\alpha_{i+1},\cdots,\alpha_n$$

仍是 A 的一组基底. 于是 α_n 可以减去 α_{n-1} 的一个适当的倍数,使得 ω_{n-1} 的系数小于 $a_{n-1,n-1}$,而同时并不改变 ω_n 的系数. 类似的,可以继续减去 α_{n-2} 的一个适当的倍数,……,减去 α_1 的一个适当的倍数. 这样得到一组新的基底

$$\alpha_1,\cdots,\alpha_{n-1},\alpha'_n = a'_{n1}\omega_1 + \cdots + a'_{n,n-1}\omega_{n-1} + a_{nn}\omega_n,$$
$$0 \leqslant a'_{ni} < a_{ii} \quad (i = 1,\cdots,n-1).$$

然后再对 $\alpha_{n-1},\cdots,\alpha_2$ 作类似的处理. 便得到所需的基底. 证完

定理 2 给出的基底称为 A 的**标准基底**.

现考虑同余关系.

如果 $A \mid [\alpha]$,以后简记为 $A \mid \alpha$,即表示 α 在 A 中.

定义 设 α,β 是 $Q(\theta)$ 中的整数,$A \mid \alpha - \beta$,则称 α 和 β 对模

A **同余**,记为

$$\alpha \equiv \beta \pmod{A}.$$

根据这一同余关系,可以将域 $Q(\theta)$ 中的全体整数分类,使凡是属于同一类的数对模 A 互相同余,而属于不同类的数对模 A 不同余. 称这样的类为模理想数 A 的**剩余类**,并以 $N(A)$ 来记不同的剩余类的个数. $N(A)$ 也叫理想数 A 的**距**.

定理 3 设 $\omega_1,\cdots,\omega_n$ 为 $Q(\theta)$ 的一组整底,而 $\alpha_1,\cdots,\alpha_n$ 为理想数 A 的一组基底,如果

$$\alpha_i = \sum_{j=1}^{n} a_{ij}\omega_j \quad (i = 1,\cdots,n),$$

则 $N(A) = |\det(a_{ij})|$.

证 因为数值 $|\det(a_{ij})|$ 与 A 的基底的选择无关,故可取 $\alpha_1,\cdots,\alpha_n$ 为 A 的标准基底. $Q(\theta)$ 中任一整数

$$\alpha = b\omega_1 + \cdots + b_n\omega_n, b_1,\cdots,b_n \text{ 是有理整数},$$

可以减去 α_n 的适当倍数,以及 α_{n-1} 的适当倍数等等,使

$$\alpha \equiv a_1\omega_1 + \cdots + a_n\omega_n \pmod{A}, 0 \leqslant a_i < a_{ii} \quad (i = 1,2,\cdots,n).$$

而形如 $a_1\omega_1 + \cdots + a_n\omega_n, 0 \leqslant a_i < a_{ii}(i = 1,\cdots,n)$ 的整数共有 $a_{11}a_{22}\cdots a_{nn} = |\det(a_{ij})|$ 个,且其中任意两个模 A 不同余. 因如不然的话,设其中两个对模 A 同余,则有

$$a_1\omega_1 + \cdots + a_n\omega_n \equiv a'_1\omega_1 + \cdots + a'_n\omega_n \pmod{A}.$$

因两端对应系数不全相同,故可设

$$a_n = a'_n,\cdots,a_{n-k+1} = a'_{n-k+1}, a_{n-k} > a'_{n-k} \quad (0 \leqslant k \leqslant n-1),$$

则

$$(a_1 - a'_1)\omega_1 + \cdots + (a_{n-k} - a'_{n-k})\omega_{n-k} \equiv 0 \pmod{A},$$

而 $0 < a_{n-k} - a'_{n-k} < a_{n-k,n-k}$,这与 $a_{n-k,n-k}$ 的选择矛盾. 证完

推论 1 设 Δ 为域 $Q(\theta)$ 的基数,$\Delta(A)$ 为 A 的基底的判别式,则

$$\Delta(A) = (N(A))^2\Delta.$$

推论 2 对于主理想数 $[\alpha]$ 的距 $N([\alpha])$ 有

$$N([\alpha]) = |N(\alpha)|.$$

此由 $\alpha\omega_1, \cdots, \alpha\omega_n$ 为 $[\alpha]$ 的基底和推论 1 即可推出，其中 $\omega_1, \cdots, \omega_n$ 表示 $Q(\theta)$ 的一组整底.

定理 4 若 P 为一素理想数，$P \nmid \alpha$，α 是 $Q(\theta)$ 中任一整数，则有

$$\alpha^{N(P)-1} \equiv 1 \pmod{P}.$$

证 设 $0, \pi_1, \cdots, \pi_{N(P)-1}$ 是模 P 剩余类的代表，即一组完全剩余系. 则 $0, \alpha\pi_1, \cdots, \alpha\pi_{N(P)-1}$ 也是模 P 的一组完全剩余系，因此

$$\alpha^{N(P)-1}\pi_1\cdots\pi_{N(P)-1} \equiv \pi_1\cdots\pi_{N(P)-1} \pmod{P},$$

故得定理. 证完

定理 5 任给素理想数 P，一定存在有理素数 p，使 $P \mid p$，且 p 是 P 中最小的正有理整数，故是惟一确定的.

证 已知必有正有理整数 $a > 1$，使 $P \mid a$，故必有有理素数 $p \mid a$，使 $P \mid p$. 如果有正有理整数 $b < p$，且 $P \mid b$，则 $(p, b) = 1$ 在 P 中，于是有 $[1] = P$，这是不可能的. 故 p 是 P 中最小的正有理整数. 证完

定理 6 同余式

$$\alpha x \equiv \beta \pmod{A} \tag{3}$$

有解的充分必要条件是 $D \mid \beta$，这里 $D = ([\alpha], A)$. 如果有解. 则解模 $\dfrac{A}{D}$ 惟一.

证 如果 ξ 是(3) 的一个解，所以 $\alpha\xi - \beta$ 是 A 中的一个数，它也是 D 中的一个数，又因 $\alpha\xi \in D$，所以 $\beta \in D$，即得 $D \mid \beta$.

反之，如果 $D \mid \beta$，那么 β 可表为 $\beta = \alpha\xi + \delta$，这里 $\delta \in A$，ξ 是 $Q(\theta)$ 中的某一整数，于是得到 $\beta \equiv \alpha\xi \pmod{A}$，即 ξ 是(3) 的一个解.

现设 ξ' 是(3) 的另一个解，则有

$$\alpha(\xi - \xi') \equiv 0 \pmod{A}. \tag{4}$$

设$[\alpha] = DA_1, A = DA_2$,则$(A_1, A_2) = [1]$,由(4)得$DA_2 \mid DA_1(\xi - \xi')$,$A_2 \mid A_1(\xi - \xi')$,即得$\xi \equiv \xi' \pmod{A_2}$. 证完

定理 7 $N(AB) = N(A)N(B)$.

证 由上一节的定理10知,存在$Q(\theta)$中的一个整数γ,使得$([\gamma], AB) = A$.

设$N(A) = n_1, N(B) = n_2, \alpha_1, \cdots, \alpha_{n_1}$是模$A$的一组完全剩余系,$\beta_1, \cdots, \beta_{n_2}$是模$B$的一组完全剩余系,只需证明$n_1 n_2$个数$\alpha_i + \gamma\beta_j (i = 1, \cdots, n_1; j = 1, \cdots, n_2)$构成模$AB$的一组完全剩余系.

若$\alpha_i + \gamma\beta_j \equiv \alpha_k + \gamma\beta_l \pmod{AB}$,则

$$\gamma(\beta_j - \beta_l) \equiv \alpha_k - \alpha_i \pmod{AB}. \qquad (5)$$

由定理6知$([\gamma], AB) \mid [\alpha_k - \alpha_i]$,即$A \mid [\alpha_k - \alpha_i]$,$\alpha_k \equiv \alpha_i \pmod{A}$,故有$i = k$. 此时,(5)给出$\gamma(\beta_j - \beta_l) \equiv 0 \pmod{AB}$,即是

$$\beta_j - \beta_l \equiv 0 \pmod{B},$$

即得$j = l$.

现证对$Q(\theta)$中任一整数δ,与某一$\alpha_i + \gamma\beta_j$模AB同余. 存在某α_i,有$\delta \equiv \alpha_i \pmod{A}$,因为$([\gamma], AB) = A$是$[\delta - \alpha_i]$的一个因子,故同余式

$$\gamma x \equiv \delta - \alpha_i \pmod{AB}$$

有解,设其模B的惟一解为β_j,即得

$$\delta \equiv \alpha_i + \gamma\beta_j \pmod{AB}.$$

于是证明了$\alpha_i + \gamma\beta_j (i = 1, \cdots, n_1; j = 1, \cdots, n_2)$构成模$AB$的一组完全剩余系. 证完

定理 8 设A是$Q(\theta)$上的一个理想数,则有$N(A) \in A$.

证 设$\alpha_1, \cdots, \alpha_{N(A)}$是模$A$的一组完全剩余系,则$\alpha_1 + 1, \cdots, \alpha_{N(A)} + 1$也是模$A$的一组完全剩余系,故有

$$\alpha_1 + \cdots + \alpha_{N(A)} \equiv (\alpha_1 + 1) + \cdots + (\alpha_{N(A)} + 1) \pmod{A},$$

$$N(A) \equiv 0 \pmod{A}.$$ 证完

推论 以给定正有理整数为距的理想数仅有有限个.

证 设$N(A)=a$,由定理8知$a\in A$. 在 §4 定理7中,我们曾证明包含一给定正有理整数的理想数只有有限个,故满足$N(A)=a$的理想数A也只有有限个. 证完

§6 素理想数的一些性质

本节考虑$F=Q(\theta)$的素理想数P的一些性质.

定理1 设P是一个素理想数,则$Q(\theta)$中的全体整数模P的剩余类对模P的加法和乘法成域,且$N(P)=p^f$,这里p是有理素数,且$P\mid p$,f叫做P的**次数**.

证 显然模P剩余类对模P的加法和乘法组成一个有单位元的交换环. 因为$\alpha\beta\equiv 0 \pmod{P}$可以推出$\alpha\equiv 0\pmod{P}$或$\beta\equiv 0\pmod{P}$,故这个环是整环. 因为模$P$的剩余类的个数$N(P)$有限,所以构成一个有限域. 设这个域的特征是素数$p$,则

$$N(P)=p^f.$$

又因为$[N(P)]\subset P$,故

$$P\mid N(P)=p^f,$$

即得$P\mid p$. 证完

由第七章中有限域的性质,立即可得下面的定理.

定理2 设P是一个素理想数,则$Q(\theta)$中的全体整数模P的剩余类组成的有限域中,存在一个阶为$N(P)-1$的元β,且对任一整数α有

$$\alpha^{N(P)}\equiv \alpha \pmod{P}.$$

推论 设a是一个有理整数,α是$Q(\theta)$中的一个整数,则$\alpha\equiv a\pmod{P}$的充要条件是$\alpha^p\equiv \alpha\pmod{P}$.

证 设$P\mid p$,$\alpha\equiv a\pmod{P}$. 由$a^p\equiv a\pmod{p}$,得

$$a^p\equiv a\pmod{P},$$

故

$$\alpha^p \equiv \alpha \pmod{P}.$$

反之,设 $\alpha^p \equiv \alpha \pmod{P}$,而 $x^p \equiv x \pmod{P}$ 恰有 p 个根 $0, 1, \cdots, p-1$ 模 P,故 $\alpha \equiv a \pmod{P}$. 证完

下面,我们给出重要的 Dedekind 定理.

定理 3 设 $F = Q(\theta)$ 是一个 n 次域,P 是其中的一个素理想数,p 是一个有理素数,Δ 是域 F 的基数. 则

$$p \equiv 0 \pmod{P^2}$$

的充分必要条件是 $p \mid \Delta$.

证 由于充分性的证明太长,我们仅给出定理的必要性的证明.

设 α 是 F 的一个整数,则有

$$T(\alpha^p) \equiv (T(\alpha))^p \pmod{p}. \tag{1}$$

设 $\omega_1, \cdots, \omega_n$ 是 $Q(\theta)$ 的一组整底,于是有

$$\Delta = \Delta(\omega_1, \cdots, \omega_n) = | T(\omega_i \omega_j) |, \tag{2}$$

所以(1),(2) 给出

$$\Delta(\omega_1, \cdots, \omega_n) \equiv \Delta(\omega_1^p, \cdots, \omega_n^p) \pmod{p}. \tag{3}$$

因为 $P^2 \mid p$,故可设$[p] = P^\lambda A, (P, A) = [1], \lambda \geqslant 2$. 由此推出 $Q(\theta)$ 中存在整数 β 满足

$$\beta \equiv 0 \pmod{P^{\lambda-1}A}, \beta \not\equiv 0 \pmod{P^\lambda A}. \tag{4}$$

利用 $\lambda \geqslant 2$ 和(4) 可以推出对有理素数 p 有

$$\beta^p \equiv 0 \pmod{p} \text{ 和 } p \nmid \beta.$$

再令 $\beta = c_1\omega_1 + \cdots + c_n\omega_n$,其中 $c_1, \cdots, c_n$ 是不全部被 p 整除的有理整数,由 $\beta^p = (c_1\omega_1 + \cdots + c_n\omega_n)^p \equiv c_1\omega_1^p + \cdots + c_n\omega_n^p \equiv 0 \pmod{p}$,则有

$$c_1(\omega_1^{(i)})^p + \cdots + c_n(\omega_n^{(i)})^p \equiv 0 \pmod{p} \quad (i = 1, \cdots, n),$$

而 $c_1, \cdots, c_n$ 不全部被 p 整除,于是

$$\Delta(\omega_1^p, \cdots, \omega_n^p) \equiv 0 \pmod{p}.$$

再由(3) 即得 $p \mid \Delta$.　证完

这个定理对于$[p]$ 的分解起重要作用. 一般域 $Q(\theta)$ 上$[p]$ 的分解,本书不介绍了,可参看参考文献[5]. 后面,我们将对二次域给出$[p]$ 的分解.

§7　理想数的等价和类数

理想数的等价和等价类的个数是研究理想数的两个重要概念.

定义　$Q(\theta)$ 上的理想数 A 和 B,如存在 $Q(\theta)$ 上的整数 α、β 满足

$$[\alpha]A = [\beta]B,$$

则称 A 和 B 是**等价**的,记为 $A \sim B$.

显然有:$A \sim A$;若 $A \sim B$,则 $B \sim A$;若 $A \sim B$,$B \sim C$,则 $A \sim C$. 因此"$\sim$"是全体理想数集上的一个等价关系.

用上述定义的等价关系,可将 $Q(\theta)$ 上所有的理想数进行分类,称为**理想数类**.

定义　$Q(\theta)$ 上理想数类的个数 h,称为域 $Q(\theta)$ 的**类数**.

定理1　所有主理想数是等价的,而且若 $A \sim [\alpha]$,$\alpha \in Q(\theta)$ 是一个整数,则 $A = [\delta]$,$\delta \in Q(\theta)$ 是一个整数.

证　因为$[\alpha][\beta] = [\beta][\alpha]$,故所有主理想数是等价的.

若 $A \sim [\alpha]$,则有整数 β 和 γ 满足

$$[\beta]A = [\alpha][\gamma] = [\alpha\gamma], \tag{1}$$

故

$$[\beta] \mid [\alpha\gamma], \beta \mid \alpha\gamma, \alpha\gamma = \beta\delta.$$

将 $\alpha\gamma = \beta\delta$ 代入(1) 式,得

$$[\beta]A = [\alpha\gamma] = [\beta\delta] = [\beta][\delta].$$

于是有 $A = [\delta]$.　证完

显然有

推论　$h=1$ 当且仅当每一个理想数是主理想数.

定理2　若 $Q(\theta)$ 的类数 $h=1$,则 $Q(\theta)$ 中整数的惟一分解定理成立.

证　因为在 $h=1$ 的域上,π 是不可分数当且仅当 $[\pi]$ 是素理想数. 设 $\alpha\neq 0$ 是 $Q(\theta)$ 中任一个非单位的整数,由定理1的推论知

$$[\alpha]=P_1\cdots P_t=[\pi_1]\cdots[\pi_t], P_1,\cdots,P_t \text{ 是素理想数.}$$

再由理想数的惟一分解定理可知,$\alpha=\varepsilon\pi_1\cdots\pi_t$ 是惟一分解的,其中 ε 是 $Q(\theta)$ 中的单位数.　　证完

定理3　h 有限.

证　由 §5 定理 8 的推论知,以一给定正有理整数为距的理想数仅有有限个. 因此,只需证明有一仅与 $Q(\theta)$ 有关的正数 M 存在,使每一类有一个理想数 B,满足 $N(B)\leqslant M$.

任给 $Q(\theta)$ 上一理想数 C,由 §4 定理 2 知,存在理想数 A,和正有理整数 a,使 $AC=[a]$,即 $AC\sim[1]$. 如果能选择一理想数 B 使 $AB\sim[1]$,且 $N(B)\leqslant M$,那么便证明了每一类有一个理想数 B,满足 $N(B)\leqslant M$. 这是由于 $AB\sim AC$,可推出 $B\sim C$.

设 $\omega_1,\cdots,\omega_n$ 为 $Q(\theta)$ 的一组整底,令

$$M=\prod_{j=1}^{n}(|\omega_1^{(j)}|+\cdots+|\omega_n^{(j)}|),$$

我们来证明 M 即合所求.

取正整数 k 适合

$$k^n\leqslant N(A)<(k+1)^n,$$

在 $(k+1)^n$ 个整数

$$x_1\omega_1+\cdots+x_n\omega_n\quad(x_j=0,1,\cdots,k;j=1,\cdots,n)$$

中至少有两个对模 A 同余,不妨设为

$$y_1\omega_1+\cdots+y_n\omega_n\equiv z_1\omega_1+\cdots+z_n\omega_n\pmod{A},$$

其中 $0\leqslant y_j\leqslant k,0\leqslant z_j\leqslant k(j=1,\cdots,n)$. 设

$$\alpha = (y_1 - z_1)\omega_1 + \cdots + (y_n - z_n)\omega_n,$$

则 $\alpha \neq 0 \in A$，因为 $|y_j - z_j| \leqslant k$，故得

$$|N(\alpha)| = \left|\prod_{i=1}^{n}\sum_{j=1}^{n}(y_j - z_j)\omega_j^{(i)}\right| \leqslant \prod_{i=1}^{n}\sum_{j=1}^{n}k\left|\omega_j^{(i)}\right|$$

$$= k^n M \leqslant MN(A).$$

因 $\alpha \in A$，故 $A \mid [\alpha]$，设 $AB = [\alpha]$，则 $AB \sim [1]$，且

$$N(A)N(B) = |N(\alpha)| \leqslant M \cdot N(A),$$

故

$$N(B) \leqslant M.$$ 证完

定理 4　设 A 为 $Q(\theta)$ 中的任一理想数，则 A^h 是一个主理想数.

证　若 $A_1, \cdots, A_h$ 是理想数类的一组完全剩余系，则 $AA_1, \cdots, AA_h$ 也是一组完全剩余系，于是有

$$A_1 \cdots A_h \sim AA_1 \cdots AA_h = A^h A_1 \cdots A_h,$$

故 $A^h \sim [1]$，即得 A^h 是一个主理想数.　证完

定理 5　若 p 是一个有理素数，$p \nmid h$，$A^p \sim B^p$，则 $A \sim B$.

证　因为 $p \nmid h$，故存在正有理整数 x 和 y 使 $px - hy = 1$. 由 $A^p \sim B^p$，可得

$$[\alpha]A^p = [\beta]B^p,$$

$$[\alpha]^x A^{xp} = [\beta]^x B^{xp},$$

$$[\alpha]^x A^{hy} A = [\beta]^x B^{hy} B.$$

由定理 4 知 $[\alpha]^x A^{hy}$ 和 $[\beta]^x B^{hy}$ 均为主理想数，故 $A \sim B$.　证完

在下一章中我们将看到，定理 5 在费马大定理的研究中起重要作用.

§8　二次域 $Q(\sqrt{m})$

在一般 n 次代数数域 $Q(\theta)$ 中定出其整底、单位数等是非常困难的. 但对于二次域，这些问题都不难解决. 在本节中，将作具体的

介绍.

1. 二次域的整数和整底

二次域 $Q(\sqrt{m})$ 的任一数均能表示为

$$\alpha = \frac{a + b\sqrt{m}}{2}, \tag{1}$$

其中 a,b 为有理数，α 的迹与范数各为

$$T(\alpha) = a, \quad N(\alpha) = \frac{a^2 - b^2 m}{4}. \tag{2}$$

定理 1 二次域 $Q(\sqrt{m})$ 中，α 为整数的充分必要条件是(1)式中 a,b 都是有理整数，且适合

$$\begin{aligned} &a \equiv b \pmod 2)，当 m \equiv 1 \pmod 4) 时；\\ &a \equiv b \equiv 0 \pmod 2)，当 m \equiv 2,3 \pmod 4) 时. \end{aligned} \tag{3}$$

证 因在二次域中，α 为整数的充分必要条件是(2)中 $T(\alpha),N(\alpha)$ 皆为有理整数. 故 a,b 为有理整数且(3)成立，则 α 为整数. 反之，如果 α 为整数，则 a 及 $\frac{a^2 - b^2 m}{4}$ 均为有理整数，于是

$$b^2 m = a^2 - 4\left(\frac{a^2 - b^2 m}{4}\right)$$

也是有理整数，但 m 为无平方因子的有理整数，故 b 必须为有理整数，又由

$$a^2 - b^2 m \equiv 0 \pmod 4,$$

易知(3)成立. 证完

定理 2 设

$$\Delta = \begin{cases} m, \\ 4m, \end{cases} \quad \omega = \begin{cases} \dfrac{1 + \sqrt{m}}{2}，当 m \equiv 1 \pmod 4) 时；\\ \sqrt{m}，当 m \equiv 2,3 \pmod 4) 时， \end{cases}$$

则 Δ 为 $Q(\sqrt{m})$ 的基数，而 $1,\omega$ 为一组整底. 又

$$1, \frac{\Delta + \sqrt{\Delta}}{2}$$

也是 $Q(\sqrt{m})$ 的一组整底.

证 $m\equiv 1\pmod 4$ 时，$\dfrac{1+\sqrt{m}}{2}$ 为整数，且

$$\frac{a+b\sqrt{m}}{2}=\frac{a-b}{2}+b\,\frac{1+\sqrt{m}}{2},$$

而 $m\equiv 2,3\pmod 4$ 时，$\sqrt{m}$ 为整数，且

$$\frac{a+b\sqrt{m}}{2}=\frac{a}{2}+\frac{b}{2}\sqrt{m},$$

故 $1,\omega$ 是一组整底. 又

$$\begin{vmatrix}1 & 1\\ \sqrt{m} & -\sqrt{m}\end{vmatrix}^2=4m,\quad \begin{vmatrix}1 & 1\\ \dfrac{1+\sqrt{m}}{2} & \dfrac{1-\sqrt{m}}{2}\end{vmatrix}^2=m,$$

故 Δ 是 $Q(\sqrt{m})$ 的基数. 最后，因

$$\begin{vmatrix}1 & 1\\ \dfrac{\Delta+\sqrt{\Delta}}{2} & \dfrac{\Delta-\sqrt{\Delta}}{2}\end{vmatrix}^2=\Delta,$$

而 $1,\dfrac{\Delta+\sqrt{\Delta}}{2}$ 是整数，故可推出它也是整底. 证完

现在可证明 §3 最后的例子中 $2,3,1\pm\sqrt{-5}$ 都是 $Q(\sqrt{-5})$ 的素数. 设2在 $Q(\sqrt{-5})$ 中可分解为 $2=\alpha\beta$，$N(\alpha)>1$，$N(\beta)>1$，记 $\alpha=a+b\sqrt{-5}$，a,b 是有理整数，则 $N(\alpha)=a^2+5b^2=2$，此不可能. 同理可证 $3,1\pm\sqrt{-5}$ 也是素数.

2. 二次域的单位数

设 $\alpha=x+y\omega$ 是 $Q(\sqrt{m})$ 的整数，则 α 是单位数的充分必要条件是

$$N(x+y\omega)=\pm 1.$$

所以只要求出适合上式的全部有理整数对 (x,y)，就得到了

$Q(\sqrt{m})$ 的所有单位数.

因为

$$N(x+y\omega)=(x+y\omega)(x+y\omega')$$

$$=\begin{cases}\left(x+\dfrac{y}{2}\right)^2-\dfrac{y^2}{4}m, & \text{当 } m\equiv 1\ (\mathrm{mod}\ 4)\ \text{时};\\ x^2-y^2m, & \text{当 } m\equiv 2,3\ (\mathrm{mod}\ 4)\ \text{时}.\end{cases}$$

故在 $m<0$ 时,$Q(\sqrt{m})$ 中只有有限个单位数,可设 $m=-d,d>0$.

当 $m\equiv 2,3\ (\mathrm{mod}\ 4)$ 时,则 $d\equiv 1,2\ (\mathrm{mod}\ 4)$. 在 $d>1$ 时,

$$x^2+y^2d=\pm 1$$

仅有解 $x=\pm 1,y=0$,此时只有单位数 ± 1;而在 $d=1$ 时,通过对上式求解,得到四个单位数为 ± 1, $\pm \mathrm{i}$.

当 $m\equiv 1\ (\mathrm{mod}\ 4)$ 时,则 $d\equiv 3\ (\mathrm{mod}\ 4)$. 在 $d>3$ 时,

$$(2x+y)^2+y^2d=\pm 4$$

仅有解 $x=\pm 1,y=0$,即只有单位数 ± 1;而在 $d=3$ 时,易知有六个单位数 ± 1, $\pm\dfrac{1+\sqrt{-3}}{2}$, $\pm\dfrac{1-\sqrt{-3}}{2}$.

在 $m>0$ 的情形,此时不定方程

$$(2x+y)^2-y^2m=\pm 4,$$

$$x^2-y^2m=\pm 1$$

均有无穷多个解. 由第十章关于 Pell 方程的结果知,此时 $Q(\sqrt{m})$ 中存在一个单位数 η,使凡 $Q(\sqrt{m})$ 的单位数皆可表为

$$\pm\eta^n(n=0,\pm 1,\pm 2,\cdots)$$

的形式,此时 η 称为域 $Q(\sqrt{m})$ 的**基本单位数**.

3. 二次域上理想数的标准基底

由 §5 定理2 可知,如果1,ω 为 $Q(\sqrt{m})$ 的一组整底,则存在有理整数 a,b,c 满足

$$c>0,0\leqslant b<a,$$

使

$$a, b + c\omega \tag{4}$$

构成 $Q(\sqrt{m})$ 上理想数 A 一组标准基底.

定理 3 在(4) 式中 $c \mid a, c \mid b$.

证 由于 $a\omega$ 在 A 中,故存在有理整数 x, y 使

$$a\omega = xa + y(b + c\omega).$$

由此可得 $a = yc$,故 $c \mid a$,又 $xa + yb = 0, y \neq 0$,故 $xc + b = 0$,则 $c \mid b$. 证完

故理想数 A 的标准基底(4) 可进一步改写成为

$$cy, c(v + \omega)\ (c > 0, 0 \leqslant v < y). \tag{5}$$

定理 4 (5) 式中 $y \mid N(v + \omega)$.

证 由于 $c(v + \omega)\omega$ 在 A 中,故存在有理整数 l, n 使

$$c(v + \omega)\omega = lcy + nc(v + \omega),$$

而

$$\begin{aligned} c(v + \omega)\omega &= -c(v + \omega)(v + \omega') + (v + \omega' + \omega)(v + \omega)c \\ &= -\frac{N(v + \omega)}{y} cy + (v + T(\omega))(v + \omega)c. \end{aligned}$$

故 $y \mid N(v + \omega)$. 证完

推论 (5) 式中 y, v 适合

$$\Delta \equiv \begin{cases} (2v + 1)^2 \pmod{4y}, & 若\ m \equiv 1 \pmod 4; \\ (2v)^2 \pmod{4y}, & 若\ m \equiv 2, 3 \pmod 4). \end{cases}$$

4. 二次域中 $[p]$ 的分解

设 p 是一有理素数,现在讨论 $Q(\sqrt{m})$ 上主理想数 $[p]$ 的分解.

为此,先引入 Kronecker 符号.

定义 设 $d \equiv 0$ 或 $1 \pmod 4$,且非平方数,$n > 0$, Kronecker 符号 $\left(\frac{d}{n}\right)$之定义如下:

$$\left(\frac{d}{p}\right)=0,若 p\mid d;$$

$$\left(\frac{d}{2}\right)=\begin{cases}1, & 若 d\equiv 1 \pmod 8,\\ -1, & 若 d\equiv 5 \pmod 8;\end{cases}$$

$$\left(\frac{d}{p}\right)=勒让德符号(p 是奇素数,p\nmid d);$$

若 $n=\prod_{i=1}^{s}p_i$,p_i 为素数,则

$$\left(\frac{d}{n}\right)=\prod_{i=1}^{s}\left(\frac{d}{p_i}\right).$$

现在讨论$[p]$的分解.因为

$$N(AB)=N(A)N(B),$$

故 $Q(\sqrt{m})$ 上$[p]$的分解显然只有下面三种可能:

①$[p]=P,N(P)=p^2$;

②$[p]=PS,P\neq S,N(P)=N(S)=p$;

③$[p]=P^2,N(P)=p$.

这里 P,S 均表示 $Q(\sqrt{m})$ 中的素理想数.

定理5 情形①、②、③依次成立当且仅当$\left(\frac{\Delta}{p}\right)=-1,+1,0$.

此处 Δ 为 $Q(\sqrt{m})$ 的基数,$\left(\frac{\Delta}{p}\right)$为 Kronecker 符号.

证 设 $P\mid[p]$,$N(P)=p$,即(2)、(3)两种情形时,设 cy,$c(v+\omega)$ 为素理想数 P 的标准基底,则

$$N(P)=c^2y=p.$$

故 $c=1,y=p$.又因

$$\Delta\equiv\begin{cases}(2v+1)^2 \pmod{4p}, & 当 m\equiv 1 \pmod 4 时;\\ (2v)^2 \pmod{4p}, & 当 m=2,3 \pmod 4 时,\end{cases}$$

所以得到$\left(\frac{\Delta}{p}\right)=1$ 或 0.

反之,若$\left(\frac{\Delta}{p}\right)=1$ 或 0,先考虑 $p\neq 2$ 的情形.

① 如果 $\left(\frac{\Delta}{p}\right)=1$，则存在 $a,p\nmid a$，使 $\Delta\equiv a^2\pmod p$，于是

$$\begin{aligned}&[p,a+\sqrt{\Delta}]\cdot[p,a-\sqrt{\Delta}]\\&=[p^2,p(a+\sqrt{\Delta}),p(a-\sqrt{\Delta}),a^2-\Delta]\\&=[p]\left[p,a+\sqrt{\Delta},a-\sqrt{\Delta},\frac{a^2-\Delta}{p}\right]\\&=[p]\left[p,a+\sqrt{\Delta},2a,\frac{a^2-\Delta}{p},1\right]=[p].\end{aligned}$$

又

$$[p,a+\sqrt{\Delta}]\neq[p,a-\sqrt{\Delta}],$$

不然有

$$[p,a+\sqrt{\Delta}]=[p,a-\sqrt{\Delta}]=[p,2a,a+\sqrt{\Delta}]=[1].$$

所以这时 $[p]$ 分解为两个不同的素理想数之积.

② 如果 $\left(\frac{\Delta}{p}\right)=0$，则 $p\mid\Delta$，于是

$$[p,\sqrt{\Delta}]^2=[p^2,p\sqrt{\Delta},\Delta]=[p]\left[p,\sqrt{\Delta},\frac{\Delta}{p}\right],$$

而 $\Delta=m$ 或 $4m,p\neq2,m$ 无平方因子，故 $\left(p,\frac{\Delta}{p}\right)=1$，所以 $[p]=[p,\sqrt{\Delta}]^2$.

其次，考虑 $p=2$ 的情形. 因为 $\left(\frac{\Delta}{2}\right)\neq-1$，故必须 $m\equiv2,3\pmod 4$ 或 $m\equiv1\pmod 4$，因后者有 $\Delta=m$，故推出 $m\equiv1\pmod 8$，与前面一样，可证：

③ 当 $m\equiv2\pmod 4$ 时，$\left(\frac{\Delta}{2}\right)=0$，而 $[2]=[2,\sqrt{m}]^2$.

④ 当 $m\equiv3\pmod 4$ 时，仍有 $\left(\frac{\Delta}{2}\right)=0$，而

$$[2,1+\sqrt{m}]^2=[4,2+2\sqrt{m},1+2\sqrt{m}+m]$$

$$=[4,2+2\sqrt{m},m-1]$$
$$=[2]\left[2,1+\sqrt{m},\frac{m-1}{2}\right]=[2].$$

⑤ 当 $m\equiv 1\pmod 8$ 时，$\left(\frac{\Delta}{2}\right)=1$，此时

$$\left[2,\frac{1+\sqrt{m}}{2}\right]\left[2,\frac{1-\sqrt{m}}{2}\right]$$
$$=[2]\left[2,\frac{1+\sqrt{m}}{2},\frac{1-\sqrt{m}}{2},\frac{1-m}{8}\right]$$
$$=[2]\left[2,\frac{1+\sqrt{m}}{2},1,\frac{1-m}{8}\right]=[2],$$

而 $\left[2,\frac{1+\sqrt{m}}{2}\right]\neq\left[2,\frac{1-\sqrt{m}}{2}\right]$，且 $\left[2,\frac{1\pm\sqrt{m}}{2}\right]\neq[1]$，所以此时 $[2]$ 分解为两个不同的素理想数的乘积.　　证完

5. 欧氏域

定义　如果对 $Q(\sqrt{m})$ 中任意两个整数 $\xi,\eta(\eta\neq 0)$，存在整数 κ 与 λ，使

$$\xi=\kappa\eta+\lambda,\ |N(\lambda)|<|N(\eta)|,\tag{6}$$

则该域称为**欧几里得域**，简称**欧氏域**.

显然，下面的定义与之等价.

定义　若对 $Q(\sqrt{m})$ 中任意一数 δ，必存在一整数 κ 使

$$|N(\delta-\kappa)|<1,\tag{7}$$

则 $Q(\sqrt{m})$ 称为**欧氏域**.

如果 $Q(\sqrt{m})$ 为欧氏域，则 $Q(\sqrt{m})$ 中整数的惟一分解定理成立. 即有下面定理.

定理 6　$Q(\sqrt{m})$ 为欧氏域，以 π_j,π'_j 表示 $Q(\sqrt{m})$ 中的不可分数. 设 α 是 $Q(\sqrt{m})$ 中的任一整数，$|N(\alpha)|>1$，若

$$\alpha=\pi_1\cdots\pi_r=\pi'_1\cdots\pi'_s\quad(r\geqslant 1,s\geqslant 1),$$

则有 $r=s$，且可适当调整次序，使 π_j 是 π'_j 的相伴数($j=1,\cdots,s$).

由于(6) 成立，完全可以仿照有理整数的惟一分解定理的证明步骤来证明. 这里略去证明.

定理 7 仅有五个二次虚欧氏域，即

$$Q(\sqrt{-1}),Q(\sqrt{-2}),Q(\sqrt{-3}),Q(\sqrt{-7}),Q(\sqrt{-11}).$$

证 ① 若 $m\equiv 2\pmod 4$，$m\equiv 3\pmod 4$，取 $\delta=t+s\sqrt{m}$，$\kappa=x+y\sqrt{m}$，则(7) 式变为对任意一对有理数 t,s 存在有理整数 x,y 使

$$|(t-x)^2-m(s-y)^2|<1. \tag{8}$$

若取 $t=s=\dfrac{1}{2}$，则由(8) 可得

$$\frac{1}{4}+|m|\frac{1}{4}\leqslant|(t-x)^2-m(s-y)^2|<1,$$

故 $|m|<3$，即 $m=-1,-2$.

现设 $m=-1,-2$，因为对任意有理数 t,s，恒有有理整数 x,y 使

$$|t-x|\leqslant\frac{1}{2},\ |s-y|\leqslant\frac{1}{2}.$$

故

$$|(t-x)^2-m(s-y)^2|\leqslant\frac{1}{4}+|m|\frac{1}{4}<1.$$

所以 $Q(\sqrt{-1})$，$Q(\sqrt{-2})$ 为欧氏域.

② 若 $m\equiv 1\pmod 4$，取

$$\delta=t+s\sqrt{m},\quad \kappa=x+\frac{1}{2}y(1+\sqrt{m}),$$

利用(7) 得

$$\left|\left(t-x-\frac{1}{2}y\right)^2-m\left(s-\frac{1}{2}y\right)^2\right|<1.$$

取 $t=s=\dfrac{1}{4}$，则得

$$\frac{1}{16}+\frac{1}{16}|m|\leqslant\left|\left(t-x-\frac{1}{2}y\right)^2-m\left(s-\frac{1}{2}y\right)^2\right|<1,$$

故 $|m| < 15$. 所以当 $m \equiv 1 \pmod 4$ 时,仅可能有三个虚欧氏域 $Q(\sqrt{-3}), Q(\sqrt{-7}), Q(\sqrt{-11})$.

因为对任何有理数 t, s,总有有理整数 x, y 使

$$|2s - y| \leqslant \frac{1}{2}, \left| t - x - \frac{1}{2}y \right| \leqslant \frac{1}{2},$$

于是,当 $m = -3, -7, -11$ 时,

$$\left| \left(t - x - \frac{1}{2}y \right)^2 - m\left(s - \frac{1}{2}y \right)^2 \right| \leqslant \frac{1}{4} + \frac{1}{16}|m| \leqslant \frac{15}{16} < 1.$$

这表明 $m = -3, -7, -11$ 时,$Q(\sqrt{m})$ 是欧氏域. 证完

定理 8 欧氏域 $Q(\sqrt{m})$ 的不可分数 π 整除惟一的一个有理素数 p.

证 由于 $\pi \mid N(\pi) = \pi\pi', \pi \mid |N(\pi)|$,故存在有理正整数被 π 整除. 设 z 是被 π 整除的最小有理正整数,则 z 必定是一个有理素数 p,否则,设 $z = z_1 z_2, 1 < z_1, z_2 < z$,则有 $\pi \mid z_1$ 或 $\pi \mid z_2$,这与 z 的假设矛盾.

如果还有素数 $p' \neq p, \pi \mid p'$,则由 $(p, p') = 1$ 得到 $\pi \mid 1$,这是不可能的. 证完

二次虚欧氏域的类数一定是 1,而 $Q(\sqrt{-19})$ 的类数也是 1,但它不是欧氏域. 关于类数为 1 的虚二次域,1967 年,Stark 和 Baker 分别独立地证明了仅有九个类数为 1 的虚二次域. 它们是:$Q(\sqrt{-d})$, $d=1,2,3,7,11,19,43,67,163$. 共有十六个实二次欧氏域,它们是:$Q(\sqrt{d})$, $d=2,3,5,6,7,11,13,17,19,21,29,33,37,41,57,73$. 此问题基本上是由 Davenport 最后解决的. 我国数学家杨武之、华罗庚、柯召、闵嗣鹤均有贡献. 至于高斯猜想存在无限多个类数为 1 的实二次域,这一猜想仍未解决.

§9 分 圆 域

设 p 是一个奇素数,本节只讨论 **Q** 上次数为 $p-1$ 的分圆域.

设 $\eta = e^{\frac{2\pi i}{p}}$,熟知,$\eta,\eta^2,\cdots,\eta^{p-1}$ 是有理数域 $\mathbf{Q}$ 上不可约多项式

$$F_p(x) = x^{p-1} + x^{p-2} + \cdots + x + 1$$

的全部根. 即有

$$F_p(x) = \prod_{r=1}^{p-1}(x - \eta^r).$$

因为 $\eta,\eta^2,\cdots,\eta^{p-1}$ 均为 p 次单位原根,故有 $Q(\eta) = Q(\eta^2) = \cdots = Q(\eta^{p-1})$.

定义 域 $Q(\eta)$ 叫 $\mathbf{Q}$ 上次数为 $p-1$ 的**分圆域**.

定理 1 设 $\pi = 1 - \eta$,则在 $Q(\eta)$ 上有

$$[p] = [\pi]^{p-1},$$

且 $N(\pi) = p$,π 为不可分数.

证 显然

$$\varepsilon_r = \frac{1-\eta^r}{1-\eta} = 1 + \eta + \cdots + \eta^{r-1}, 1 \leqslant r \leqslant p-1$$

是 $Q(\eta)$ 中的整数,设 r' 满足

$$rr' \equiv 1 \pmod{p},$$

则

$$\varepsilon_r^{-1} = \frac{1-\eta}{1-\eta^r} = \frac{1-\eta^{rr'}}{1-\eta^r} = 1 + \eta^r + \cdots + \eta^{r(r'-1)}$$

也是 $Q(\eta)$ 中的一个整数,于是 $\varepsilon_r(1 \leqslant r \leqslant p-1)$ 是 $Q(\eta)$ 中的单位数,且有

$$p = F_p(1) = \prod_{r=1}^{p-1}(1-\eta^r) = (1-\eta)^{p-1}\prod_{r=1}^{p-1}\varepsilon_r = \varepsilon(1-\eta)^{p-1},$$

其中 ε 是 $Q(\eta)$ 中的单位数,故

$$[p] = [\pi]^{p-1},$$

且有 $N(\pi) = \prod_{r=1}^{p-1}(1-\eta^r) = p$,$\pi$ 是不可分数. 证完

定理 2 设 $\Delta(\eta) = \Delta(1,\eta,\cdots,\eta^{p-2})$,则有

$$\Delta(\eta) = (-1)^{\frac{p-1}{2}}p^{p-2}.$$

证　由

$$F_p(x) = \prod_{r=1}^{p-1}(x-\eta^r) = \frac{x^p-1}{x-1},$$

我们得到导式

$$F_p'(\eta^s) = \prod_{\substack{r=1\\ r\neq s}}^{p-1}(\eta^s-\eta^r) = \frac{p(\eta^s-1)\eta^{s(p-1)}-(\eta^{sp}-1)}{(\eta^s-1)^2}$$

$$= \frac{p\eta^{s(p-1)}}{\eta^s-1} = -\frac{p}{\eta^s(1-\eta^s)}. \tag{1}$$

又由本章习题 6 知

$$\Delta(\eta) = (-1)^{\frac{1}{2}(p-1)(p-2)}\prod_{i=1}^{p-1}F_p'(\eta^i).$$

故由定理 1 和(1) 式给出

$$\Delta(\eta) = (-1)^{\frac{1}{2}(p-1)}\prod_{i=1}^{p-1}\left(\frac{-p}{\eta^i(1-\eta^i)}\right) = (-1)^{\frac{1}{2}(p-1)}\frac{(-1)^{p-1}p^{p-1}}{N(\eta)N(\pi)}$$

$$= (-1)^{\frac{p-1}{2}}p^{p-2}.$$

证完

定理 3　复数 $1,\eta,\cdots,\eta^{p-2}$ 组成 $Q(\eta)$ 的一组整底.

证　由 §2 定理 5 知,$Q(\eta)$ 中任一整数可写成

$$\alpha = \sum_{i=0}^{p-2}\frac{x_i\eta^i}{\Delta(\eta)} = \sum_{i=0}^{p-2}\frac{d_i\eta^i}{p^{p-2}}, \tag{2}$$

其中 d_i 是有理整数. 因此,只需证明:若 $a_i(i=0,\cdots,p-2)$ 是有理整数,从

$$a_0+a_1\eta+\cdots+a_{p-2}\eta^{p-2}\equiv 0 \pmod p,$$

可推出 $p\mid a_i, i=0,1,\cdots,p-2$.

由于

$$\eta^k = (1-(1-\eta))^k = 1-k(1-\eta)+\cdots+(-1)^k(1-\eta)^k,$$

$$k=0,1,\cdots,p-2$$

之代换行列式为 ± 1,再由(2) 得

$$\alpha = \sum_{i=0}^{p-1}\frac{h_i\pi^i}{p^{p-2}},\ h_i \text{ 是有理整数}, i=0,1,\cdots,p-2. \tag{3}$$

故只需证明 $1,\pi,\cdots,\pi^{p-2}$ 是一组 $Q(\eta)$ 的整底，也就证明了 $1,\eta,\cdots,\eta^{p-2}$ 是一组整底. 为此，只需证明：若 $b_i(i=0,\cdots,p-2)$ 是有理整数，从

$$b_0+b_1\pi+\cdots+b_{p-2}\pi^{p-2}\equiv 0\ (\bmod p) \tag{4}$$

可推出 $p\mid b_i, i=0,1,\cdots,p-2$.

由于 $[p]=[\pi]^{p-1}$，从式(4) 得 $b_0\equiv 0\ (\bmod \pi)$，而 $N(\pi)=p$，故 $p\mid b_0$，在 (4) 式中依次把模换成 $\pi^2,\cdots,\pi^{p-1}$，可依次得 $p\mid b_i, i=1,\cdots,p-2$.　证完

定理 4　设 α 是 $Q(\eta)$ 的任一整数，则存在一个有理整数 a，使得

$$\alpha^p\equiv a\ (\bmod [\pi]^p).$$

证　因为 $N([\pi])=|N(\pi)|=p$，所以对于 $Q(\eta)$ 中的全体整数模 π 分类，其类的个数为 p，且数 $0,1,\cdots,p-1$ 组成模 π 的一个完全剩余系，所以存在有理整数 b，适合

$$\alpha\equiv b\ (\bmod \pi).$$

但是

$$\alpha^p-b^p=\prod_{r=0}^{p-1}(\alpha-\eta^r b),$$

而 $\eta\equiv 1\ (\bmod \pi)$，故

$$\alpha-\eta^r b\equiv \alpha-b\equiv 0\ (\bmod \pi),$$

$$\alpha^p-b^p=\prod_{r=0}^{p-1}(\alpha-\eta^r b)\equiv 0\ (\bmod \pi^p),$$

可取 $a=b^p$.　证完

定理 5　$Q(\eta)$ 中仅有单位根 $\pm\eta^r, 0\leqslant r<p$.

证　任一单位根可表为复数 $e^{2\pi i t/m}$，这里 t 和 m 是有理整数，且 $(t,m)=1$. 如果这样一个数在 $Q(\eta)$ 中，且若 $tt'\equiv 1\ (\bmod m)$，则

$$e^{2\pi i t t'/m}=e^{2\pi i/m}$$

也在 $Q(\eta)$ 中.

如果 $m \mid 2p$，则 $e^{2\pi it/m}$ 是一个 $2p$ 次单位根，故可表为 $\pm\eta^r$ 的形状，$0 \leqslant r < p$.

现在我们来证明，若 $m \nmid 2p$，则 $e^{2\pi i/m}$ 不可能在 $Q(\eta)$ 中，这就证明了 $e^{2\pi it/m}$ 不可能在 $Q(\eta)$ 中. $m \nmid 2p$ 时，有 $4 \mid m$ 或有某个奇素数 $q, q \neq p, q \mid m$，或 $p^2 \mid m$. 设 $e^{2\pi i/m}$ 在 $Q(\eta)$ 中，如 $4 \mid m$，则 $e^{2\pi i/4} = i$ 在 $Q(\eta)$ 中，于是 $1+i$ 和 $1-i$ 也在 $Q(\eta)$ 中，且

$$[1+i] = [1-i], [2] = [1+i]^2.$$

因为 $2 \nmid \Delta(\eta)$，此与 §6 定理 3 矛盾.

若 $q \mid m$，则

$$\beta = e^{2\pi i/q}$$

在 $Q(\eta)$ 中，于是有 $Q(\beta) \subseteq Q(\eta)$，由定理 1 可知

$$[q] = [1-\beta]^{q-1}.$$

而 $q \nmid \Delta(\eta)$，仍与 §6 定理 3 矛盾.

最后，设 $p^2 \mid m$，则

$$\xi = e^{2\pi i/p^2}$$

在 $Q(\eta)$ 中，此时 ξ 是分圆多项式

$$F_{p^2}(x) = \frac{x^{p^2}-1}{x^p-1} = x^{p(p-1)} + \cdots + x^p + 1 = \prod_{\substack{1 \leqslant m \leqslant p^2 \\ p \nmid m}} (x - \xi^m)$$

的根，且

$$p = \prod_{\substack{1 \leqslant m \leqslant p^2 \\ p \nmid m}} (1 - \xi^m).$$

我们来证明，对任意的 $k, j, (k,p) = (j,p) = 1$，有

$$1 - \xi^k \equiv 0 \pmod{(1-\xi^j)}. \tag{5}$$

由于 $(j, p^2) = 1$，存在正整数 n, m 使 $nj - p^2 m = 1$，故

$$1 - \xi^k = 1 - \xi^{k(nj-p^2m)} = 1 - \xi^{knj} = 1 - (\xi^j)^{kn},$$

即知(5)成立. 由(5)知 $1-\xi^k$ 皆与 $1-\xi$ 相伴，这里 $p \nmid k$. 于是有

$$[p] = [1-\xi]^{p(p-1)}. \tag{6}$$

而 $[p]$ 在 $Q(\eta)$ 上分解为素理想数的乘积，其素理想数的个数不超

过域 $Q(\eta)$ 的次数 $p-1$,故(6) 不可能成立. 证完

定理 6 $Q(\eta)$ 的每一个单位数 ε 能够写成

$$\varepsilon = \eta^g \lambda,$$

这里 $g \geqslant 0$ 是一个有理整数,λ 是一个实的单位数.

证明定理 6 之前,先证明一个引理.

引理 设 K 是一个 n 次代数数域,a 是一个给定的正数. 则 K 中仅有有限个整数 α 适合

$$|\alpha^{(i)}| \leqslant a, \quad i = 1, \cdots, n. \tag{7}$$

若 $|\alpha^{(i)}| = 1(i = 1, \cdots, n)$,则 α 是一个单位根.

证 设 α 所适合的不可约多项式为

$$f(x) = x^m + a_{m-1}x^{m-1} + \cdots + a_1 x + a_0,$$

其中 $a_i(i = 0, 1, \cdots, m-1)$ 是有理整数. 而由 §2 定理 3 知,$f(x)$ 的 m 个根是 $\alpha^{(1)}, \cdots, \alpha^{(n)}$ 中不同的 m 个根,不妨设为 $\alpha, \alpha^{(2)}, \cdots, \alpha^{(m)}$,故

$$f(x) = (x - \alpha)\cdots(x - \alpha^{(m)}).$$

而 a_i 是 $\alpha, \cdots, \alpha^{(m)}$ 的对称多项式,于是有

$$|a_i| \leqslant M_i(a, m), \quad i = 0, 1, \cdots, m-1,$$

其中 $M_i(a, m)$ 表示仅与 a, m 有关的正数,而 $m \leqslant n$,因此有仅与 a, n 有关的正数 $N_i(a, n)$ 存在,使

$$|a_i| \leqslant N_i(a, n), i = 0, 1, \cdots, m-1.$$

于是便证明了适合(7) 的整数 α,仅有有限多个.

若 $|\alpha^{(i)}| = 1, i = 1, \cdots, n$, 则对所有的有理整数 m, 有 $|(\alpha^m)^{(i)}| = 1$. 由抽屉原理,有不同的整数 m_1, m_2 使 $\alpha^{m_1} = \alpha^{m_2}$,即得到 $\alpha^{m_1 - m_2} = 1$,故 α 是一个单位根. 证完

定理 6 的证明

因为 $1, \eta, \cdots, \eta^{p-2}$ 是 $Q(\eta)$ 的一组整底,故可设

$$\varepsilon = f(\eta),$$

这里 $f(\eta)$ 是一个有理整系数多项式. 设 $\varepsilon_s = f(\eta^s)$,因为

$$N(\varepsilon)=\varepsilon_1\varepsilon_2\cdots\varepsilon_{p-1}=\pm 1,$$

故 ε_s 是一个单位数，$s=1,\cdots,p-1$. 还有

$$\varepsilon_{p-s}=f(\eta^{p-s})=f(\eta^{-s})=\overline{f(\eta^s)}=\bar{\varepsilon}_s,$$

故 $\varepsilon_s\varepsilon_{p-s}=|\varepsilon_s|^2>0$，且

$$N(\varepsilon)=\prod_{s=1}^{(p-1)/2}\varepsilon_s\varepsilon_{p-s}>0,$$

故 $N(\varepsilon)=1$.

因为 $\varepsilon_s=\overline{\varepsilon_{p-s}}$，故 $\left|\dfrac{\varepsilon_s}{\varepsilon_{p-s}}\right|=1$.

多项式

$$\prod_{s=1}^{p-1}\left(x-\frac{\varepsilon_s}{\varepsilon_{p-s}}\right)=\prod_{s=1}^{p-1}(\varepsilon_{p-s}x-\varepsilon_s)$$

是有理整系数多项式，且由引理知，$\dfrac{\varepsilon_s}{\varepsilon_{p-s}}$ 是一个单位根，故由定理 5，可得

$$\varepsilon_1=\pm\eta^m\varepsilon_{p-1},$$

这里 m 为偶数或 $m+p$ 为偶数，我们可写

$$\varepsilon_1=\pm\eta^{2g}\varepsilon_{p-1}. \tag{8}$$

我们将证明(8)式中负号不成立.

选择 a，$0\leqslant a\leqslant p-1$，使得

$$\eta^{-g}\varepsilon_1\equiv a\ (\bmod\ \pi),$$

即有整数 $\mu\in Q(\eta)$，使得

$$\mu=\frac{\eta^{-g}\varepsilon_1-a}{\pi},$$

这里 $\pi=1-\eta$.

由于 $\bar{\pi}=1-\eta^{p-1}$ 是 π 的一个相伴数，故由

$$\bar{\mu}=\frac{\eta^{g}\varepsilon_{p-1}-a}{\bar{\pi}},$$

知

$$\frac{\eta^g \varepsilon_{p-1} - a}{\pi}$$

是 $Q(\eta)$ 中的一个整数，即

$$\eta^g \varepsilon_{p-1} \equiv a \equiv \eta^{-g} \varepsilon_1 \pmod{\pi},$$

$$\eta^{2g} \equiv \frac{\varepsilon_1}{\varepsilon_{p-1}} \pmod{\pi}. \tag{9}$$

如果(8)中负号成立，由(9)得

$$[\pi] \mid 2\eta^{2g},$$

即得

$$N([\pi]) \mid 2^{p-1},$$

与 $N([\pi]) = p$ 矛盾. 这就证明了(8)中 + 号成立. 此时，$\varepsilon = \varepsilon_1 = \eta^g(\varepsilon_{p-1}\eta^g)$，$\lambda = \varepsilon_{p-1}\eta^g$，而 $\bar{\lambda} = \bar{\varepsilon}_{p-1}\eta^{-g} = \varepsilon_1\eta^{-g} = \varepsilon_{p-1}\eta^g = \lambda$，故 λ 是一个实单位数.　证完

关于一般分圆域 $Q(\eta_m)$ 的性质，这里 $\eta_m = e^{2\pi i/m}$，可参看参考文献[5].

§10　单位根 η_m 的一个性质

设 $m > 1$，$\eta_m = e^{\frac{2\pi i}{m}}$ 是一个 m 次本原单位根，本节将给出 η_m 的一个性质，它在一类高次不定方程中有重要应用.

定理 1　设 a, b, c 是给定的非零整数，满足条件

$$(a \pm b \pm c)(a \pm b)(a \pm c)(b \pm c) \neq 0, \tag{1}$$

则对任意的非负整数 k_1, k_2, k_3，有

$$a\eta^{k_1} + b\eta^{k_2} - c\eta^{k_3} \neq 0, \tag{2}$$

这里 $\eta = \eta_m$.

证　如果有一组非负整数 k_1, k_2, k_3 使

$$a\eta^{k_1} + b\eta^{k_2} - c\eta^{k_3} = 0, \tag{3}$$

当 $k_1 = k_2 = k_3 = 0$ 时，(3) 给出 $a + b - c = 0$，与条件(1)矛盾；

当 $k_1 = k_2 = k \neq k_3$ 时，(3) 给出 $\eta^k(a+b) = c\eta^{k_3}$，可得 $|a+b| = |c|$，仍与条件(1) 矛盾. 同理可证 $k_2 = k_3 \neq k_1$ 或 $k_1 = k_3 \neq k_2$ 时，(3) 给出与(1) 矛盾的结论.

现设 $k_1 \neq k_2, k_1 \neq k_3, k_2 \neq k_3$，不妨设 $k_1 > k_2 > k_3$，$u = k_1 - k_2$，$v = k_2 - k_3$，(3) 给出

$$a\eta^u + b\eta^v - c = 0. \tag{4}$$

设 $f(x) = ax^u + bx^v - c$，$m_1 = p_1p_2\cdots p_f$，$p_1 < p_2 < \cdots < p_f$ 表 m 所有不同的素因子，$m = m_1m_2$，再设 $u = tm_2 + s$，$v = t_1m_2 + s_1$，$0 \leqslant s, s_1 < m_2$，故 $f(x) = ax^{tm_2+s} + bx^{t_1m_2+s_1} - c$，$\eta^{m_2} = e^{\frac{2\pi i}{m_1}} = \eta_{m_1}$，(4) 给出

$$f(\eta) = a\eta_{m_1}^t\eta^s + b\eta_{m_1}^{t_1}\eta^{s_1} - c = 0. \tag{5}$$

有理数域 $\mathbf{Q}$，分圆域 $Q(\eta^{m_2})$ 和 $Q(\eta)$ 分别满足 $Q(\eta) \supseteq Q(\eta^{m_2}) \supseteq \mathbf{Q}$，$(Q(\eta) \mid \mathbf{Q}) = \varphi(m)$，$(Q(\eta^{m_2}) \mid \mathbf{Q}) = \varphi(m_1)$，由本章 §2 定理 6，有

$$\varphi(m) = \varphi(m_1)(Q(\eta) \mid Q(\eta^{m_2})). \tag{6}$$

设 $m = p_1^{\alpha_1}\cdots p_f^{\alpha_f}$，$m = m_1m_2$，$m_2 = p_1^{\alpha_1-1}\cdots p_f^{\alpha_f-1}$，故 $\varphi(m) = \varphi(m_1)m_2$，(6) 给出 $(Q(\eta) \mid Q(\eta^{m_2})) = m_2$. 因此，$1, \eta, \cdots, \eta^{m_2-1}$ 对域 $Q(\eta^{m_2})$ 线性无关，如 s 和 s_1 中有一个不为 0，(5) 将给出 $abc = 0$，与假设矛盾，故有 $s = s_1 = 0$，即 $a\eta_{m_1}^t + b\eta_{m_1}^{t_1} - c = 0$，设 $f_1(x) = ax^t + bx^{t_1} - c$，则有

$$\varphi_{m_1}(x) \mid f_1(x), \tag{7}$$

此处 $\varphi_{m_1}(x)$ 表 $\varphi(m_1)$ 次分圆多项式.

设 $p \mid m_1$，$p > 3$，$e = \langle t \rangle_p$，$e_1 = \langle t_1 \rangle_p$，$0 \leqslant e, e_1 < p$，$\eta' = \eta_{m_1/p}\eta_p = \exp\left\{\frac{2\pi i(p + m_1/p)}{m_1}\right\}$，由于 $(p + m_1/p, m_1) = 1$，故 $\varphi_{m_1}(\eta') = 0$，再由(7) 可得

$$f_1(\eta') = a\eta'^t + b\eta'^{t_1} - c = a\eta_{m_1/p}^t\eta_p^t + b\eta_{m_1/p}^{t_1}\eta_p^{t_1} - c$$
$$= a\eta_{m_1/p}^t\eta_p^e + b\eta_{m_1/p}^{t_1}\eta_p^{e_1} - c = 0.$$

设 $f_2(x) = a\eta_{m_1/p}^t x^e + b\eta_{m_1/p}^{t_1}x^{e_1} - c$ 是 $Q(\eta_{m_1/p})$ 上的多项式，由本章习题 32 知 $Q(\eta_{m_1/p},\eta_p) = Q(\eta_{m_1})$，故

$$(Q(\eta_{m_1/p},\eta_p) \mid Q(\eta_{m_1/p})) = p-1,$$

即 η_p 在 $Q(\eta_{m_1/p})$ 上的定义多项式为 $x^{p-1}+x^{p-2}+\cdots+x+1$，故有

$$x^{p-1}+x^{p-2}+\cdots+x+1 \mid f_2(x) \tag{8}$$

而 $f_2(x)$ 是一个次数 $\leqslant p-1$ 的三项式，这在 $p>3$ 时，(8) 是不可能成立的. 故 $p \mid m_1, p\leqslant 3$，只可能是 $m_1 = 2, m_1 = 3$ 或 $m_1 = 6$. 如果 $m_1 = 2, \varphi_2(x) = x+1$，由(7) 知 $f_1(-1) = \pm a \pm b - c = 0$，与(1) 矛盾；如果 $m_1 = 3$，由 $p = 3$，(8) 得

$$x^2+x+1 \mid f_2(x) = ax^e + bx^{e_1} - c,\quad 0\leqslant e,e_1 < 3, \tag{9}$$

由(9) 可知 $e = 2, e_1 = 1$ 或 $e = 1, e_1 = 2$，均得 $a = b = -c$，与条件(1) 矛盾；对于 $m_1 = 6$，由 $p = 3$，(8) 给出

$$x^2+x+1 \mid f_2(x) = a\eta_2^t x^e + b\eta_2^{t_1}x^{e_1} - c, 0\leqslant e,e_1 < 3, \tag{10}$$

可推出 $a\eta_2^t = b\eta_2^{t_1} = -c, a = \pm c$，与条件(1)矛盾.

综上所述，我们证明了(3)不能成立.　证完

1984 年，Powell 曾经提出一个猜想：

设 $m>0$ 是一个给定的偶数，a,b,c 是给定的非零整数满足条件(1)，如果 u 充分大使得 $q = um+1$ 是一个素数，则不定方程

$$ax^u + by^u = cz^u \tag{11}$$

仅有平凡的整数解 x,y,z.

1987 年，Granvill 证明了这一猜想，但证明复杂。1994 年，孙琦用定理 1 给出 Powell 猜想一个简短的证明。实际上，可以证明以下更强的结果：

设 $m>0$ 是一个给定的偶数，a,b,c 是给定的非零整数满足条件(1)，且

$$u>\frac{(|a|+|b|+|c|)^{\varphi(m)}-1}{m}$$

使得 $q=um+1$ 是素数，则不定方程(11) 无 $xyz\neq 0$ 的整数解，此处 $\varphi(m)$ 表示 Euler 函数.

定理 1 可以推广为任意 n 个非零整数的情形. 我们有以下的定理.

定理 2 设 $n>2$，$a_1,\cdots,a_n$ 是 n 个给定的非零整数，如果对于 $\varepsilon_j\in\{0,1,-1\}$，$j=1,\cdots,n$，除开 $\varepsilon_j=0(j=1,\cdots,n)$ 外，均有 $\sum\limits_{j=1}^{n}\varepsilon_j a_j\neq 0$，则对任意的 n 个非负整数 k_j，$j=1,\cdots,n$，有

$$\sum_{j=1}^{n}a_j\eta_n^{k_j}\neq 0,$$

这里 $m>1$，$\eta_m=\mathrm{e}^{\frac{2\pi i}{m}}$.

运用定理 2 可以证明比 Powell 猜想更一般的结果，我们将在下一章中介绍.

第十一章习题

1. 证明：若 a 为代数整数，则 $T(a)$ 和 $N(a)$ 均为有理整数.

2. 证明：设 $Q(\theta_1,\cdots,\theta_n)$ 表示由 $\theta_1,\cdots,\theta_n$ 的所有有理函数组成的域，这里 $\theta_1,\cdots,\theta_n$ 都是代数数，则有代数数 θ 存在，使 $Q(\theta)=Q(\theta_1,\cdots,\theta_n)$.

3. 证明：如果 D 过所有不等于 1 的无平方因子整数，则 $Q(\sqrt{D})$ 经过所有的二次域.

4. 证明：若 $a_1,\cdots,a_k$ 均为 $F(\theta)$ 中的数，且

$$E(a_1,\cdots,a_k)=0,$$

则 $E(a_1^{(i)},\cdots,a_k^{(i)})=0$，$i=1,\cdots,n$，这里 $E(x_1,\cdots,x_k)$ 是 F 上的 k 元多项式.

5. 设 $f(x)=x^3+2x+6, f(\theta)=0$，计算 $N(\theta^3+5\theta+4)$ 和 $T(\theta^3+5\theta+\theta)$ 之值.

6. 设 $f(x)=a_nx^n+\cdots+a_0, a_i\in\mathbf{Q}, i=0,1,\cdots,n$. $f(x)$ 在 $\mathbf{Q}$ 上不可约，证明：

$$a_n^n\Delta(1,\theta,\cdots,\theta^{n-1})=(-1)^{\frac{n(n-1)}{2}}\prod_{i=1}^{n}f'(\theta^{(i)}),$$

这里 $f'(x)$ 表 $f(x)$ 的导式.

7. 证明：若 $f(x)=x^3+px+q, f(\theta)=0$，则 $\Delta(1,\theta,\theta^2)=-27q^2-4p^3$.

8. 证明：若 $\alpha_1,\cdots,\alpha_n$ 是 $Q(\theta)$ 中的整数，使得 $\Delta(\alpha_1,\cdots,\alpha_n)$ 无平方因子，则 $\alpha_1,\cdots,\alpha_n$ 是 $Q(\theta)$ 的一组整底.

9. 证明：基数 $\Delta\equiv 0$ 或 $1\pmod 4$.

10. 设 $D=Z[\mathrm{i}]$：

① 把 $-23+41\mathrm{i}$ 分解成 D 中素数的乘积；

② 3 和 $7+4\mathrm{i}$ 是否是 D 中的不可分数.

11. 证明：在二次域 $Q(\sqrt{m})$ 中，若 $|m|$ 为素数，则 $\sqrt{m}$ 是 $Q(\sqrt{m})$ 中的不可分数.

12. 以下 $[\alpha]$ 表二次域 $Q(\sqrt{3})$ 上的理想数，证明：

① $([33],[7-3\sqrt{3}])=[4+3\sqrt{3}]$；

② $([13],[7+5\sqrt{3}])=[4+3\sqrt{3}]$；

③ $[4+\sqrt{3}]\neq[4-\sqrt{3}]$；

④ $[1+\sqrt{3}]=[1-\sqrt{3}]$.

13. 以下 $[\alpha]$ 表二次域 $Q(\sqrt{-5})$ 上的理想数，

① 证明 $[3+\sqrt{-5}]$ 和 $[8+\sqrt{-5}]$ 是互素的；

② 证明 $[2,1+\sqrt{-5}]$ 不是主理想数；

③ 设 $A=[2,1+\sqrt{-5}], B=[1+\sqrt{-5}]$，在 A 中找一数 α，使 $\left(\frac{[\alpha]}{A},B\right)=[1]$.

14. 证明：若 $A\mid[\alpha^m]$，则 $A\mid[\alpha]$.

15. 证明：任何理想数 A 皆能表为 $[\alpha,\beta]$ 的形式，α,β 皆为整数，且 β 可取 A 中任何数.

16. 证明：理想数 A 的任何两组基底的判别式必相等.

17. 证明：若 P 是 $Q(\theta)$ 上的素理想数，则同余式

$$x^n + a_{n-1}x^{n-1} + \cdots + a_0 \equiv 0 \pmod P$$

至多有 n 个模 P 互不同余的解，这里 $a_i \in Q(\theta)$.

18. 设 $\varphi(A)$ 表示模理想数 A 的完全剩余系中与 A 互素的个数，证明：

① 若 $(A,B) = [1]$，则 $\varphi(AB) = \varphi(A)\varphi(B)$；

② $\varphi(A) = N(A)\prod\limits_{P|A}\left(1 - \dfrac{1}{N(P)}\right)$，

其中 $\prod\limits_{P|A}$ 表示 P 过 A 的所有不同的素因子.

19. 证明：类数 $h = 1$ 当且仅当每一个理想数是主理想数.

20. 证明：二次域 $Q(\sqrt{m})$ 中存在一个单位数 η，使凡 $Q(\sqrt{m})$ 中的单位数皆可表为

$$\pm \eta^n \quad (n = 0, \pm 1, \pm 2, \cdots).$$

21. 证明欧氏域的类数 $h = 1$.

22. 证明：若二次域 $Q(\sqrt{m})$ 中的基本单位数 $\eta = X + Y\sqrt{m}$ 的系数 X,Y 为有理整数，则 X,Y 是

$$u^2 - mv^2 = N(\eta)$$

的基本解；若 X,Y 不是有理整数，则 $\eta^3 = u + v\sqrt{m}$ 的系数 u,v 是它的基本解.

23. 证明：一个奇数次的代数数域不能包含一个 n 次单位原根($n > 2$).

24. 证明：$Q(\sqrt{10})$ 的类数不是 1.

25. 设 $\xi = e^{\frac{2\pi i}{p^t}}$，$p$ 是奇素数，$t \geqslant 1$，证明：

① 在 $Q(\xi)$ 中，$[p] = [1 - \xi]^{p^{t-1}(p-1)}$；

② $\Delta = (-1)^{\frac{\varphi(p^t)}{2}} \dfrac{p^{t\varphi(p^t)}}{p^{\frac{\varphi(p^t)}{p-1}}}$.

26. 证明 $Q(\eta)$ 恰包含一个二次域 $Q\left(\sqrt{(-1)^{\frac{p-1}{2}}p}\right)$，这里 $\eta = e^{\frac{2\pi i}{p}}$，$p$ 是一个奇素数.

27. 证明：若 $p \equiv 1 \pmod 4$，p 是素数，则 $Q(\eta)$ 常含有无限多个单位数，这里 $\eta = e^{\frac{2\pi i}{p}}$，$p$ 是一个奇素数.

28. 设 $\xi = e^{\frac{2\pi i}{m}}$，$m > 2$，证明：$Q\left(\xi + \dfrac{1}{\xi}\right)$的次数是$\dfrac{\varphi(m)}{2}$.

29. 设 $m > 1$，证明：

① $\prod_{k=1}^{m-1} 2\sin\frac{k\pi}{m} = m$;

② m 为奇数时,

$$\prod_{k=1}^{\frac{m-1}{2}} 2\sin\frac{k\pi}{m} = \sqrt{m}.$$

30. 证明:$\Delta = \Delta(1,\xi,\cdots,\xi^{\varphi(m)-1}) \mid m^{\varphi(m)}$,这里 $\xi = e^{\frac{2\pi i}{m}}$.

31. 设 $\eta = e^{\frac{2\pi i}{23}}$,证明:在 $Q(\eta)$ 中有

$2 \mid (1+\eta^2+\eta^4+\eta^5+\eta^6+\eta^{10}+\eta^{11})(1+\eta+\eta^5+\eta^6+\eta^7+\eta^9+\eta^{11})$.

32. 设 $\xi = e^{\frac{2\pi i}{m}}$,$\omega = e^{\frac{2\pi i}{n}}$,$(n,m) = 1$,证明:

$$Q(\xi,\omega) = Q(e^{\frac{2\pi i}{mn}}).$$

33. 设 $\eta = e^{\frac{2\pi i}{p}}$,$p$ 是一个奇素数,证明:

$$N(1+\eta) = 1.$$

第十二章　不定方程

不定方程是数论中一个重要的分支.所谓不定方程,简单地讲,就是未知数个数多于方程个数的方程(组),而其解的范围可以是有理数域,整数环,或某一代数数域 $Q(\theta)$ 上的代数整数环.古希腊数学家丢番图(Diophantus)于公元3世纪初就研究过它,故不定方程又叫丢番图方程.本章介绍不定方程的一些基本的类型和方法,前面各章所介绍的许多数论知识,本章都将用到.

§1　不定方程与同余式

通常,我们研究不定方程

$$f(x_1,\cdots,x_n)=0 \tag{1}$$

的整数解,这里 $f(x_1,\cdots,x_n)$ 是 n 元整系数多项式.(1)对应的同余式为

$$f(x_1,\cdots,x_n)\equiv 0\pmod m, \tag{2}$$

这里 $m>1$,是给定的整数.

显然,如果(1)有整数解 $x_j=a_j(j=1,\cdots,n)$,则对任意给定的 $m>1$,(2)有解 $x_j\equiv a_j\pmod m\ (j=1,\cdots,n)$.这就给出(1)有整数解的一个必要条件,于是有下面的定理.

定理1　不定方程(1)有整数解,则同余式(2)对所有的正整数 $m>1$ 有解.

自然会问:如果同余式(2)对所有的整数 $m>1$ 都有解,是否能推出(1)有整数解.一般来说,这是不成立的.如下面的例子.

例1　易知不定方程

$$6xy - 2x - 3y + 1 = 0$$

无整数解. 但是同余式

$$6xy - 2x - 3y + 1 \equiv 0 \pmod{m}, m > 1 \qquad (3)$$

有解. 可设 $m = 2^{k-1}(2a-1), k > 0, a > 0$, 由于

$$3 \mid 2^{2k+1} + 1,$$

就可设 $2^{2k+1} + 1 = 3b$, 由

$$\begin{aligned} 6ab - 2a - 3b + 1 &= (2a-1)(3b-1) \\ &= (2a-1)2^{2k+1} = 2^{k+2} \cdot m, \end{aligned}$$

故 a, b 是(3) 的一组解.

利用(2), 我们还可以得出(1) 仅有零解 $x_j = 0 (j = 1, \cdots, n)$ 的一个充分条件. 设 $x_j = a_j (j = 1, \cdots, n)$ 是方程(1) 的任一组解, 如果适当选择 $M > 1$ 使得对于任意大的正整数 t, 都有 $M^t \mid a_j (j = 1, \cdots, n)$, 则(1) 仅有解 $x_j = 0 (j = 1, \cdots, n)$.

下面的定理 4 就是用这一充分条件证明的. 这里, 我们先举两个例子, 说明如何适当地选择 m 使(2) 无解, 从而证明(1) 无整数解.

例 2 不定方程

$$x_1^3 + x_2^3 + x_3^3 = 9x_4 \pm 4 \qquad (4)$$

没有整数解.

取 $m = 9$. 因为 $x^3 \equiv 0, \pm 1 \pmod{9}$, 于是同余式

$$x_1^3 + x_2^3 + x_3^3 \equiv \pm 4 \pmod{9}$$

无解, 由此可知(4) 无整数解.

例 3 不定方程

$$y^2 = x^3 + (4b-1)^3 - 4a^2 \qquad (5)$$

没有整数解, 其中 a, b 是给定的整数, a 没有 $4t + 3$ 形的素因子.

若 $2 \mid x$, 由(5) 得 $y^2 \equiv 3 \pmod{4}$, 此同余式无解. 若 $x \equiv 3 \pmod{4}$ 时, 由(5) 得 $y^2 \equiv 2 \pmod{4}$, 仍无解. 设 $x \equiv 1 \pmod{4}$. 于是由

$$x^3+(4b-1)^3=(x+4b-1)(x^2-x(4b-1)+(4b-1)^2),$$
设 $u=x^2-x(4b-1)+(4b-1)^2$，则有 $u\equiv 3\ (\mathrm{mod}\ 4)$. 由 $u>0$，则存在素因数 p，$p\equiv 3\ (\mathrm{mod}\ 4)$，由(5)得

$$y^2\equiv -4a^2\ (\mathrm{mod}\ p).$$

而 a 没有 $4t+3$ 的素因子，故 $\left(\frac{-4a^2}{p}\right)=1$，但 $\left(\frac{-1}{p}\right)=-1$，这是矛盾结果. 这便证明了(5)无整数解.

现在，我们来证明几个定理.

定理 2 不定方程

$$y^2=x^3+k,\ k=2a^3-3b^2,\ ab\neq 0, \tag{6}$$

如果满足

$$a\not\equiv 1\ (\mathrm{mod}\ 3),\ b\not\equiv 0\ (\mathrm{mod}\ 3);$$

且当 $p\equiv 1\ (\mathrm{mod}\ 3)$，$\left(\frac{2}{p}\right)_s\neq 1$ 时，$p\nmid a$；又若 $b\equiv 0\ (\mathrm{mod}\ 2)$ 时，有 $a\equiv 1\ (\mathrm{mod}\ 2)$，则方程(6)无整数解.

证 我们用反证法来证明定理. 如果(6)有整数解 x,y，由(6)可得

$$y^2+3b^2=x^3+2a^3. \tag{7}$$

首先可证 $2\nmid x^3+2a^3$，否则有 $2\mid x$，由(7)得 $y\equiv b\ (\mathrm{mod}\ 2)$. 如果 $y\equiv b\equiv 0\ (\mathrm{mod}\ 2)$，由(7)得 $2a^3\equiv 0\ (\mathrm{mod}\ 4)$，与 $a\equiv 1\ (\mathrm{mod}\ 2)$ 矛盾；如果 $y\equiv b\equiv 1\ (\mathrm{mod}\ 2)$，由(7)得 $2a^3\equiv 4\ (\mathrm{mod}\ 8)$，这也是不可能的. 其次可证 $3\nmid x^3+2a^3$，否则 $3\mid y$，由 $3\nmid b$ 和(7)可得 $x^3+2a^3\equiv 3\ (\mathrm{mod}\ 9)$，推出 $a\equiv 1\ (\mathrm{mod}\ 3)$，与所设矛盾. 再可证 x^3+2a^3 只有 $p\equiv 1\ (\mathrm{mod}\ 3)$ 的素因子，这是因为如果素数 $q\equiv 2\ (\mathrm{mod}\ 3)$ 满足 $q\mid x^3+2a^3$，则有 $y^2+3b^2\equiv 0\ (\mathrm{mod}\ q)$. 设 $q\nmid b$，由 $\left(\frac{-3b^2}{q}\right)=\left(\frac{-3}{q}\right)=\left(\frac{-1}{q}\right)\left(\frac{3}{q}\right)=\left(\frac{q}{3}\right)=-1$，此不可能，故 $q\mid b$，$q\mid y$，于是 $q^2\mid x^3+2a^3$，因此如果(7)成立，则 x^3+2a^3 中的全部满足 $q\equiv 2\ (\mathrm{mod}\ 3)$ 的素因子 q 可全部约去，故 x^3+2a^3 仅含

形如 $p \equiv 1 \pmod 3$ 的素因子 p. 此外, $x^3 + 2a^3$ 的每一素因子 p 都满足 $\left(\frac{2}{p}\right)_3 = 1$, 即 $p = A^2 + 27B^2$. 因为否则 $\left(\frac{2}{p}\right)_3 \neq 1$, 由 $x^3 + 2a^3 \equiv 0 \pmod p$ 和 $p \nmid a$ 可得 $\left(\frac{-2a^3}{p}\right)_3 = \left(\frac{2}{p}\right)_3 = 1$, 这是矛盾的.

于是(7) 两端约去所有 $q \equiv 2 \pmod 3$ 的素因子后给出

$$\prod_p (A + B\sqrt{-27})(A - B\sqrt{-27}) = y_1^2 + 3b_1^2$$

$$= (y_1 + b_1\sqrt{-3})(y_1 - b_1\sqrt{-3}),$$

其中 $b_1 \mid b$. 我们知道, 对于二次域 $Q(\sqrt{-3})$, 其惟一分解定理成立, 且有 6 个单位数:

$$\pm 1, \pm\omega, \pm\omega^2, \omega = \frac{-1 + \sqrt{-3}}{2}.$$

因为 $A + B\sqrt{-27}$ 是 $Q(\sqrt{-3})$ 中素数, 不妨设有 $A + B\sqrt{-27} \mid y_1 + b_1\sqrt{-3}$, 此时 $A - B\sqrt{-27} \mid y_1 - b_1\sqrt{-3}$, 于是不妨设

$$C + D\sqrt{-27} = (y_1 + b_1\sqrt{-3})\omega^t, t = 0, 1, 2.$$

如果 $t = 0$, 得 $3 \mid b_1$, 与 $3 \nmid b$ 矛盾. 对 $t = 1, 2$, 由

$$(C + 3D\sqrt{-3}) = (y_1 + b_1\sqrt{-3})\omega \text{ 和}$$

$$(C + 3D\sqrt{-3}) = (y_1 + b_1\sqrt{-3})\bar{\omega}$$

可得 $y_1 + b_1 \equiv 0 \pmod 2$, $y_1 \equiv b_1 \pmod 2$, 即 $2 \mid x^3 + 2a^3$. 此已证不可能. 证完

定理 2 推出不定方程 $y^2 = x^3 + 51$ 和 $y^2 = x^3 + 13$ 均无整数解(分别取 $a = 3, b = 1$ 和 $a = 2, b = 1$).

定理 3 设 $p \equiv 1 \pmod 8$, $\left(\frac{2}{p}\right)_4 \neq 1$, 则不定方程

$$x^4 - py^4 = 2z^2 \tag{8}$$

无整数解.

证　如果有解,不妨设 $(x,y)=1,z=2^r z_1,2\nmid z_1,p\nmid z$,故 $\left(\frac{z}{p}\right)=\left(\frac{2^r z_1}{p}\right)=\left(\frac{z_1}{p}\right)=\left(\frac{p}{z_1}\right)$,而 $(z_1,y)=1$,由(8)式,$1=\left(\frac{py^4}{z_1}\right)=\left(\frac{p}{z_1}\right)$,即 $\left(\frac{z}{p}\right)=1$,故有整数 s 满足 $z\equiv s^2\pmod p$. 再由(8)得

$$x^4\equiv 2s^4\pmod p,p\nmid s,$$

故 $\left(\frac{2s^4}{p}\right)_4=\left(\frac{2}{p}\right)_4=1$,与所设矛盾.　　证完

定理 4　不定方程

$$(7a+1)x_1^3+(7b+2)x_2^3+(7c+4)x_3^3+(7d+1)x_1x_2x_3=0 \tag{9}$$

仅有整数解 $x_1=x_2=x_3=0$.

证　由(9)得

$$x_1^3+2x_2^3+4x_3^3+x_1x_2x_3\equiv 0\pmod 7. \tag{10}$$

对任意 x,有 $x^3\equiv 0,\pm 1\pmod 7$. 如果 $x_3\equiv 0\pmod 7$,则由(10)得 $x_1^3+2x_2^3\equiv 0\pmod 7$,于是推出 $x_1\equiv x_2\equiv 0\pmod 7$;如果 $x_3\not\equiv 0\pmod 7$,令 $x_1=X_1x_3,x_2=X_2x_3$,则(10)给出

$$X_1^3+2X_2^3+X_1X_2+4\equiv 0\pmod 7. \tag{11}$$

显然,$X_1X_2\not\equiv 0\pmod 7$,故 $X_1^3\equiv\pm 1,X_2^3\equiv\pm 1\pmod 7$,易知,无论哪一种情形,(11)均不能成立. 于是,$x_1\equiv x_2\equiv x_3\equiv 0\pmod 7$. 设 $x_i=7y_i(i=1,2,3)$,代入(9)得

$$(7a+1)y_1^3+(7b+2)y_2^3+(7c+4)y_3^3+(7d+1)y_1y_2y_3=0,$$

同样的讨论可得 $y_1\equiv y_2\equiv y_3\equiv 0\pmod 7$. 这样继续往下做,可证对充分大的整数 $t>0$,有 $x_1\equiv x_2\equiv x_3\equiv 0\pmod{7^t}$,所以 $x_1=x_2=x_3=0$.

§2　费马递降法

17 世纪,费马证明了以下一个结果:

定理 1 不定方程

$$x^4 + y^4 = z^2 \tag{1}$$

没有 $xy \neq 0$ 的整数解.

证明定理 1 之前,先证一个引理.

引理 不定方程

$$x^2 + y^2 = z^2 \tag{2}$$

满足

$$(x,y) = 1, x > 0, y > 0, z > 0, 2 \mid x \tag{3}$$

的全部解可表为

$$x = 2ab, y = a^2 - b^2, z = a^2 + b^2, \tag{4}$$

其中 $a > b > 0$, a,b 是一奇一偶,且满足 $(a,b) = 1$ 的任意整数.

证 设 a,b 满足引理所述条件,将(4)代入(2)得

$$x^2 + y^2 = (2ab)^2 + (a^2 - b^2)^2 = (a^2 + b^2)^2 = z^2,$$

$x > 0, y > 0, z > 0$ 是显然的,设 $(x,y) = d$,则 $d \mid y = a^2 - b^2$, $d \mid a^2 + b^2$,推出 $d \mid 2(a^2, b^2)$,因为 a,b 一奇一偶,$(a,b) = 1$,故 $d = 1$,这就证明了(4)给出的 x,y,z 是(2)满足(3)的解. 反过来,设(2)的一组解 x,y,z 满足(3),因为 $2 \mid x$, $2 \nmid yz$,故 $\frac{z-y}{2}, \frac{z+y}{2}$ 是整数,且 $\left(\frac{z-y}{2}, \frac{z+y}{2}\right) = (y,z) = 1$. 由(2)得

$$\left(\frac{x}{2}\right)^2 = \frac{z-y}{2} \cdot \frac{z+y}{2},$$

这就可推得上式右边的因子是平方数,不妨设

$$\frac{z+y}{2} = a^2, \quad \frac{z-y}{2} = b^2,$$

于是 $x = 2ab, a > b > 0, (a,b) = 1$,即得

$$x = 2ab, \quad y = a^2 - b^2, \quad z = a^2 + b^2.$$

又因 z 是奇数,故 a,b 一奇一偶. 这就证明了不定方程(2)满足(3)的任一组解 x,y,z,可经(4)表出. 证完

顺便指出,引理证明中用到下面一个显然的结果:设 $a > 0$,

$b > 0, u > 0$ 是有理整数,满足

$$ab = u^k, k > 1, (a,b) = 1,$$

则

$$a = u_1^k, \quad u_1 > 0, u_1 \mid u.$$

在惟一分解定理成立的代数整数环中,也有类似的结果.这一简单的事实在不定方程中常常被用到.

定理 1 的证明

我们用反证法.如果(1)有一组解 $x,y,z,xy \neq 0$,可设$x > 0$, $y > 0, z > 0, (x,y) = 1$,易知 x,y 不能同时为奇数,否则,由 $x \equiv y \equiv 1 \pmod 2$,(1)式给出矛盾结果 $2 \equiv 0 \pmod 4$.不失一般性,可设 $x \equiv 1 \pmod 2, y \equiv 0 \pmod 2$,故由引理得

$$x^2 = a^2 - b^2, y^2 = 2ab, z = a^2 + b^2,$$

其中 $a > b > 0, (a,b) = 1, a,b$ 一奇一偶.由于$x^2 = a^2 - b^2, 2 \nmid x$,故知 $a \equiv 1 \pmod 2, b \equiv 0 \pmod 2$.对于 $x^2 + b^2 = a^2$ 又可得

$$x = p^2 - q^2, b = 2pq, a = p^2 + q^2.$$

这里 $p > q > 0, (p,q) = 1, p,q$ 一奇一偶.现在,

$$y^2 = 2ab = 4pq(p^2 + q^2), \tag{5}$$

因为$(p,q) = 1$,故$(p,p^2 + q^2) = (q,p^2 + q^2) = 1$,(5)式给出

$$p = r^2, q = s^2, p^2 + q^2 = z_1^2, (r,s) = 1, r > 0, s > 0,$$

于是得到

$$r^4 + s^4 = z_1^2, \quad 0 < z_1 = \sqrt{a} < z,$$

即 r,s,z_1 是(1)的又一组解,$(r,s) = 1$,但$z_1 < z$.可以如此重复的讨论下去,得到无穷递降的正整数序列

$$z > z_1 > z_2 > \cdots > z_n > \cdots$$

而 $z > 1$ 是确定的整数,矛盾.因此(1)无 $xy \neq 0$ 的整数解.

证完

证明定理 1 的方法叫无穷递降法,它是由费马最先提出来的.

这方法在数论中很有用.通常是这样运用的:在定理1中设(1)的一组解(x,y,z),$x>0,y>0,z>0,(x,y)=1$,且z是所有解中最小的,接着又得到(1)的一组解(r,s,z_1),$r>0,s>0,z_1>0,(r,s)=1,z_1<z$,从而得出一个矛盾.

定理2 不定方程

$$x^4+py^4=z^2,(x,y)=1,y\neq 0,p\text{ 是一个素数} \quad (6)$$

当$p\equiv 7,11\pmod{16}$时,无整数解.

证 仍用反证法.如(6)有解,不妨设$y>0,(x,y)=1$,且y是解$y>0$中最小的.设$2\nmid y$,则$y^4\equiv 1\pmod{16}$,(6)给出

$$x^4+p\equiv z^2\pmod{16}. \quad (7)$$

左端给出$7,11\pmod{16}$或$8,12\pmod{16}$,而$z^2\equiv 0,1,4,9\pmod{16}$,故(7)无解.

设$y\equiv 0\pmod 2$,故$2\nmid x$,且$2\nmid z$.设$y=2y_1$,则(6)给出:

$$(z+x^2)(z-x^2)=16py_1^4. \quad (8)$$

因为$(z+x^2,z-x^2)=2$,(8)给出

$$z\pm x^2=2a^4,z\mp x^2=8pb^4,y_1=ab,$$
$$b>0,(a,b)=1,2\nmid a; \quad (9)$$

或

$$z\pm x^2=2pa^4,z\mp x^2=8b^4,y_1=ab,$$
$$b>0,(a,b)=1,2\nmid a. \quad (10)$$

由(9)得

$$a^4-4pb^4=\pm x^2. \quad (11)$$

由(11)得$1\equiv\pm 1\pmod 4$,故"−"号不能成立.对于

$$a^4-4pb^4=x^2, \quad (12)$$

由$(a^2-x,a^2+x)=2$,(12)给出

$$a^2\pm x=2c^4,a^2\mp x=2pd^4,b=dc,(c,d)=1,d>0,$$

即得

$$c^4+pd^4=a^2,$$

且 $0 < d \leqslant b \leqslant y_1 < y$,与 y 最小矛盾.

由(10)得 $pa^4 - 4b^4 = \pm x^2$,取模 4 知"+"号不可能,故有

$$pa^4 = 4b^4 - x^2. \tag{13}$$

由于 $(2b^2 + x, 2b^2 - x) = 1$,(13)推出

$$2b^2 \pm x = e^4, 2b^2 \mp x = pf^4, (e,f) = 1, a = ef, f > 0,$$

由此得

$$e^4 + pf^4 = (2b)^2,$$

且 $0 < f \leqslant a \leqslant y_1 < y$,仍不可能. 证完

最后,我们用无穷递降法来证明不定方程 $x^3 + y^3 = z^3$ 之无解性.

定理 3 不定方程

$$x^3 + y^3 + z^3 = 0 \tag{14}$$

无 $xyz \neq 0$ 的整数解.

证 设 x, y, z 是(14)的一组解,$xyz \neq 0$,不妨设有 $(x,y) = (x,z) = (y,z) = 1, 2 \nmid xy, 2 \mid z$,且 $|z|$ 是使 $xyz \neq 0$ 的解中最小的. 则有

$$x + y = 2a, x - y = 2b, (a,b) = 1, a \neq b. \tag{15}$$

故由(14),(15)得

$$-z^3 = x^3 + y^3 = (a+b)^3 + (a-b)^3 = 2a(a^2 + 3b^2). \tag{16}$$

由 $2 \nmid x$ 知 $a^2 + 3b^2$ 是奇数,且易知 $4 \mid a, 2 \nmid b, (2a, a^2 + 3b^2) = 1$ 或 3.

如果 $(2a, a^2 + 3b^2) = 1$,由(16)得

$$2a = r^3, \quad a^2 + 3b^2 = s^3, \quad z = -rs, 2 \nmid s. \tag{17}$$

由第四章的习题 22 知 $s = u^2 + 3v^2$,且整数 u, v 满足

$$a = u(u^2 - 9v^2), b = 3v(u^2 - v^2), (u,v) = 1, \tag{18}$$

其中 $u \neq 0, 2 \nmid v$,且 $2 \mid u$,又由 $3 \nmid a$ 知 $3 \nmid u$. 故有

$$r^3 = 2a = 2u(u - 3v)(u + 3v). \tag{19}$$

易知整数 $2u, u - 3v, u + 3v$ 是两两互素的,故(19)给出

$$2u = -l^3, u - 3v = m^3, u + 3v = n^3, \tag{20}$$

此处 $lmn \neq 0$，且 $l^3 + m^3 + n^3 = 0, 2 \mid l$. 因 $b \neq 0, 3 \nmid u$，故

$$\begin{aligned} |z|^3 &= |2a(a^2 + 3b^2)| = |l^3(u^2 - 9v^2)(a^2 + 3b^2)| \\ &= |l^3||u^2 - 9v^2||a^2 + 3b^2| \geqslant 3|l^3| > |l^3|. \end{aligned}$$

即 $|l| < |z|$，与所设矛盾.

现设 $(2a, a^2 + 3b^2) = 3$.

令 $a = 3c$，则 $4 \mid c, 3 \nmid b$，且有

$$-z^3 = 6c(9c^2 + 3b^2) = 18c(3c^2 + b^2), \tag{21}$$

这里 $(3c^2 + b^2, 6) = 1$，且 $(18c, 3c^2 + b^2) = 1$，由(21)给出

$$18c = r^3, 3c^2 + b^2 = s^3. \tag{22}$$

仍有整数 u 和 v 满足 $s = u^2 + 3v^2, 2 \nmid s$.

$$b = u(u^2 - 9v^2), c = 3v(u^2 - v^2), (u, v) = 1, \tag{23}$$

其中 $2 \nmid u, 2 \mid v, v \neq 0$. 由 $2v, u - v, u + v$ 两两互素，

$$\left(\frac{r}{3}\right)^3 = 2v(u - v)(u + v),$$

推出

$$2v = -l^3, u + v = m^3, u - v = n^3, lmn \neq 0,$$

且

$$l^3 + m^3 + n^3 = 0, 2 \mid l,$$

$$\begin{aligned} |z|^3 &= |18c(3c^2 + b^2)| = 54|v(u^2 - v^2)|(3c^2 + b^2) \\ &= 27|l^3||u^2 - v^2|(3c^2 + b^2) \geqslant 27|l|^3 > |l|^3. \end{aligned}$$

仍与 $|z|$ 最小矛盾. 证完

§3 用 Pell 方程解某些高次不定方程

一般称三次以上的不定方程为高次不定方程. 高次不定方程的求解问题，常常是很困难的，特别是未知数在三个以上的情形. 某些两个未知数的高次不定方程可以用 Pell 方程来解. 本节将介绍两个简单的结果.

定理 1　不定方程

$$x^3 - 1 = 2y^2 \tag{1}$$

仅有整数解 $x = 1, y = 0$.

证　用反证法. 设(1) 另有解 $x > 0, y > 0$, 且(1) 可写为

$$(x-1)(x^2+x+1) = 2y^2. \tag{2}$$

因为对任意整数 x, $(x-1, x^2+x+1) = 1$ 或 3, 显然 $2 \nmid x$, 故(2) 给出

$$x - 1 = 2u^2, x^2 + x + 1 = v^2, y = uv, u > 0, v > 0, \tag{3}$$

或

$$x - 1 = 6u^2, x^2 + x + 1 = 3v^2, y = 3uv, u > 0, v > 0. \tag{4}$$

对于(3), 因为 $(2v)^2 = (2x+1)^2 + 3$, 故 $(2v - 2x - 1)(2v + 2x + 1) = 3$, $2v + 2x + 1 = 3$, $2v - 2x - 1 = 1$, 由 $x > 0$, 此不可能. 对(4)式, 将 $x = 6u^2 + 1$ 代入 $x^2 + x + 1 = 3v^2$, 得

$$(2v)^2 - 3(4u^2+1)^2 = 1.$$

$2 + \sqrt{3}$ 是 Pell 方程 $x^2 - 3y^2 = 1$ 的基本解, 故有

$$2v + (4u^2+1)\sqrt{3} = (2+\sqrt{3})^n, n > 1. \tag{5}$$

因为 $4u^2 + 1$ 是奇数, 故 $2 \nmid n$. 于是(5) 给出

$$4u^2 + 1 = \sum_{i=0}^{\frac{n-1}{2}} \binom{n}{2i+1} 2^{n-2i-1} 3^i.$$

上式取模 4 得

$$1 \equiv (-1)^{\frac{n-1}{2}} \pmod 4,$$

故 $n \equiv 1 \pmod 4$, 设 $n = 4s + 1$, $s > 0$, $\varepsilon = 2 + \sqrt{3}$, $\bar{\varepsilon} = 2 - \sqrt{3}$, 则有

$$4u^2 = \frac{\varepsilon^{4s+1} - \bar{\varepsilon}^{4s+1}}{\varepsilon - \bar{\varepsilon}} - 1 = \frac{\varepsilon^{2s+1} + \bar{\varepsilon}^{2s+1}}{\varepsilon + \bar{\varepsilon}} \cdot \frac{\varepsilon^{2s} - \bar{\varepsilon}^{2s}}{\varepsilon^2 - \bar{\varepsilon}^2} (\varepsilon + \bar{\varepsilon})^2,$$

$$\left(\frac{u}{2}\right)^2 = \frac{\varepsilon^{2s+1}+\bar{\varepsilon}^{2s+1}}{\varepsilon+\bar{\varepsilon}}\cdot\frac{\varepsilon^{2s}-\bar{\varepsilon}^{2s}}{\varepsilon^2-\bar{\varepsilon}^2}. \tag{6}$$

令

$$\frac{\varepsilon^{2s+1}+\bar{\varepsilon}^{2s+1}}{\varepsilon+\bar{\varepsilon}} = A, \frac{\varepsilon^{2s}-\bar{\varepsilon}^{2s}}{\varepsilon^2-\bar{\varepsilon}^2} = B,$$

$$A + B = \frac{\varepsilon^{2s+2}-\bar{\varepsilon}^{2s+2}}{\varepsilon^2-\bar{\varepsilon}^2} = C,$$

$$2C - A = \frac{\varepsilon^{2s+1}-\bar{\varepsilon}^{2s+1}}{\varepsilon-\bar{\varepsilon}} = D,$$

则

$$4A^2 - 3D^2 = 1. \tag{7}$$

故

$$(A,B) = (C,A) = (A,D) = 1.$$

于是(6)给出

$$\frac{\varepsilon^{2s+1}+\bar{\varepsilon}^{2s+1}}{\varepsilon+\bar{\varepsilon}} = q^2, q > 0,$$

又记 $\frac{\varepsilon^{2s+1}-\bar{\varepsilon}^{2s+1}}{\varepsilon-\bar{\varepsilon}} = r$，代入(7)得

$$4q^4 - 3r^2 = 1. \tag{8}$$

我们来证明(8)仅有正整数解 $q = r = 1$. 因为，由(8)得

$$(2q^2+1)(2q^2-1) = 3r^2, \tag{9}$$

而 $3 \nmid 2q^2 - 1$，$(2q^2+1, 2q^2-1) = 1$，故(9)给出

$$2q^2 + 1 = 3e^2, 2q^2 - 1 = f^2, r = ef, e > 0, f > 0,$$

由此得

$$4q^2 - f^2 = (2q+f)(2q-f) = 3e^2,$$

故

$$2q \pm f = 3h^2, 2q \mp f = k^2, e = hk, h > 0, k > 0,$$

由此得出 $4q = 3h^2 + k^2$，把 q 和 e 代入 $2q^2 + 1 = 3e^2$ 得

$$9h^4 - 18h^2k^2 + k^4 = -8,$$

即

$$k^4 - 2\left(\frac{3h^2 - 3k^2}{4}\right)^2 = 1. \tag{10}$$

而(10)仅有解 $k^2 = h^2 = 1$(见习题11),于是 $q = 1$,(8)仅有正整数解 $q = r = 1$. 由 $\frac{\varepsilon^{2s+1} + \bar{\varepsilon}^{2s+1}}{\varepsilon + \bar{\varepsilon}} = q^2$,得 $s = 0$,与所设 $s > 0$ 矛盾. 这就证明了(1)仅有整数解 $x = 1, y = 0$. 证完

定理 2 不定方程

$$x^4 - 2py^2 = 1, p \text{ 是一个奇素数} \tag{11}$$

除开 $p = 3, x = 7, y = 20$ 外,无其它的正整数解.

证明定理 2 之前,先证一个引理.

引理 不定方程

$$x^2 - 8y^4 = 1$$

除开 $x = 3, y = 1$ 外,无其它正整数解.

证 如 x, y 是一组解,则有

$$x \pm 1 = 2a^4, x \mp 1 = 4b^4, y = ab, a > 0, b > 0, (a,b) = 1,$$

故有

$$a^4 - 2b^4 = \pm 1.$$

由上式得

$$\left(\frac{a^4 + 1}{2}\right)^2 = b^8 + a^4,$$

或

$$\left(\frac{a^4 - 1}{2}\right)^2 = b^8 - a^4.$$

因为 $x^4 + y^4 = z^2$ 没有 $xy \neq 0$ 的整数解,故前一式不可能,由习题6可知,后一式给出 $a = b = 1$,故方程仅有正整数解 $x = 3, y = 1$.

证完

定理 2 的证明 由(11)知 $2 \nmid x$, $(x^2 + 1, x^2 - 1) = 2$,故由(11)得

$$x^2 - 1 = 4u^2, x^2 + 1 = 2pv^2, y = 2uv; \tag{12}$$

或

$$x^2-1=4pu^2,x^2+1=2v^2,y=2uv. \tag{13}$$

(12) 的 $x^2-1=4u^2$ 给出 $x=1$，但 $x=1,y=0$ 不是(11) 的正整数解，故(12) 不可能. 由(13) 得

$$x=\frac{\varepsilon^{2n+1}+\bar{\varepsilon}^{2n+1}}{2},v=\frac{\varepsilon^{2n+1}-\bar{\varepsilon}^{2n+1}}{2\sqrt{2}},$$

$$n>0,\varepsilon=1+\sqrt{2},\bar{\varepsilon}=1-\sqrt{2},$$

而 $x^2-1=2(x^2-v^2)=4pu^2$，故

$$\begin{aligned}2pu^2&=\left(\frac{\varepsilon^{2n+1}+\bar{\varepsilon}^{2n+1}}{2}\right)^2-\left(\frac{\varepsilon^{2n+1}-\bar{\varepsilon}^{2n+1}}{2\sqrt{2}}\right)^2\\&=\frac{\varepsilon^{2n+2}-\bar{\varepsilon}^{2n+2}}{2\sqrt{2}}\cdot\frac{\varepsilon^{2n}-\bar{\varepsilon}^{2n}}{2\sqrt{2}}\\&=\frac{\rho^{n+1}-\bar{\rho}^{n+1}}{2\sqrt{2}}\cdot\frac{\rho^{n}-\bar{\rho}^{n}}{2\sqrt{2}},\end{aligned} \tag{14}$$

$$\rho=3+2\sqrt{2},\qquad\bar{\rho}=3-2\sqrt{2},$$

其中 ρ 是 Pell 方程 $x^2-2y^2=1$ 的基本解. 因为

$$\frac{\rho^{n+1}-\bar{\rho}^{n+1}}{2\sqrt{2}}-(\rho+\bar{\rho})\frac{(\rho^{n}-\bar{\rho}^{n})}{2\sqrt{2}}=-\frac{\rho^{n-1}-\bar{\rho}^{n-1}}{2\sqrt{2}},$$

故

$$\begin{aligned}\left(\frac{\rho^{n+1}-\bar{\rho}^{n+1}}{2\sqrt{2}},\frac{\rho^{n}-\bar{\rho}^{n}}{2\sqrt{2}}\right)&=\left(\frac{\rho^{n}-\bar{\rho}^{n}}{2\sqrt{2}},\frac{\rho^{n-1}-\bar{\rho}^{n-1}}{2\sqrt{2}}\right)=\cdots\\&=\left(\frac{\rho^{2}-\bar{\rho}^{2}}{2\sqrt{2}},\frac{\rho-\bar{\rho}}{2\sqrt{2}}\right)=2.\end{aligned}$$

(14) 给出

$$\frac{\rho^{l}-\bar{\rho}^{l}}{2\sqrt{2}}=2t^2,$$

或

$$\frac{\rho^{l}-\bar{\rho}^{l}}{2\sqrt{2}}=2s^2,$$

其中 $t>0, s>0, l=n$ 或 $n+1$. 由此得

$$\left(\frac{\rho^{l}+\bar{\rho}^{l}}{2}\right)^{2}-2t^{4}=1, \tag{15}$$

或

$$\left(\frac{\rho^{l}+\bar{\rho}^{l}}{2}\right)^{2}-8s^{4}=1. \tag{16}$$

由习题10知(15)不可能. 再由引理知(16)给出 $\frac{\rho^{l}+\bar{\rho}^{l}}{2}=3, s=1$, 即 $s=1, n=0$ 或 $s=1, n=1$. 前者不可能. 后者由 $x=\frac{\varepsilon^{3}+\bar{\varepsilon}^{3}}{2}=7$ 给出 $p=3, y=20$. 证完

§4 不定方程 $ax^2+by^2=cz^2$

我们有下面的定理.

定理 不定方程

$$ax^{2}+by^{2}=cz^{2}, a>0, b>0, c>0 \tag{1}$$

的系数满足 $(a,b)=(a,c)=(b,c)=1$, a,b,c 都无平方因子, 则方程(1)有一组满足 $(x,y,z)=1$ 的非零解 x,y,z 的充分必要条件是以下同余式(2)、(3)、(4)都有解.

$$u^{2}\equiv -ab \pmod{c}, \tag{2}$$

$$v^{2}\equiv bc \pmod{a}, \tag{3}$$

$$w^{2}\equiv ac \pmod{b}, \tag{4}$$

证 首先证明必要性. 设 x,y,z 是满足条件的一组不全为零的解. 显然, x,y 不能都为零, 且 $z\neq 0$. 设 $x=0, y\neq 0$, 则 $c\mid by^{2}$, 因为 $(c,b)=1$, c 无平方因子, 故 $c\mid y$. 由(1)得 $c\mid z$, 而 $x=0$ 时, $(z,y)=1$, 故 $c=1$. 由 $b\mid cz^{2}$, 同理可证 $b=1$. 此时, 同余式(2), (3), (4)显然都有解. 对于 $x\neq 0, y=0$ 的情形, 类似可证. 再设 $x\neq 0$, $y\neq 0$, 由 $ax^{2}+by^{2}\equiv 0 \pmod{c}$, $(c,aby^{2})=1$, 可得 $(axy^{-1})^{2}\equiv -ab \pmod{c}$, 其中整数 y^{-1} 适合 $yy^{-1}\equiv 1 \pmod{c}$, 故(2)有解. 类

似的方法可证同余式(3)和(4)亦有解. 必要性已经证明.

现证充分性. 当 $a=b=c=1$ 时,(1)显然有不全为零的解, 以下除去这一情形. 设整数 k 和 a' 分别满足 $k^2\equiv -ab\pmod c$ 和 $aa'\equiv 1\pmod c$,则有

$$ax^2+by^2-cz^2\equiv ax^2+by^2\equiv a'a^2x^2+a'aby^2$$
$$\equiv a'(a^2x^2-k^2y^2)=a'(ax-ky)(ax+ky)\pmod c.$$

再设整数 s,t,b',a'' 满足 $s^2\equiv bc\pmod a$, $t^2\equiv ac\pmod b$, $bb'\equiv 1\pmod a$, $aa''\equiv 1\pmod b$,故有

$$ax^2+by^2-cz^2\equiv ax^2-cz^2\equiv a''(ax-tz)(ax+tz)\pmod b,$$
$$ax^2+by^2-cz^2\equiv by^2-cz^2\equiv b'(by-sz)(by+sz)\pmod a.$$

总之,存在 $L_j(x,y,z)=l_jx+m_jy+n_jz$, $M_j(x,y,z)=l_j'x+m_j'y+n_j'z$, $j=1,2,3$,使

$$ax^2+by^2-cz^2\equiv L_1(x,y,z)M_1(x,y,z)\pmod a,$$
$$ax^2+by^2-cz^2\equiv L_2(x,y,z)M_2(x,y,z)\pmod b,$$
$$ax^2+by^2-cz^2\equiv L_3(x,y,z)M_3(x,y,z)\pmod c.$$

由孙子定理,存在整数 l,m,n,l',m',n' 满足

$$l\equiv l_1\pmod a,\ l\equiv l_2\pmod b,\ l\equiv l_3\pmod c,$$
$$m\equiv m_1\pmod a,\ m\equiv m_2\pmod b,\ m\equiv m_3\pmod c,$$
$$n\equiv n_1\pmod a,\ n\equiv n_2\pmod b,\ n\equiv n_3\pmod c,$$
$$l'\equiv l'_1\pmod a,\ l'\equiv l'_2\pmod b,\ l'\equiv l'_3\pmod c,$$
$$m'\equiv m'_1\pmod a,\ m'\equiv m'_2\pmod b,\ m'\equiv m'_3\pmod c,$$
$$n'\equiv n'_1\pmod a,\ n'\equiv n'_2\pmod b,\ n'\equiv n'_3\pmod c.$$

设 $L(x,y,z)=lx+my+nz$, $M(x,y,z)=l'x+m'y+n'z$,则有

$$ax^2+by^2-cz^2\equiv L(x,y,z)M(x,y,z)\pmod{abc}.$$

考虑整数组成的三元有序集

$$T=\{(x,y,z)\mid 0\leqslant x<\sqrt{bc},0\leqslant y<\sqrt{ca},0\leqslant z<\sqrt{ab}\}.$$

因为已经去掉了 $a=b=c=1$, 由 a,b,c 所满足的条件知 $\sqrt{bc}$,

$\sqrt{ca}$, $\sqrt{ab}$ 中至少有一个无理数,不妨设为 $\sqrt{bc}$,因此 x 在 T 中取 $[\sqrt{bc}]+1$ 个值,由此推出 T 中所含元的个数 $\geqslant \sqrt{ca}\sqrt{ab}(1+[\sqrt{bc}])>abc$,于是 T 中有不同的元设为 (x_1,y_1,z_1) 和 (x_2,y_2,z_2) 使

$$L(x_1,y_1,z_1)\equiv L(x_2,y_2,z_2)\ (\bmod abc),$$

因此

$$L(x_1-x_2,y_1-y_2,z_1-z_2)\equiv 0\ (\bmod abc),$$

设 $|x_1-x_2|=x$, $|y_1-y_2|=y$, $|z_1-z_2|=z$,即有一组不全为零的解适合

$$ax^2+by^2-cz^2\equiv 0\ (\bmod abc),$$

且

$$0\leqslant x<\sqrt{bc}, 0\leqslant y<\sqrt{ca}, 0\leqslant z<\sqrt{ab}. \tag{5}$$

由(5) 得

$$-abc<ax^2+by^2-cz^2<2abc, \tag{6}$$

故有

$$ax^2+by^2-cz^2=0 \tag{7}$$

或

$$ax^2+by^2-cz^2=abc. \tag{8}$$

由(8) 得

$$(ax^2+by^2)(z^2+ab)=c(z^2+ab)^2,$$

即

$$a(xz+by)^2+b(yz-ax)^2=c(z^2+ab)^2.$$

而 $z^2+ab\neq 0$,总之由(7) 或(8) 给出(1) 的一组不全为零的解,约去它们的最大公因数,即得到(1) 的一组 x,y,z 不全为零,且 $(x,y,z)=1$ 的解. 证完

本节所讨论的方程在组合数学的差集(Difference sets)理论中有用.

§5 一个初等方法

本节介绍一个处理某些不定方程很有用的初等方法.

定理1 设 $p \geqslant 3$ 是一个奇素数,则不定方程

$$\frac{x^p+1}{x+1}=py^2 \tag{1}$$

无 $x \equiv 0 \pmod 4$ 的正整数解.

证 用反证法,设存在 $x \equiv 0 \pmod 4$ 的正整数解. 设 l 是一个正奇数,$1<l<p$,写 $p=kl+a$,$0<a<l$,故 $(a,l)=1$. 再设

$$E(t)=\frac{(-x)^t-1}{(-x)-1}, t \geqslant 1.$$

由于 $x \equiv 0 \pmod 4$,故有 $E(t) \equiv 1 \pmod 4$. 把(1)改写为

$$py^2=\frac{x^p+1}{x+1}=\frac{x^{kl+a}+1}{x+1}. \tag{2}$$

因为 $x^l+1=(x+1)E(l)$,$k+a \equiv 1 \pmod 2$,(2)成为

$$\begin{aligned} py^2 &= \frac{((x+1)E(l)-1)^k x^a+1}{x+1} \equiv \frac{(-1)^k x^a+1}{x+1} \\ &= E(a) \pmod{E(l)}. \end{aligned}$$

由于

$$(E(a),E(l))=\frac{(-x)^{(a,l)}-1}{-x-1}=1,$$

我们来证明下式成立

$$\left(\frac{E(a)}{E(l)}\right)=1. \tag{3}$$

对 l 和 a 施行辗转相除,

$$\begin{aligned} l &= k_1 a + r_1, \quad 0<r_1<a, \\ a &= k_2 r_1 + r_2, \quad 0<r_2<r_1, \\ r_1 &= k_3 r_2 + r_3, \quad 0<r_3<r_2, \end{aligned}$$

……

$$r_{s-1} = k_{s+1} r_s + r_{s+1}, 0 < r_{s+1} < r_s,$$

$$r_s = k_{s+2} r_{s+1}.$$

因为

$$\frac{(-x)^{k_1 a + r_1} - 1}{-x-1} \equiv \frac{(-x)^{r_1} - 1}{-x-1} \quad \left(\bmod \frac{(-x)^a - 1}{-x-1}\right),$$

即

$$E(k_1 a + r_1) \equiv E(r_1) \ (\bmod E(a)),$$

再由$(l,a) = 1$知$r_{s+1} = 1$,故

$$\left(\frac{E(a)}{E(l)}\right) = \left(\frac{E(l)}{E(a)}\right) = \left(\frac{E(k_1 a + r_1)}{E(a)}\right) = \left(\frac{E(r_1)}{E(a)}\right)$$

$$= \left(\frac{E(a)}{E(r_1)}\right) = \left(\frac{E(r_2)}{E(r_1)}\right) = \cdots = \left(\frac{E(r_s)}{E(r_{s-1})}\right)$$

$$= \left(\frac{E(r_{s+1})}{E(r_s)}\right) = \left(\frac{E(1)}{E(r_s)}\right) = \left(\frac{1}{E(r_s)}\right) = 1.$$

这就证明了(3)式.

由(2)和(3)得

$$1 = \left(\frac{pE(a)}{E(l)}\right) = \left(\frac{p}{E(l)}\right). \tag{4}$$

由(1)得$x \equiv -1 \ (\bmod p)$,故$E(l) \equiv l \ (\bmod p)$,以及

$$\left(\frac{p}{E(l)}\right) = \left(\frac{E(l)}{p}\right) = \left(\frac{l}{p}\right).$$

而$p \geqslant 3$是一个奇素数,可取l是p的二次非剩余,即得$\left(\frac{l}{p}\right) = -1$.与(4)矛盾. 证完

Catalan 在 1842 年猜想除开$8 = 2^3$,$9 = 3^2$外,没有两个连续数都是正整数的乘幂.即猜想不定方程

$$x^p = y^q - 1, p, q \text{ 是素数} \tag{5}$$

除开$p = 3, x = 2, q = 2, y = 3$外,无其它的正整数解.1962 年,柯召证明了其中的一个困难情形:方程(5)在$p > 3, q = 2$时无正整

数解. 证明这一结果的主要部分,就是上述的定理 1,其证明方法巧妙地运用了雅可比符号的性质,初等而简洁,而且可用来处理另一些不定方程问题.

运用类似于柯召提出的方法,1977 年 Terjanian 证明了下面的定理.

定理 2 设 p 是一个奇素数,如果有整数 x,y,z 使得 $x^{2p}+y^{2p}=z^{2p}$ 成立,则 $2p\mid x$ 或 y.

先证一个引理.

引理 设 $Q_n(z,-y)=\dfrac{z^n-y^n}{x-y},n\geqslant 0$,

① 若 $m=nq+r,0\leqslant r<n<m$,则

$$Q_m(z,-y)=z^rQ_q(z^n,-y^n)Q_n(z,-y)+y^{m-r}Q_r(z,-y);$$

② 若 $m=nq-r,0\leqslant r<n<m$,则

$$\begin{aligned}Q_m(z,-y)=&[z^{n-r}Q_{q-1}(z^n,-y^n)+y^{m-n}]Q_n(z,-y)\\&-y^{m-n}z^{n-r}Q_r(z,-y);\end{aligned}$$

③ 若 $z\equiv y\pmod 4$,$2\nmid zy$,且 m 是奇,则

$$Q_m(z,-y)\equiv m\pmod 4,$$

故 $Q_m(z,-y)$ 是奇;

④ 设 $0<n<m,(m,n)=1,(z,y)=1$,则

$$(Q_m(z,-y),Q_n(z,-y))=1;$$

⑤ 若 $z>y>0,z\equiv y\pmod 4,2\nmid zy,(z,y)=1,m\geqslant 3,n\geqslant 3,(m,n)=1,2\nmid mn,Q_m(z,-y)\geqslant 3,Q_n(z,-y)\geqslant 3$,则

$$\left(\frac{Q_m(z,-y)}{Q_n(z,-y)}\right)=\left(\frac{m}{n}\right).$$

证 ① 和 ② 由定义直接可得. 现证 ③. 设 $z=y+4t$,则

$$Q_m(z,-y)=\frac{(y+4t)^m-y^m}{4t}$$

$$= \binom{m}{1} y^{m-1} + \binom{m}{2} y^{m-2} 4t +$$

$$\cdots + (4t)^{m-1}$$

$$\equiv m y^{m-1} \equiv m \pmod 4,$$

即 ③ 成立. 由 ① 和 $(y,z)=1$, 即得 $(Q_m(z,-y), Q_n(z,-y)) = (Q_n(z,-y), Q_r(z,-y))$, 由于 $(m,n)=1$, 对 m,n 施行辗转相除, 反复运用 ① 得

$$(Q_m(z,-y), Q_n(z,-y)) = 1,$$

即证明了 ④. 最后, 我们来证 ⑤. 对 $m+n$ 用归纳法, 设 $m+n=8$, 易证 $m=3, n=5$ 或 $m=5, n=3$, ⑤ 成立. 现设 $m+n>8$. 如果 $m>n$, 由带余除法, 则存在奇数 r 和正整数 q, 使得 $0<r<n$, $m=qn+r$ 或 $m=qn-r$. 如果 $m=qn+r$, 则 $m-r$ 是偶, 由 ①, ③, ④ 和归纳假设得

$$\left(\frac{Q_m(z,-y)}{Q_n(z,-y)}\right) = \left(\frac{y^{m-r} Q_r(z,-y)}{Q_n(z,-y)}\right)$$

$$= \left(\frac{Q_r(z,-y)}{Q_n(z,-y)}\right) = \left(\frac{r}{n}\right) = \left(\frac{m}{n}\right);$$

如果 $m=qn-r$, 则 $m-n, n-r$ 均为偶数, 由 ②, ③, ④ 和归纳假设得

$$\left(\frac{Q_m(z,-y)}{Q_n(z,-y)}\right) = \left(\frac{-y^{m-n} z^{n-r} Q_r(z,-y)}{Q_n(z,-y)}\right)$$

$$= \left(\frac{-1}{Q_n(z,-y)}\right)\left(\frac{Q_r(z,-y)}{Q_n(z,-y)}\right) = (-1)^{\frac{-Q_n(z,-y)-1}{2}}\left(\frac{r}{n}\right)$$

$$= (-1)^{\frac{n-1}{2}}\left(\frac{r}{n}\right) = \left(\frac{-r}{n}\right) = \left(\frac{m}{n}\right).$$

如果 $m<n$, 则

$$\left(\frac{Q_m(z,-y)}{Q_n(z,-y)}\right) = (-1)^{\frac{Q_m(z,-y)-1}{2}\cdot\frac{Q_n(z,-y)-1}{2}}\left(\frac{Q_n(z,-y)}{Q_m(z,-y)}\right)$$

$$= (-1)^{\frac{m-1}{2}\cdot\frac{n-1}{2}}\left(\frac{n}{m}\right) = \left(\frac{m}{n}\right).$$

证完

定理2的证明 不失一般性,设$(x,y)=(x,z)=(y,z)=1$,故x,y一奇一偶,否则,$2\nmid xy$推出$z^{2p}\equiv 2\pmod 4$,此不可能.设$2\mid x$,故$2\nmid yz$,则有

$$x^{2p}=z^{2p}-y^{2p}=(z^2-y^2)\frac{z^{2p}-y^{2p}}{(z^2-y^2)}. \tag{6}$$

熟知$\left(z^2-y^2,\frac{z^{2p}-y^{2p}}{z^2-y^2}\right)=1$或$p$.如果$\left(z^2-y^2,\frac{z^{2p}-y^{2p}}{z^2-y^2}\right)=1$,由(6),则

$$\frac{z^{2p}-y^{2p}}{z^2-y^2}=u^2.$$

由$z^2\equiv y^2\pmod 4$,$(y^2,z^2)=1$,$2\nmid yz$,$p\geqslant 3$,$z^2-y^2=(z-y)(z+y)>3$,且存在奇素数q,使得$\left(\frac{p}{q}\right)=-1$,故

$$-1=\left(\frac{p}{q}\right)=\left(\frac{Q_p(z^2,-y^2)}{Q_q(z^2,-y^2)}\right),$$

与$Q_p(z^2,-y^2)=u^2$矛盾.如果$\left(z^2-y^2,\frac{z^{2p}-y^{2p}}{z^2-y^2}\right)=p$,则$p\mid x$.故有$2p\mid x$.如$2\mid y$,完全类似地可推出$2p\mid y$. 证完

1983年,Rotkiewicz把柯召提出的方法,用来研究更为一般的莱梅数,通过计算雅可比符号$\left(\frac{P_m}{P_n}\right)$来处理更多的不定方程,这里$P_n$是莱梅数

$$P_n(\alpha,\beta)=\begin{cases}\dfrac{\alpha^n-\beta^n}{\alpha-\beta}, & 2\nmid n;\\[2ex] \dfrac{\alpha^n-\beta^n}{\alpha^2-\beta^2}, & 2\mid n,\end{cases}$$

其中α,β是方程$z^2-\sqrt{L}z+M=0$的二个根,L,M是整数,满足$L>0$,$L-4M>0$,$(L,M)=1$.

1995年,孙琦和袁平之,运用柯召方法和Ljunggren的一个结果证明了不定方程$x^4-Dy^2=1$除开$D=1875,4\cdot 1875,16\cdot 1875$

时,分别有两组正整数解外,最多只有 1 组正整数解且可通过 Pell 方程的基本解表出.

§6 惟一分解环上解不定方程

我们知道,当 $m=-1,-2,-3,-7,-11,-19,-43,-67,-163,2,3,5,6,7,11,13,17,19,21,29,33,37,41,57,73$ 时,二次域 $Q(\sqrt{m})$ 中的代数整数的惟一分解定理成立. 下面我们介绍几个结果,都是利用 $Q(\sqrt{m})$ 中的惟一分解定理来处理某些不定方程.

定理 1 设 p 是一个素数,$2p=r^2+s^2$,$r\equiv\pm3\pmod 8)$.
$s\equiv\pm3\pmod 8$,则 Pell 方程

$$x^2-2py^2=-1 \tag{1}$$

无整数解 x,y.

证 用反证法. 设(1)有整数解 x,y. 由 $p\equiv1\pmod 4$,p 可表为 $p=a^2+b^2$,$0<a<b$,且表法惟一. 同样,不妨设 $0<r<s$,则 $2p=r^2+s^2$,表法也是惟一的. 于是,由 $2p=2(a^2+b^2)=(b-a)^2+(b+a)^2$,可得

$$r=b-a,s=b+a. \tag{2}$$

熟知,$Q(\mathrm{i})$ 中的整底为 $1,\mathrm{i}$,单位数为 $\pm1,\pm\mathrm{i}$,复整数的惟一分解定理成立. 由(1)式,可得

$$\begin{gathered}(x+\mathrm{i})(x-\mathrm{i})=(1-\mathrm{i})(1+\mathrm{i})(a+b\mathrm{i})(a-b\mathrm{i})y^2,\\ p=a^2+b^2,\end{gathered} \tag{3}$$

其中 $1\pm\mathrm{i},a\pm b\mathrm{i}$ 均为 $Q(\mathrm{i})$ 中的素数. 设 $(x+\mathrm{i},x-\mathrm{i})=D$,则 $D\mid 2\mathrm{i}$. 设 $D=2$,则由 $x+\mathrm{i}=2(u+v\mathrm{i})$,$u,v$ 是整数,显然不可能,故 $D\neq2$. 可知 $D=1-\mathrm{i}$($1+\mathrm{i}$ 与 $1-\mathrm{i}$ 相伴),于是由(3)得出

$$x+\mathrm{i}=(1\pm\mathrm{i})(a\pm b\mathrm{i})(c+d\mathrm{i})^2,$$

或

$$-\mathrm{i}x+1=(1\pm\mathrm{i})(a\pm b\mathrm{i})(c+d\mathrm{i})^2,$$

$$y=c^2+d^2, c, d\text{ 一奇一偶},$$

$(-1=\mathrm{i}^2$ 可并入 $(c+d\mathrm{i})^2$ 中去). 对于其中的两种情形:

$$x+\mathrm{i}=(1+\mathrm{i})(a+b\mathrm{i})(c+d\mathrm{i})^2$$

或

$$-\mathrm{i}x+1=(1+\mathrm{i})(a+b\mathrm{i})(c+d\mathrm{i})^2,$$

可得

$$-\mathrm{i}x+1\text{ 或 }x+\mathrm{i}=(a-b)(c^2-d^2)-2(a+b)cd$$
$$+[(a+b)(c^2-d^2)+2(a-b)cd]\mathrm{i},$$

故有

$$(a-b)(c^2-d^2)-2(a+b)cd=1,$$

或

$$(a+b)(c^2-d^2)+2(a-b)cd=1.$$

无论哪一种情形,由(2)式,均有

$$\pm 3(c^2-d^2)\pm 6cd\equiv 1\pmod 8.$$

由于 c, d 一奇一偶,上式给出 $\pm 3\equiv 1\pmod 8$,这是不可能的. 其余六种情形可完全类似地证明它们是不可能的. 证完

下面我们用代数数论的方法,重新证明 §3 中的一个结果.

定理 2 不定方程

$$x^3-1=2y^2 \tag{4}$$

仅有整数解 $x=1, y=0$.

证 我们在代数数域 $Q(\sqrt{-2})$ 中来解方程(4). $Q(\sqrt{-2})$ 中代数整数的惟一分解定理成立,且整底为 $1, \sqrt{-2}$,单位数只有 ± 1. 由(4)得

$$(1+\sqrt{-2}y)(1-\sqrt{-2}y)=x^3. \tag{5}$$

因为

$$(1+\sqrt{-2}y)(1-\sqrt{-2}y-y^2)-y^2(1-\sqrt{-2}y)=1,$$

故 $(1+\sqrt{-2}y, 1-\sqrt{-2}y)=1$,(5)给出

$$1+\sqrt{-2}y=(a+b\sqrt{-2})^3,x=a^2+2b^2 \tag{6}$$

（-1 可并入到 $(a+b\sqrt{-2})^3$ 中去）. 由(6)得

$$1+\sqrt{-2}y=a^3+3a^2b\sqrt{-2}-6ab^2-2b^3\sqrt{-2},$$

上式给出 $a(a^2-6b^2)=1, a=\pm 1, a^2-6b^2=\pm 1$，而 $a=\pm 1$，$b=0, x=1, y=0$.　　　　证完

以上我们所遇到的代数数域 $Q(\mathrm{i})$ 和 $Q(\sqrt{-2})$，它们的单位数都只有有限个. 在单位数有无穷多个的代数数域上解不定方程，往往要困难一些.

定理 3　不定方程

$$y^2-6=x^3 \tag{7}$$

无整数解.

证　$Q(\sqrt{6})$ 中的代数整数的惟一分解定理成立，整底为 1，$\sqrt{6}$，单位数有无穷多个，即 $\pm(5+2\sqrt{6})^n, n=0,\pm 1,\pm 2,\cdots$. 由(7)得

$$(y-\sqrt{6})(y+\sqrt{6})=x^3. \tag{8}$$

由于 $2,\sqrt{6}$ 均为 $Q(\sqrt{6})$ 中的素数，易证 $(y-\sqrt{6},y+\sqrt{6})=1$，故(8)式给出

$$y+\sqrt{6}=(5+2\sqrt{6})^n(a+b\sqrt{6})^3,x=a^2-6b^2, \tag{9}$$

其中 n 为整数，如果 $n\equiv 0 \pmod 3$，不失一般性，(9)可写成

$$y+\sqrt{6}=(a+b\sqrt{6})^3,x=a^2-6b^2,$$

故得 $3a^2b+6b^3=1$，此不可能. 如果 $n\equiv \pm 1 \pmod 3$，不失一般性，(9)可写成

$$y+\sqrt{6}=(5\pm 2\sqrt{6})(a+b\sqrt{6})^3,x=a^2-6b^2,$$

故得

$$2(a^3+18ab^2)+5(3a^2b+6b^3)=1, \tag{10}$$

或

$$-2(a^3+18ab^2)+5(3a^2b+6b^3)=1. \tag{11}$$

对(10)取模 3 可得 $2a^3 \equiv 1 \pmod 3$, $a \equiv -1 \pmod 3$, 故 $a^3 \equiv -1 \pmod{10}$. 再对(10)取模 9 得

$$1 \equiv -2 - 3b + 3b^3 \pmod 9,$$

即得

$$b^3 - b \equiv 1 \pmod 3.$$

这是不可能的. 同法可证(11)不可能.　证完

§7　费马大定理第一情形

费马大定理是说:

设 $n > 2$,不定方程

$$x^n + y^n = z^n$$

除开 $xyz = 0$ 的解外,没有其它的整数解 x, y, z.

这是法国数学家费马大约在 1637 年提出的一个尚未证明的定理。当时,费马在一本名为《算术》的书中写下了许多注释,其中一条是关于费马大定理的,他写道:"我发现了这个论断的奇妙证明,但是书上的空白太窄了,写不下。"从那时起,三百多年来,许多优秀数学家都曾为求得其证明而努力,直到 1995 年怀尔斯(Wiles)用椭圆曲线的理论和方法证明了费马大定理成立。可以说,这是 20 世纪数学研究最伟大的成果之一。可以肯定,费马当时认为自己证明了,实际上并未证明,而且在很长时期内人们也没能证明,故称为 Fermat last theorem(费马当时写下的注释中其余的命题都已证明),直译应为费马最后定理,但前人译成费马大定理,这里沿用前人的译法。同时也应指出,许多前人的研究工作为 Wiles 的证明打下了基础。本节介绍 19 世纪库默(Kummer)的一个重要工作。

容易看出,为了证明费马大定理,实际上只需证明不定方程

$$x^4 + y^4 = z^4$$

和不定方程

$$x^p + y^p = z^p, \quad p \text{ 是奇素数},$$

均无 $xyz\neq0$ 的整数解。

前一方程无 $xyz\neq0$ 的解，已在§3 中证明。而后一方程的研究就异常困难了。

如果 $(x,y)=d$，则有 $d|z$，故只需研究如下不定方程：

$$x^p+y^p+z^p=0,(x,y)=(x,z)=(y,z)=1. \tag{1}$$

定义 (1)中 $p\nmid xyz$，叫做**费马大定理第一情形**。如果 $p|xyz$，叫做**费马大定理第二情形**。

19 世纪，库默对于费马大定理的贡献很大，他为了解决费马大定理创造的理想数理论，为代数数论奠定了基础。本节介绍库默用理想数对第一情形所作的一个结果。

定义 $\eta=e^{2\pi i/p}$，分圆域 $Q(\eta)$ 的类数为 h，如果 $p\nmid h$，p 叫做**正规素数**；如果 $p|h$，p 叫做**非正规素数**。

我们有下面的定理：

定理 如果 p 是正规素数，则费马大定理第一情形成立。

证 若(1)有一组解 $x,y,z,p\nmid xyz$，在 $Q(\eta)$ 中，$x^p+y^p=-z^p$ 可分解为

$$(x+y)(x+\eta y)\cdots(x+\eta^{p-1}y)=-z^p,$$

即得

$$\prod_{r=0}^{p-1}[x+\eta^r y]=[z]^p. \tag{2}$$

现在，我们来证明(2)的左端任意两理想数是互素的，否则有 $Q(\eta)$ 上的一个素理想数 P，$P|[x+\eta^{r_1}y]$，$P|[x+\eta^{r_2}y]$，$0\leqslant r_1<r_2\leqslant p-1$，则有

$$P|[\eta^{r_1}(1-\eta^{r_2-r_1})y],$$

即得

$$P|[\pi][y],$$

其中 $\pi=1-\eta$. 因为 $P\neq[\pi]$，否则由 $[\pi]|[z]$，$p=|N(\pi)|\,|N([z])=|N(z)|=z^{p-1}$，得 $p|z$，与 $p\nmid xyz$ 矛盾. 故有 $P|[y]$，$N(P)=y^{p-1}$，而 $N(P)|z^{p-1}$，$N(P)>1$，与 $(y,z)=1$ 矛盾.

因此,由(2)可得

$$[x+\eta y]=A^p. \tag{3}$$

而 $p\nmid h$,所以 A 是一个主理想数,设 $A=[\alpha]$,由(3)得

$$[x+\eta y]=[\alpha]^p=[\alpha^p],$$

因此

$$x+\eta y=\varepsilon\alpha^p, \tag{4}$$

ε 是 $Q(\eta)$ 中的一个单位数. 由第十一章 §9 节定理 6 知,ε 可取为 $\varepsilon=\eta^s\delta, 0\leqslant s<p$,$\delta$ 是一个实单位数,因此(4)可写为

$$x+\eta y=\eta^s\delta\alpha^p. \tag{5}$$

再由第十一章 §9 的定理 4 知,存在一个有理整数 a,使得 $\alpha^p\equiv a\ (\mathrm{mod}\ p)$,所以由(5)可得

$$x+\eta y\equiv\eta^s\xi\ (\mathrm{mod}\ p), \tag{6}$$

这里 ξ 是 $Q(\eta)$ 的实代数整数. 由(6)可得

$$x+\eta y-\eta^s\xi=p\beta, \tag{7}$$

β 是 $Q(\eta)$ 的代数整数,(7)式是一个复数的等式,其两端的共轭数仍应相等,即

$$x+\eta^{-1}y-\eta^{-s}\xi=p\bar{\beta}. \tag{8}$$

设 $\beta=b_0+b_1\eta+\cdots+b_{p-2}\eta^{p-2}$,$b_i(i=0,1,\cdots,p-2)$是有理整数,则 $\bar{\beta}=b_0+b_1\eta^{-1}+\cdots+b_{p-2}\eta^{-(p-2)}$ 也是 $Q(\eta)$ 的代数整数,由(8)得

$$x+\eta^{-1}y-\eta^{-s}\xi\equiv 0(\mathrm{mod}\ p),$$

即

$$\eta^s(x+\eta^{-1}y)\equiv\xi(\mathrm{mod}\ p). \tag{9}$$

再由(6)式得

$$\eta^{-s}(x+\eta y)\equiv\xi(\mathrm{mod}\ p). \tag{10}$$

(9)与(10)给出

$$x\eta^{-s}+y\eta^{1-s}-x\eta^s-y\eta^{s-1}\equiv 0(\mathrm{mod}\ p). \tag{11}$$

熟知,由于 $1,\eta,\eta^2,\cdots,\eta^{p-2}$ 是 $Q(\eta)$ 的一组整底,$a_0,a_1,\cdots,a_{p-2}$ 是有理整数,则

$$a_0+a_1\eta+\cdots+a_{p-2}\eta^{p-2}\equiv 0(\bmod p)$$

当且仅当

$$a_0\equiv a_1\equiv\cdots\equiv a_{p-2}\equiv 0(\bmod p).$$

如果 $2<s\leqslant p-2$，且 $s\neq\frac{p+1}{2}$，则 $\eta^{-s}=\eta^{p-s}$，$\eta^{1-s}=\eta^{p+1-s}$，η^{s}，η^{s-1} 四个 η 的方幂均不等，且不超过 $p-2$，故(11)推出 $p\mid x$，与 $p\nmid xyz$ 矛盾.

如果 $s=\frac{p+1}{2}$，可设 $p>3$，(11)给出

$$(x-y)\eta^{\frac{p-1}{2}}-(x-y)\eta^{\frac{p+1}{2}}\equiv 0(\bmod p),$$

而 $\frac{p+1}{2}<p-1$，上式给出 $x\equiv y(\bmod p)$. 同样的方法可得 $x\equiv z(\bmod p)$，故 $x^p+y^p+z^p\equiv 3x^p\equiv 0(\bmod p)$，得出 $p\mid x$，与 $p\nmid xyz$ 矛盾.

如果 $s=0$，(11)给出

$$y\eta-y\eta^{p-1}\equiv 0(\bmod p),\tag{12}$$

而 $-\eta^{p-1}=\eta^{p-2}+\cdots+\eta+1$，(12)推出 $p\mid y$，仍与 $p\nmid xyz$ 矛盾.

如果 $s=1$，(11)式给出

$$x\eta^{p-1}-x\eta\equiv 0(\bmod p),$$

可推出 $p\mid x$，与 $p\nmid xyz$ 矛盾.

如果 $s=2$，(11)式给出

$$x\eta^{p-2}+y\eta^{p-1}-x\eta^2-y\eta\equiv 0(\bmod p),$$

即可得

$$x+y\eta-x\eta^4-y\eta^3\equiv 0(\bmod p).$$

若 $p>5$，得 $p\mid x$，与 $p\nmid xyz$ 矛盾. $p=3$ 时，已证费马大定理成立，故只需考虑 $p=5$ 的情形，此时有

$$x\eta^3+y\eta^4-x\eta^2-y\eta\equiv 0(\bmod p).$$

即有

$$x\eta^2+y\eta^3-x\eta-y\equiv 0(\bmod p),$$

得 $p \mid x$，与 $p \nmid xyz$ 矛盾.

如果 $s = p-1$，(11)式给出

$$x\eta + y\eta^2 - x\eta^{p-1} - y\eta^{p-2} \equiv 0 (\bmod p),$$

即有

$$x + y\eta - x\eta^{p-2} - y\eta^{p-3} \equiv 0 (\bmod p),$$

可设 $p>3$，上式给出 $p \mid x$，仍与 $p \nmid xyz$ 矛盾. 证完

顺便指出，§5 中的定理 2，相当于证明了 $n=2p$ 时，费马大定理第一情形成立.

§8 一类对角方程

利用第十一章 §10 单位根 η_m 的一个性质和分圆域的知识，本节将证明一类对角方程无非零整数解，这是 Powell 猜想（见第十一章 §10）的推广.

对于对角不定方程

$$a_1x_1^d + a_2x_2^d + \cdots + a_nx_n^d = 0, \tag{1}$$

这里 $d>0, n>1$，整数 $a_j \neq 0, j=1,\cdots,n$.

有下面的定理.

定理 设整数 $m>1, d=\frac{p^f-1}{m}$，p 是一个素数，f 是 p 模 m 的次数. 如果当 $\varepsilon_1,\cdots,\varepsilon_n$ 分别独立地取值 0，±1 时，除开 $\varepsilon_1=\varepsilon_2=\cdots=\varepsilon_n=0$ 外，整数 $\sum_{j=1}^{n}\varepsilon_ja_j \neq 0$，且

$$\sum_{j=1}^{n}|a_j| < \sqrt[\varphi(m)]{p^f}, \tag{2}$$

则对角方程(1) 除开 $x_j=0 (j=1,\cdots,n)$ 外，无其他的整数解，其中 $\varphi(m)$ 为 Euler 函数.

证 设 $\eta=\eta_m=e^{\frac{2\pi i}{m}}$，$F=Q(\eta)$ 是 $\varphi(m)$ 次分圆域，并设 D 代

表 F 的整数环，P 是 D 中的一个素理想，满足 $P\mid(p)$，则 P 的次数为 f，且 $N(P)=|D/P|=p^f$. 由于 $p\nmid m$，还可推出 $1,\eta,\cdots,\eta^{m-1}$ 在 D/P 中的陪集是不同的. 由此可得以下结论：设 $\alpha\in D,\alpha\notin P$，则存在惟一的整数 k，$0\leqslant k<m$，使得

$$\alpha^d\equiv\eta^k(\bmod P)\tag{3}$$

成立. 这是因为 D/P 是 p^f 个元的有限域，D/P 的乘群有 p^f-1 个元，所以，$\alpha^{p^f-1}\equiv 1(\bmod P)$. 由于 $d=\dfrac{p^f-1}{m}$，有

$$\prod_{i=0}^{m-1}(\alpha^d-\eta^i)\equiv 0(\bmod P).\tag{4}$$

又因 P 是一个素理想，(4) 给出 $\alpha^d\equiv\eta^k(\bmod P)$，这里 $0\leqslant k<m$，注意到，$1,\eta,\cdots,\eta^{m-1}$ 在 D/P 中的陪集不同，便知使(3) 成立的 $k(0\leqslant k<m)$ 是惟一的.

如果(1) 有非零解 $x_j=u_j,j=1,\cdots,n$. 不妨设 $(u_1,\cdots,u_n)=1$，其中 $p\nmid u_{i_j},j=1,\cdots,s,1\leqslant s\leqslant n$. 现将(1) 的非零解 $u_j(j=1,2,\cdots,n)$ 代入(1)，再取模 P，得

$$\sum_{j=1}^{s}a_{i_j}u_{i_j}^d\equiv 0(\bmod P).\tag{5}$$

由于 $p\nmid u_{i_j}$，故 $P\nmid u_{i_j}$，否则由 $P\mid u_{i_j}$，$P\mid(p)$，推出 P 整除单位理想，与 P 是素理想矛盾. 于是，由(3)，(5) 给出

$$\sum_{j=1}^{s}a_{i_j}\eta^{k_{i_j}}\equiv 0(\bmod P).\tag{6}$$

由于 $a_1,\cdots,a_n$ 满足定理的假设条件，它的子集 $a_{i_1},\cdots,a_{i_s}$ 也满足，由第十一章 §10 节的定理 2 知 $\sum\limits_{j=1}^{s}a_{i_j}\eta^{k_{i_j}}\neq 0$.

我们知道 F/Q 的全体自同构为 $\sigma_t:\eta\to\eta^t,(t,m)=1.1\leqslant t<m$，它构成一个群叫 F/Q 的伽罗华群，记为 G. 故 $|G|=\varphi(m)$，且 $\prod\limits_{\sigma\in G}\sigma(P)=(N(P))=(p^f)$. 于是，由(6) 推出

$$\prod_{\sigma\in G}\Big(\sum_{j=1}^{s}a_{i_j}\sigma(\eta)^{k_{i_j}}\Big)\equiv 0(\bmod p^f).\tag{7}$$

由于 $\sum_{j=1}^{s}a_{i_j}\eta^{k_{i_j}}\neq 0$,故(7) 的左端不为0,由(7) 可得

$$p^f\leqslant\Big|\prod_{\sigma\in G}\Big(\sum_{j=1}^{s}a_{i_j}\sigma(\eta)^{b_{i_j}}\Big)\Big|\leqslant\prod_{\sigma\in G}\Big(\sum_{j=1}^{s}|a_{i_j}|\Big)$$

$$\leqslant\Big(\sum_{j=1}^{n}|a_j|\Big)^{\varphi(m)},$$

与条件(2) 矛盾. 证完

这一定理可等价的叙述为:在定理相同的假设条件下,对角方程(1) 在有限域 F_q 上无非零解,这里 $q=p^f$.

例 不定方程

$$x^d+2y^d+5z^d=0,\quad d>0$$

在 $8d+1=q$ 为素数,且 $q>8^4$ 时,除开 $x=y=z=0$ 外,无其他整数解. 取 $d=557$,$q=4\,457>8^4$,故对角方程

$$x^{557}+2y^{557}+5z^{557}=0$$

除开 $x=y=z=0$ 外,无其他的整数解.

第十二章习题

1. 证明:不定方程 $15x^2-7y^2=9$ 无整数解.

2. 证明:不定方程 $165x^2-21y^2=19$ 无整数解.

3. 证明:不定方程 $5x^3+11y^3+13z^3=0$ 仅有解 $x=y=z=0$.

4. 证明:不定方程 $ax_1^2+bx_2^2+cx_3^2=2dx_1x_2x_3$ 仅有解 $x_1=x_2=x_3=0$,其中 $a\equiv b\equiv c(\bmod 4)$ 且 $2\nmid abc$.

5. 证明:不定方程 $x^4+x^2y^2+y^4=z^2$,$(x,y)=1$,无 $xy\neq 0$ 的整数解.

6. 证明:不定方程 $x^4-y^4=z^2$,$(x,y)=1$ 没有 $xyz\neq 0$ 的整数解.

7. 证明:不定方程 $x^4+y^4=2z^2$,$(x,y)=1$,仅有整数解 $x=\pm 1$,$y=\pm 1$.

8. 证明:不定方程 $x^4+6x^2y^2+y^4=z^2,(x,y)=1$,仅有整数解 $x=\pm 1$,$y=0$ 或 $x=0,y=\pm 1$.

9. 证明:不定方程 $x^2-6x^2y^2+y^4=z^2,(x,y)=1$,没有 $xy\neq 0$ 的整数解.

10. 证明:不定方程 $x^2-2y^4=1$ 仅有整数解 $y=0$.

11. 证明:不定方程 $x^4-2y^2=1$,除 $x=\pm 1,y=0$ 外,无其他的整数解.

12. 证明:不定方程

$$y^2=x^3+(4b+2)^3-(2a+1)^2$$

没有整数解,其中 a,b 是给定的整数,$2a+1$ 没有 $4t+3$ 形的素因子.

13. 证明:不定方程

$$y^2=x^3+2b^2-a^3,$$

当 $a\equiv 2,4\pmod 8$,$b\equiv 1\pmod 2$,且 b 没有 $8t\pm 3$ 形的素因子时无整数解.

14. 设 $k<1,k\neq -1$,k 无平方因子,$k\equiv 2,3\pmod 4$,$Q(\sqrt{k})$ 的类数 h 满足 $3\nmid h$,则不定方程 $y^2-k=x^3$ 的解满足

$$x=a^2-k,k=\pm 1-3a^2,$$

由此可证明:不定方程 $y^2+2=x^3$ 仅有整数解 $x=3,y=\pm 5$;不定方程 $y^2+13=x^3$ 仅有整数解 $x=17,y=\pm 70$.

15. 证明:不定方程 $x^2+y^2+z^2=x^2y^2$ 仅有整数解 $x=y=z=0$.

16. 证明:不定方程 $x^n+1=y^{n+1}$ 没有 $(x,n+1)=1$,$n>1$ 的正整数解 x,y,n.

17. 求出不定方程 $x^3+y^3+z^3-3xyz=0$ 的全部整数解.

18. 证明:当 $n>1$ 时,不存在奇素数 p 和正整数 m,使 $p^n+1=2^m$;当 $n>2$ 时,不存在奇素数 p 和正整数 m,使 $p^n-1=2^m$.

19. 证明:如果存在奇素数 q,使同余式

$$x^p+y^p+z^p\equiv 0\pmod q$$

只有 $q\mid xyz$ 的整数解 x,y,z,且对任意整数 k,$k^p\not\equiv p\pmod q$,则费马大定理第一情形成立.

20. 设整数 $m>1$,$md+1=p$,p 是一个素数.如果当 $\varepsilon_1,\varepsilon_2,\cdots,\varepsilon_n$ 分别独立地取值 $0,\pm 1$ 时,除开 $\varepsilon_1=\varepsilon_2=\cdots=\varepsilon_n=0$ 外,$\sum\limits_{j=1}^{n}\varepsilon_j a_j\neq 0$,且

$$p > \left(\sum_{j=1}^{n} |a_j|\right)^{\varphi(m)},$$

则 §8 节的不定方程(1) 除开 $x_j = 0(j = 1,\cdots,n)$ 外,无其他的整数解,其中 $\varphi(m)$ 为 Euler 函数.

索　引

名词后面的数字,表示该名词出现的章节号,比如§8.2表示第八章§2,下同.

二　画

三　画

四　画

五　画

六　画

七　画

八　画

九 画

十 画

十 一 画

十　二　画

十　三　画

十　四　画

参考文献

[1] 华罗庚.数论导引.北京:科学出版社,1957

[2] 闵嗣鹤,严士健.初等数论.第二版.北京:高等教育出版社,1982

[3] 柯召,孙琦.谈谈不定方程.上海:上海教育出版社,1980

[4] 柯召,孙琦.初等数论100例.上海:上海教育出版社,1980

[5] 孙琦,郑德勋,沈仲琦.快速数论变换.北京:科学出版社,1980

[6] Ireland K, Rosen M. A Classical Introduction to Modern Number Theory. New York: Springer-Verlag, 1982

[7] Hecke E. Lectures on the Theory of Algebraic Numbers(英译本), New York: Springer-Verlag, 1981

[8] Gupta H. Selected topics in Number Theory, Lucan, Co. Dublin: Abacus Press, 1980

[9] Apostol T M. Introduction to Analytic Number Theory, New York: Springer-Verlag, 1976

[10] 孙琦,旷京华.素数判定与大数分解.沈阳:辽宁教育出版社,1987

[11] 孙琦,万大庆.置换多项式及其应用.沈阳:辽宁教育出版社,1987

[12] Menezes A J, Blake I F, Gao X, Mallin R C, Vanstone S A, Yaghoobian T. Applications of Finite Fields. Boston: Kluwer Academic Pablishers, 1993

后　记

数论是一个用数学方法研究整数性质的数学分支,也是一门古老而至今仍然充满活力的学科.

数论有大量有趣和精美的题目,非常适合用以锻炼人们的逻辑思维,开发青少年的智力和激发他们对数学的热爱.

数论拥有许多著名的公开问题,其特点是问题明白易懂,而解决它们却十分困难.一个众所周知的例子是,人们花了358年才证明了费马(Fermat)大定理.

不仅如此!在数论发展的历史中,我们发现,它的许多结果、理论和方法,在数学其他的一些分支中都很有用.特别是,近二三十年以来,数论中许多经典结果,甚至某些近代结果,在信号的数字处理、编码、密码学等领域内得到了应用.有限域上椭圆曲线的理论在密码中的应用就是一个突出的例子.可以说,当前密码算法的研究,本质上就是数论的研究.我们相信,数论在信息安全中的应用将越来越重要.遗憾的是,受本书内容的限制,我们仅能介绍一些基本的结果.

当代著名数学家陈省身教授,自20世纪80年代以来的多次演讲中,谈到数论.例如,1985年在中国数学会五十周年年会开幕式的讲话中,对菲尔兹(Fields)奖和沃尔夫(Wolf)奖得主的工作范围进行了分析,他说:"我统计了一下,大多数与拓扑、分析或数论有关联,总括来说,他们继承了从高斯以来的伟大传统,不分纯粹的与应用的数学,熔各门于一炉,我们可以叫它做'核心数学'(Core mathematics)."接着又说:"数论是最深刻的应用数学.整数论固然美丽,代数数论才是堂奥.它与代数几何不可分割.一切都是上乘的核心数学."(五十年的世界数学,陈省身文集,科学出版社,1989,307 页－309 页).1992 年,在纪念国家自然科学基金十周年学术报告会上的演讲中,陈省身教授再次谈到:“我想数学中有两个很重要的部门,一个是数论,另一个是理论物理.”每当我读到这些对数论的评论时,深受鼓舞.同时,我也深感,作为当代数学大师、微分几何专家陈省身教授,有着多么深刻的洞察力和多么宽广的胸怀!在 1986 年,陈省身教授访问四川大学时,柯召教授对他说:你帮助了数论.

1959 年,由于当时人们认识上的片面性,每周只有 2 个学时的“初等数论”课,被挤出了许多大学数学系本科的必修课之列.当时,四川大学就属于这种情形.尽管 40 年已经过去,人们对数论的认识提高了,但要再恢复却很难.值得欣慰的是,目前的情况有所改变.例如,二十几年前,中国科大数学系就在一年级开出了“初等数论”课.四川大学数学学院也计划近期在低年级开初等数论课,到高年级再开与代数数论有关的选修课.我想,这样做,对提高学生的素质是有好处的.

2000 年全国数学研究生暑期学校在四川大学举办,我很高兴有机会主讲“经典数论及其应用”这门课,讲义主要取材于本书.因此,本书的编写过程中曾得到国家自然科学基金委(天元基金)的资助,特此致谢!在暑期学校讲课时,上面有关数论的话题我曾在讲义的前言中写过.这里,再重复一下.

陆洪文教授对本书第二版提出过宝贵的修改意见,责任编辑文小西、杨芝馨两位同志改正了书稿中许多笔误和疏漏,对此表示衷心的感谢!

作者

2002 年 10 月

社,1989,307 页–309 页). 1992 年,在纪念国家自然科学基金十周年学术报告会上的演讲中,陈省身教授再次谈到:"我想数学中有两个很重要的部门,一个是数论,另一个是理论物理。"[illegible]该书之所以受到数学界的评价时,[illegible]。同时,[illegible]学大师,[illegible]几代青年学者学数论,[illegible]的确是难得的!在1986年,[illegible]访问山东大学时,[illegible]对该版给予了帮助。

1959 年,由于当时人们认识上的片面性,曾有过将2个学时的"初等数论"课,砍掉出了许多大学数学系课程设置之外。当时,[illegible]属于这样的情况。[illegible]60 年代已经过去,人们对数论的认识提高了,[illegible]所以,[illegible]三十几年前,[illegible]大数学系每一年就开出了"初等数论"课。[illegible]数学系[illegible]也开设了[illegible]的选修课,[illegible]。这样,对数学专业的素质是有好处的!

2000 年全国数学研究生暑期学校在山东大学举办,我们有幸为[illegible]讲授"解析数论"课,[illegible]以本书[illegible],[illegible]对本书的第二版[illegible],[illegible]。

[illegible]对本书第二版提出了宝贵的修改意见,[illegible]中许多错误和缺点,对此表示衷心的感谢!

作者

2002年10月

读者意见反馈

为收集对教材的意见建议，进一步完善教材编写并做好服务工作，读者可将对本教材的意见建议通过如下渠道反馈至我社。

咨询电话　400-810-0598

反馈邮箱　hepsci@pub.hep.cn

通信地址　北京市朝阳区惠新东街4号富盛大厦1座
　　　　　高等教育出版社理科事业部

邮政编码　100029

图书在版编目(CIP)数据

数论讲义.下/柯召,孙琦编著.—2版.—北京:高等教育出版社,2003.5(2025.2重印)
ISBN 978-7-04-009190-8

Ⅰ.数… Ⅱ.①柯… ②孙… Ⅲ.数论-高等学校-教材 Ⅳ.O156

中国版本图书馆CIP数据核字(2002)第097156号

策划编辑	文小西	封面设计	于文燕	责任绘图	黄建英
版式设计	马静如	责任校对	胡晓琪	责任印制	刘弘远

出版发行	高等教育出版社	网　　址	http://www.hep.edu.cn
社　　址	北京市西城区德外大街4号		http://www.hep.com.cn
邮政编码	100120	网上订购	http://www.landraco.com
印　　刷	唐山市润丰印务有限公司		http://www.landraco.com.cn
开　　本	850×1168　1/32		
印　　张	8.625	版　　次	1987年3月第1版
字　　数	210 000		2003年5月第2版
购书热线	010-58581118	印　　次	2025年2月第13次印刷
咨询电话	400-810-0598	定　　价	14.50元

物 料 号　9190-00